工业和信息化普通高等教育"十三五"规划教材立项项目

21 世纪高等学校规划教材

"十三五"江苏省高等学校重点教材

（编号：2018-2-213）

工程训练与创新

张学军 ◎ 主编

朱玉平 骆明霞 ◎ 副主编

U0258313

人民邮电出版社

北 京

图书在版编目（CIP）数据

工程训练与创新 / 张学军主编. -- 北京：人民邮
电出版社，2020.9（2024.6重印）
21世纪高等学校规划教材
ISBN 978-7-115-54387-5

Ⅰ．①工… Ⅱ．①张… Ⅲ．①机械制造工艺－高等学
校－教材 Ⅳ．①TH16

中国版本图书馆CIP数据核字(2020)第117407号

内 容 提 要

本书系统地论述了工程教育的基本概念和工程训练的基础知识，介绍了钳工、车削、铣削、磨削、焊接、数控车床、数控加工中心、CAD/CAM 技术与应用、虚拟仿真技术与应用、数控电火花线切割、激光加工、三维扫描与快速成形技术、智能制造，还介绍了创新训练与实践。为了让读者更好地了解并开展工程训练与创新，书中还重点介绍了多个工程训练实验项目，并提供了详细的解决方案。

本书作为普通高等工科院校的工程训练与创新教材，在内容组织上力求概念清晰、原理易懂、用途明确、操作细化，突出安全，紧密结合课程项目，为培养学生的工程实践能力和创新运用能力提供有效的指导。通过本书的学习，读者将对现代工程的宏观框架和细节流程有清晰的认识和理解，为后续课程的学习和走向社会奠定良好的基础。

本书可作为高等学校本科近机械类和非机械类专业的工程训练与创新教材，也可作为高职高专院校的金工实习教材，各学校在使用本书时可根据专业和自身设备器材情况对教学内容进行调整。本书还可供相关工程技术人员参考学习。

◆ 主　　编　张学军
　　副 主 编　朱玉平　骆明霞
　　责任编辑　李　召
　　责任印制　王　郁　陈　犇
◆ 人民邮电出版社出版发行　　北京市丰台区成寿寺路 11 号
　　邮编　100164　电子邮件　315@ptpress.com.cn
　　网址　https://www.ptpress.com.cn
　　三河市君旺印务有限公司印刷
◆ 开本：787×1092　1/16
　　印张：17.25　　　　　　　　　2020 年 9 月第 1 版
　　字数：494 千字　　　　　　　2024 年 6 月河北第 11 次印刷

定价：49.80 元
读者服务热线：(010)81055256　印装质量热线：(010)81055316
反盗版热线：(010)81055315
广告经营许可证：京东市监广登字 20170147 号

前 言 Preface

随着我国成为《华盛顿协议》正式成员，各高校越来越重视工程教育，致力于在工程教育中培养学生的创造能力、工程实践能力、学习能力和大工程意识。我国是现代化制造大国，"工匠精神"已经成为国家重点强调的时代精神。高校大力发展工程教育，有利于培养大学生的专业素质、宽领域的基本知识与实践能力、管理能力、人文精神和科学精神。

党的二十大报告中提到："推动战略性新兴产业融合集群发展，构建新一代信息技术、人工智能、生物技术、新能源、新材料、高端装备、绿色环保等一批新的增长引擎。"这一战略性指导思想指引着我国工程教育的发展方向，推动着高校在培养学生方面做出更多努力。在新的历史起点上，我们深知工程教育的重要性，不仅要注重培养学生的技术能力，更要关注其思想道德和社会责任感。我们迫切需要培养出具有创新精神和社会担当的工程人才，以应对时代的挑战和机遇，为国家的繁荣与发展贡献力量。

本书的编写旨在整合经典的工程教育与创新课程，使传统的金工实习向综合工程训练与创新转变，有利于大学生充分了解各种现代化制造技术以及传统制造技术，更好地学习工程教育课程，全面发展个人素质，成为优秀的现代化创新人才、技术人才。

全书系统地论述了工程教育与创新，包括普通机械加工（钳工、车削、铣削、磨削、焊接）、数控加工（数控车削加工、数控加工中心、CAD/CAM 技术与应用）、特种加工（数控电火花线切割、激光加工、三维扫描与快速成形技术）、虚拟仿真技术与应用、智能制造和创新训练与实践等，共 16 章。各章除必要的理论知识外，更加注重实践任务驱动与创新能力的培养，而且各章节之间联系紧密，有助于建立大工程体系和理论与实践的融合。

本书引用了部分优秀教材的一些内容，在此表示衷心感谢。由于编者水平有限，书中难免存在不妥之处，恳切希望广大读者批评指正。

编　者

2023 年 10 月

目 录 Contents

第1章 绪论

1.1 工程教育 / 1

1.1.1 工程教育回归工程本质 / 1

1.1.2 高等工程教育的目标 / 1

1.1.3 高等工程教育的主旨 / 2

1.2 工程伦理 / 2

1.3 工程训练 / 3

1.3.1 机械制造过程 / 3

1.3.2 工程训练内容 / 4

1.3.3 工程训练目的 / 4

1.3.4 工程训练的基本要求 / 5

1.4 工程训练安全知识 / 5

1.4.1 工程机械安全的认知过程 / 5

1.4.2 工程训练中机械伤害类型 / 8

1.4.3 工程训练的安全操作规程 / 9

1.4.4 工程训练安全信息 / 13

1.4.5 工程训练安全措施 / 15

1.5 工程机械节能环保 / 16

1.5.1 工程机械环保常识 / 16

1.5.2 机械润滑剂常识 / 17

1.5.3 机械振动与噪声的抑制 / 18

第2章 基础知识

2.1 常用材料 / 19

2.1.1 金属材料 / 19

2.1.2 非金属材料 / 20

2.2 金属切削过程的基本知识 / 21

2.2.1 金属切削过程的基本概念 / 21

2.2.2 刀具角度 / 23

2.3 刀具的种类、材料与选择 / 24

2.3.1 刀具种类 / 24

2.3.2 刀具材料 / 25

2.3.3 刀具选择 / 26

2.4 热处理 / 27

2.4.1 热处理基本知识 / 27

2.4.2　常用热处理方法 / 29

2.5　表面处理 / 31

2.5.1　喷丸 / 31

2.5.2　喷砂 / 32

2.5.3　表面涂覆 / 33

2.5.4　抛光 / 36

2.5.5　滚压和表面胀光 / 37

2.5.6　热喷涂 / 39

第3章　钳工

3.1　钳工入门 / 42

3.1.1　钳工简介 / 42

3.1.2　钳工常用设备 / 43

3.1.3　钳工常用工具 / 45

3.1.4　钳工常用量具 / 45

3.2　工件划线 / 52

3.3　工件锯削 / 55

3.4　工件锉削 / 58

3.5　工件钻孔、扩孔和铰孔 / 62

3.6　工件攻螺纹和套螺纹 / 65

3.7　项目一：钳工综合训练——锤头 / 67

3.8　项目二：钳工综合训练——锉配凹凸体 / 69

第4章　车削

4.1　普通车床简介 / 71

4.1.1　普通车床的类型 / 71

4.1.2　普通车床的工作原理 / 73

4.1.3　普通车床的组成 / 74

4.1.4　普通车床的刀具 / 75

4.1.5　安全操作知识 / 75

4.2　普通车床的使用 / 76

4.2.1　普通车床的加工范围 / 76

4.2.2　普通车床的操作 / 76

4.2.3　普通车床的维护与调整 / 77

4.3　项目：车削综合训练——轴类零件 / 78

第5章　铣削

5.1　普通铣床简介 / 79

5.1.1　普通铣床的类型 / 79

5.1.2　普通铣床的工作原理 / 79

5.1.3　普通铣床的组成 / 79

5.1.4　普通铣床的刀具 / 80

5.1.5　安全操作知识 / 81

5.2　普通铣床的使用 / 81

5.2.1　普通铣床的加工范围 / 81

5.2.2　普通铣床的操作 / 82

5.2.3　普通铣床的维护与调整 / 82

5.3　项目：铣削综合训练——沟槽类零件 / 83

第6章　磨削

6.1　普通磨床简介 / 85

6.1.1　普通磨床的类型 / 85

6.1.2　普通磨床的工作原理 / 87

6.1.3　普通磨床的组成 / 87

6.1.4　普通磨床的刀具 / 88

6.1.5　安全操作知识 / 88

6.2　普通磨床的使用 / 88

6.2.1　普通磨床的加工范围 / 88

6.2.2　普通磨床的操作 / 88

6.2.3　普通磨床的维护与调整 / 89

6.3　其他磨削方法 / 89

6.3.1　砂轮机 / 89

6.3.2　研磨 / 90

6.3.3　超精加工 / 91

6.4　项目：磨削综合训练——平面精磨类零件 / 91

第7章　焊接

7.1　焊接与焊接实训 / 93

7.1.1　焊接概述 / 93

7.1.2　焊接实训 / 93

7.2　手工电弧焊 / 93

7.2.1　手工电弧焊的原理、特点和应用 / 93

7.2.2　手工电弧焊所用的设备、工具与
电焊条 / 94

7.2.3　手工电弧焊的工艺过程及规范 / 95

7.2.4　手工电弧焊的操作方法 / 96

7.2.5　手工电弧焊的安全规则 / 97

7.3　其他焊接方式 / 98

7.3.1 二氧化碳气体保护焊 / 98

7.3.2 氩弧焊 / 101

7.3.3 埋弧焊 / 103

7.4 项目：电弧焊焊接训练 / 107

第8章 数控车床

8.1 数控车床简介 / 108

8.1.1 数控车床的类型 / 108

8.1.2 数控车床的工作原理 / 108

8.1.3 数控车床的组成 / 109

8.1.4 数控车床的刀具 / 109

8.1.5 数控车床安全操作知识 / 110

8.2 数控车床仿真软件 / 111

8.3 数控车床控制系统面板 / 112

8.4 数控车床的编程 / 114

8.4.1 FANUC数控车床的程序格式 / 114

8.4.2 数控车床常用的指令介绍 / 115

8.5 项目一：数控车削加工阶梯轴 / 118

8.6 项目二：数控车削加工锤柄 / 119

8.7 项目三：数控车削加工综合零件 / 121

第9章 数控加工中心

9.1 数控加工中心简介 / 124

9.1.1 数控加工中心的类型 / 124

9.1.2 数控加工中心的工作原理 / 124

9.1.3 数控加工中心的组成 / 124

9.1.4 数控加工中心的刀具 / 125

9.1.5 数控加工中心安全操作知识 / 126

9.2 数控加工中心仿真软件 / 128

9.3 对刀方法 / 130

9.4 数控加工中心的编程 / 131

9.5 项目一：数控加工中心综合训练
——内轮廓 / 134

9.6 项目二：数控加工中心综合训练
——外轮廓 / 136

9.7 项目三：数控加工中心综合训练
——综合件 / 137

第10章 CAD/CAM技术与应用

10.1 CAD/CAM系统简介 / 141

10.1.1 基于CAD/CAM的数控自动编程的基本
步骤 / 141

10.1.2 CAXA制造工程师数控编程系统简介 / 142

10.2 零件的加工造型 / 145

10.2.1 曲线绘制 / 145

10.2.2 曲线编辑 / 146

10.2.3 几何变换 / 147

10.2.4 实体造型 / 149

10.3 零件的加工过程 / 154

10.3.1 刀具轨迹的生成 / 154

10.3.2 后置处理与加工代码 / 157

10.3.3 加工轨迹编辑 / 158

10.4 项目：CAXA制图并仿真加工 / 158

第11章 虚拟仿真技术与应用

11.1 计算机仿真技术简介 / 162

11.1.1 仿真与系统仿真 / 162

11.1.2 计算机仿真技术 / 163

11.1.3 仿真可视化与虚拟现实 / 165

11.1.4 系统与建模方法 / 167

11.1.5 仿真模型算法 / 168

11.1.6 仿真系统与设计 / 169

11.2 虚拟现实系统的交互设备 / 170

11.2.1 VR的三维跟踪传感设备 / 170

11.2.2 VR的立体显示设备 / 172

11.2.3 VR的人机交互设备 / 174

11.2.4 VR的系统集成设备 / 176

11.3 项目一：车床加工及安全虚拟仿真
实验 / 177

11.4 项目二：车床加工及安全虚拟现实
实验 / 186

第12章 数控电火花线切割

12.1 电火花线切割加工简介 / 193

12.1.1 线切割加工原理 / 193

12.1.2 线切割机床的类型 / 193

12.1.3 线切割机床的组成 / 194

12.1.4 线切割操作前的准备工作 / 194

12.1.5 线切割机床操作软件 / 195

12.1.6 线切割机床操作步骤 / 196

12.1.7 线切割机床安全操作规程 / 197

12.2 项目：电火花线切割加工 / 197

第13章 激光加工

13.1 激光打标 / 199

13.1.1 激光打标简介 / 199

13.1.2 激光打标机基本原理 / 199

13.1.3 激光打标机的组成 / 199

13.1.4 激光打标机操作软件 / 200

13.1.5 激光打标机基本操作 / 201

13.2 项目一：激光打标金属板 / 202

13.3 激光切割 / 202

13.3.1 激光切割简介 / 202

13.3.2 激光切割机的组成 / 203

13.3.3 激光切割机操作软件 / 203

13.3.4 激光切割机基本操作 / 204

13.3.5 机床操作注意事项 / 205

13.4 项目二：激光切割金属板 / 205

13.5 激光内雕 / 206

13.5.1 激光内雕简介 / 206

13.5.2 激光内雕机的组成 / 207

13.5.3 激光内雕机操作软件 / 207

13.5.4 激光内雕机基本操作 / 208

13.6 项目三：激光内雕水晶玻璃 / 208

第14章 三维扫描与快速成形技术

14.1 三维扫描技术 / 210

14.1.1 三维扫描技术简介 / 210

14.1.2 面扫描的特点 / 210

14.1.3 三维扫描技术测量原理 / 211

14.1.4 三维扫描仪 / 211

14.1.5 三维扫描仪使用步骤 / 212

14.2 快速成形技术 / 212

14.2.1 快速成形技术简介 / 212

14.2.2 3D打印原理和过程 / 212

14.2.3 3D打印操作流程 / 213

14.3 快速成形技术与逆向工程的集成 / 213

14.4 项目：逆向工程（三维扫描仪）及3D打印实践 / 214

第15章 智能制造

15.1 智能制造简介 / 215

15.1.1 德国工业4.0 / 215

15.1.2 智能制造的结构与特性 / 217

15.1.3 智能制造的发展 / 218

15.2 智能制造装备与系统 / 219

15.2.1 智能制造装备与系统简介 / 219

15.2.2 柔性制造系统 / 219

15.3 智能制造关键技术 / 223

15.3.1 物联网与工业物联网 / 223

15.3.2 工业机器人 / 224

15.3.3 射频识别技术 / 229

15.3.4 传感技术 / 231

15.3.5 嵌入式系统 / 232

15.3.6 云计算与大数据 / 235

15.4 智能制造实训平台 / 236

15.4.1 智能制造实训平台系统简介 / 236

15.4.2 智能制造实训平台系统的基本结构 / 237

15.4.3 智能制造实训平台系统的基本功能 / 237

15.5 项目一：综合训练——智能制造实训平台 / 237

15.6 项目二：综合训练——工业机器人 / 238

第16章 创新训练与实践

16.1 综合创新训练 / 239

16.1.1 综合创新训练简介 / 239

16.1.2 创新的含义和特点 / 239

16.1.3 综合创新训练的意义 / 240

16.2 创新原理和创新方法 / 241

16.2.1　创新性思维 / 241

16.2.2　创新原理 / 243

16.2.3　创新方法 / 247

16.2.4　创新的类型与培养途径 / 248

16.3　项目管理与产品创新 / 251

16.3.1　项目管理 / 251

16.3.2　产品设计及产品创新 / 254

16.3.3　产品制造工艺 / 256

16.4　创业认知 / 259

16.4.1　创业的含义 / 259

16.4.2　创业的特点 / 259

16.4.3　创业的一般过程 / 259

16.4.4　创新创业的意义 / 261

16.5　创客运动 / 262

16.5.1　创客、创客空间、创客运动的内涵 / 262

16.5.2　创客运动与大学生创新创业 / 263

参考文献

现代工程的内涵除传统工程的部分外，还涉及社会、经济、市场、环境、生态、伦理和道德等非技术元素。它的科学性、社会性、实践性、创新性、复杂性日益突出。它的内容也不断扩展，形成了研究—开发—设计—制造—运转—营销—管理的工程链。现代工程涉及工程的管理协调，以及市场营销和社会服务。麻省理工学院对现代工程概念提出了新的理解，他们认为"工程是对科学知识和技术的开发与应用，以便在物质、经济、人力、政治、法律和文化限制内满足社会需要"。

1.1 工程教育

工程教育对国家工业化和现代化的进程有着极其重要的影响。各个国家政治制度、经济体制、发展阶段、人口、资源、历史文化的背景各不相同，因而每个国家的工程教育也各有特色。新中国成立后，建立了适应社会主义国家建设和发展需要的工程教育体系，培养了国家急需的大批工程技术人才。然而，随着工程实践的发展，新中国成立初期的工程教育模式越来越不适应国家社会和经济的发展，20 世纪 90 年代以来，我国进行了高等院校的改革和调整，以使我国的工程教育能够适应建设创新型国家、走新型工业化道路的战略举措。

工程训练导论

1.1.1 工程教育回归工程本质

工程教育既不是单纯的技术教育，也不是科学教育的附庸。现代工程技术人才不仅必须具备综合的专业知识和技能，还必须具备敏锐的社会洞察力、有效的交流能力、团队合作能力、终身学习能力、国际化视野，以及与工程有关的伦理、环境保护和可持续发展意识，并且能够处理工程活动所引发的经济、法律、环境及其他相关问题。因此，工程教育必须面向未来和变化的世界，既不是"狭隘于技术"和"技术上狭隘"的工程教育，也不是"唯科学独尊"的工程教育。它将在提供宽广的通识教育的基础上，着重强调回归工程实践本身。

在当今知识经济时代，工程师除了要有相应的专业业务能力外，还应具备多个领域的基本知识、能力和素质；不仅要能够用自己所学的专业技术知识来解决工程活动的技术问题，还要能从工程伦理、工程法律、工程哲学、社会可持续发展等方面去考虑该不该进行这项工程活动。大量实践表明，现代工程需要的工程技术人才要具备的素质包括良好的专业素养、较宽领域的基本知识与实践能力、管理能力、人文精神和科学精神。

1.1.2 高等工程教育的目标

我国的高等工程教育的目标是为国家培养各种各样的工程技术人才。我国的高等工程教育分为 4 个层次：博士生教育、硕士生教育、本科生教育和专科生教育。这与发达国家的工程教育基本相同。高等工程教育之所以要层次分明，是因为工程建设中需要各个层次的人才，每个层次培养出来的工程技术人才都是必不可少的。因此，工程师也分不同的层次，有高级工程师、中级工程师，还有从事工程设计、制造和管理工作的技能工程师，当然，也有企业的一般工程技术人员。工程师必须具有研发能力，能开发新技术、新材料、新工艺和新产品，要能解决复杂的工程问题。在现代社会生产活动中，他们处于研发、规划、设计、决策等环节，而技能型人才处于生产、建设、服务等实际操作一线，强调综合应用能力和解决问题的实际能力。在我国的工程教育体系中，高级工程师、工程师、工程技术人员等主要由本科院校培养，而技能型人才主要由高职高专院校培养。因此，院校应结合各自学校的条件与特色，找到自己在工程教育中的合适位置，为国家培养不同层次的工程技术人才。

1.1.3　高等工程教育的主旨

高等工程教育作为培养工程技术人才的重要途径，必须顺应工程的本质要求。工程教育的内涵不是简单的科学教育与技术教育，而是建立在科学与技术之上、包含社会、政治、经济、道德、文化、环境、伦理等多种元素的教育。

以美国的工程教育为例，20 世纪 30 年代前，美国工程教育遵循"技术教育"模式，侧重技术知识的掌握和对技能本身的研究运用，重视工程经验的教育。20 世纪 40～80 年代，美国工程教育引入了科学教育，将工程科学教育理念贯穿工程教育的全过程，从而导致工程教育的科学化、学术化，而以前注重的工程实践教育的理念被忽视甚至抛弃，这种工程科学化的工程教育给美国的工业发展带来了很大弊端，直接导致了美国后来在工业中一系列霸主地位的丧失，削弱了美国在世界上的工业竞争力。因此，20 世纪 90 年代，美国工程教育掀起了"回归工程"的浪潮，其核心内容是改变工程科学化的工程教育模式，重构工程教育。1995 年，美国国家科学基金会（National Science Foundation，NSF）发表了《重建工程教育——NSF 工程教育专题讨论会报告》，报告指出：工程教育的改革方向是使现在建立在学科基础上的工程教育回归其本来含义，更加重视工程实际及工程本身的系统性和完整性。美国工程与技术认证委员会（Accreditation Board for Engineering and Technology，ABET）对 21 世纪的工程技术人才提出了 11 条评估标准。

（1）有应用数学、科学与工程等知识的能力。

（2）有进行设计、实验分析与数据处理的能力。

（3）有根据需要去设计一个部件、一个系统或一个过程的能力。

（4）具有多种训练培养的综合能力。

（5）有验证、指导及解决工程问题的能力。

（6）了解职业道德和社会责任。

（7）能有效地表达与交流。

（8）懂得工程问题对全球环境和社会的影响。

（9）有终身学习的能力。

（10）具备有关当今时代问题的知识。

（11）有应用各种技术和现代工程工具去解决实际问题的能力。

这说明工程教育既要充分重视工程的实践性与系统性，也要注重工程人才实践能力（工程实践能力）的培养以及多学科综合能力、职业道德及社会责任感的培养。因此，现代高等工程教育的主旨在于回归工程的本质，提供综合及学科交叉融合的知识背景，强调工程实践性，培养学生的创造性和创新精神。

1.2　工程伦理

工程伦理教育旨在帮助学生识别伦理问题，提高学生的道德敏感度，使学生能对工程技术所涉及的伦理问题做出自己的判断和选择。各国工科院校都已经或显或隐、或多或少地进行了工程伦理教育。工程伦理教育在 20 世纪 60 年代末 70 年代初就已出现在美国的大学课程目录之中，20 世纪 80 年代以来，美国工程与技术认证委员会（ABET）一直要求凡欲通过鉴定的工程教育计划都必须包括伦理教育内容。1996 年美国工程师"工程基础"考试首次将工程伦理问题纳入其中。

工程伦理教育属于职业道德范畴。由于工程伦理问题普遍存在于现代工程活动之中，因此，这些问题如果处理不当，势必危及工程专业的健康发展。

首先，工程伦理教育的核心之一是"意识与责任教育"。价值塑造是工程伦理教育的内涵和主旨。负责任的创新是指在工程设计、实施、运行和取消全过程中充分考虑到对自然环境、子孙后代可能产生的负面影响并加以规避。工程人才培养应该从强调工具理性向突出价值理性方向提升和转移，通过工程伦理教育，塑造未来工程师"以人为本、关爱生命、安全可靠、关爱自然、公平正义"的工程伦理准则；同时，还要认识到，从长期看履行社会责任就是创造价值，实现道德与利润的平衡。

其次，识别和判别工程伦理冲突的能力，应该成为工程师教育的重要内容。工程师应该具备"明辨是非""先觉先知"的能力，即掌握风险辨识和评价的基本方法，具备基于长期利润与道德平衡而进行工程决策的能力。

具有"伦理意识"的现代工程师，以造福人类和可持续发展为理念的工程师，才能在面临忠诚于股东还是忠诚于公众的道德困境时做出正确的判断和选择。

1.3 工程训练

工程训练是高校普遍开设的一门工程实践性技术基础课程，是在原"金属工艺学实习"基础上增加先进制造技术等扩展而来的一门讲授机械制造基础知识和技能、培养学生工程能力与创新基础的课程。它是高校对学生进行工程教育与培养的主要环节和内容，是为学生后续的工程素养及创新能力的培养和提高打基础的必备的教学实践环节。

1.3.1　机械制造过程

工程训练涉及一般机械制造生产的全过程。

首先根据需求设计产品（或零件），然后将设计图纸变成制造工艺文件，接着选择并确定原材料及生产设备。原材料可以是钢锭、生铁、铝锭等各种金属型材或非金属材料。

机械零件的加工根据各阶段所要求达到的质量不同，大体上可分为毛坯制造和切削加工两个主要阶段：将原材料用铸造、锻造、冲压、下料等方法制成零件的毛坯（或半成品、成品）；再经过车削、铣削、磨削、钻削、镗削、钳工等切削加工和特种加工，获得所需的几何形状、尺寸和表面质量。根据加工精度的不同，把上述工序分为粗加工、半精加工和精加工。

在毛坯制造和切削加工过程中，为改善加工工艺性和保证零件的力学性能，常在某些工序之前（或之后）对工件进行热处理或表面处理。

把加工完毕并检验合格的各零件，按一定的顺序和配合关系组合、连接、固定起来，成为部件和整机，这一过程称为装配。装配好的部件和机器还要经过试运转和调整，合格后才能包装出厂。

习惯上还把铸造、锻造、焊接、热处理统称为热加工，把切削加工和装配称为冷加工。随着现代制造技术的发展，数控加工等先进制造方法应用日益广泛。

1.3.2 工程训练内容

工科、理科等专业工程训练应安排车削、铣削、磨削、钳工、数控加工以及特种加工、柔性制造、机器人创新等工种的实习。具体实习内容包括以下几方面。

（1）常用材料及热处理工艺的基本知识。

（2）车削、铣削、磨削、钳工和数控加工、特种加工的主要加工方法及简单加工工艺。

（3）常用加工设备、附件及其工具、夹具、量具和模具等的结构、工作原理和使用方法。

（4）特种加工技术的基本工作原理和技术方法。

（5）机器人创新技术。

（6）柔性系统。

（7）常用的工程设计软件。

1.3.3 工程训练目的

工程训练的目的是使学生学习加工工艺知识，增强实践动手能力，提高工程综合素质，培养创新意识与能力。

1. 学习加工工艺知识

高等院校的学生除应具备较强的基础理论知识和专业技术知识外，还必须具备一定的工程材料及工程制造工艺知识。在工程训练中，学生通过自己的亲身实践来获得的这些工艺知识都是非常具体、实际的，这对于学生学习后续课程、进行毕业设计乃至以后从事工程技术工作都是必要的基础。

2. 增强实践动手能力

增强学生的实践动手能力，就是培养学生在生产实践中获取知识的能力，以及运用所学知识和技能独立分析和解决工程技术问题的能力。这些能力对学生是非常重要的，而它们只能通过实习、实训、实验、课程设计、毕业设计等实践性课程、教学环节以及各种课外创新活动来培养。在工程训练中，学生亲自动手操作各种机器设备完成产品（或零件）的加工，在过程中使用各种工具、夹具、量具等，尽可能结合实际生产进行各工种操作训练。在有条件的情况下，可安排综合性练习、工艺设计和工艺讨论等训练环节。

3. 提高工程综合素质

工程技术人员应具有较高的综合素质，尤其应具有较高的工程素质。工程素质除材料、设备、工程设计、工艺等知识和一定技能外，还包括质量、安全、环境、经济、市场、管理、法律、社会化等方面的意识。工程训练是在类似工程制造的真实生产环境下进行的。参加工程训练的学生一般是第一次接触工程制造设备，第一次自己经历一个产品（或零件）从设计到运用机械设备加工完成的全过程。学生通过感受实际生产的场景和加工，培养安全、纪律以及团队合作的意识，培养吃苦耐劳的精神，这对提高学生的综合素质必然起到非常重要的作用。

4. 培养创新意识与能力

在工程训练中，可以潜移默化地培养学生的创新意识和创新能力。学生要接触各种机械工程设备，并将了解、熟悉和掌握其中一部分设备的结构、原理和使用方法，初步掌握车、铣、磨、钳等加工工艺。这些设备和加工工艺可以实现学生的设想。同时，在工程训练中安排机器人、3D打印、柔性制造、特种加工等创新训练环节，这种体验式学习环境有利于培养学生的创新意识和创新能力。

1.3.4　工程训练的基本要求

工程训练实习是高校许多本科专业必修的实践性课程。通过本课程，学生可以学到工艺知识，训练实践能力，培养创新意识，提高综合素质，并为后续课程的学习奠定必要的基础。为保证工程训练实习的质量及正常的教学秩序，工程训练中对学习、纪律、安全都会做专门的要求，具体要求如下。

1. 学习要求

（1）注重在实习现场和在具体的生产工艺过程中学习工艺知识和基本技能。

（2）注意实习教材的预习和复习。

（3）在实习中，注意观察、模仿、询问、讨论，形成正确的行为习惯和操作方式。

（4）课后及时完成实习报告。

（5）严格遵守安全操作规程，重视人身和设备安全。

2. 纪律要求

（1）严格遵守训练中心各项规章制度。

（2）尊敬指导老师，虚心学习。

（3）按要求做好预习，每天记实习日记，实习结束后须写总结。

（4）严格遵守考勤制度。

（5）实习态度须严肃认真。实习时间不得阅读与本课无关的书、报刊等。

（6）实习中不得随意串岗、打闹、喧哗等。

（7）实习中禁止吃各种食品。

（8）爱护环境卫生。

3. 安全制度

（1）严格遵守安全技术操作规程。

（2）必须按各工种要求穿戴全部防护用品。身着工作服及工作鞋，长发者须戴工作帽等。禁止穿无袖上衣、裙子、短裤、八分裤、拖鞋、凉鞋、高跟鞋及其他不符合要求的服装，禁止敞怀，禁止戴围巾。机械加工时禁止戴手套。车削及焊接时须戴防护眼镜。焊接时须穿长袖衣服等。

（3）未了解仪器设备性能或未经指导老师许可，不得擅自触摸或启动任何仪器设备。

（4）启动仪器设备前及启动后须按规定的程序及要求谨慎操作。

（5）两名以上的学生同时操作一台机器时，须密切配合，开机时应打招呼，以免发生事故。

（6）离开仪器设备或因故停电时，应随手关闭所用仪器设备的总开关。

（7）实习中，如发现所用仪器设备不正常或仪器设备出现故障，应立刻停机并报告指导教师。

（8）实习中如有事故发生，须迅速切断电源，保护好现场，并立刻向指导老师报告，等候处理。

（9）工作完毕后，须整理及清点工具，并做好仪器设备和地面的清洁工作。

1.4 工程训练安全知识

1.4.1　工程机械安全的认知过程

工业革命经历了四个时代，工业 1.0 实现了大规模生产（蒸汽机的发明和运用），工业 2.0 实现了电气化生产（电力的广泛应用），工业 3.0 实现了自动化生产（产品的标准化），工业 4.0 将实现定制化生产。人类对安全的认识与社会经济发展的不同时代和劳动方式密切相关，经历了安全自发认识阶段、安全局部认识阶段、系统安全认识阶段。机械是进行生产经营活动的主要工具。由于人类对机械安全有不同的认识，因此各阶段表现出不同的特点。

（1）安全自发认识阶段

在农业经济（自然经济）时期，人类的生产活动方式是劳动者个体使用手工工具或简单机械进行家庭或小范围的生产劳动，绝大部分机械工具的原动力是劳动者自身，由生物能转化为机械能。人能够主动对工具的使用进行控制。在这个阶段，人类不是有意识地专门研究机械和工具的安全，而是在使用中不自觉附带解决了安全问题（如刀具中刀刃和刀柄的分离）。在这个阶段，人们对机械安全的认识存在很大的盲目性，处于自发和凭经验的认识阶段。

（2）安全局部认识阶段

第一次工业革命时代，蒸汽机技术使人类经济从农业经济进入工业经济，使人类从家庭生产进入工厂化、跨家庭的生产方式。机器代替手工工具，原动力变为蒸汽机，人被动地适应机器的节拍进行操作，大量暴露的传动零件使劳动者在使用机器过程中受到危害的可能性大大增加。为了安全使用机械，针对某种机器设备的局部，针对个别安全问题，采取专门技术方法，如锅炉的安全阀、传动零件的防护罩等，形成了机械安全的局部专门技术。

（3）系统安全认识阶段

当工业生产从蒸汽机时代进入电气、电子时代，以制造业为主的工业出现标准化、社会化以及跨地区等生产特点，更细的分工使专业化程度提高，形成了分属不同产业部门、相对稳定的生产系统。生产系统高效率、高质量和低成本的目标，对机械生产设备专用性和可靠性提出更高要求，从而形成了从属于生产系统并为其服务的机械系统安全，如起重机械安全、化工机械安全、建筑机械安全等。其特点是，机械安全是为了预防和解决生产系统发生的事故。它是为企业的主要生产目标服务的。在系统安全认识阶段，安全科学技术和安全科学技术应用理论进入了高速发展期。

事故致因理论已有近百年历史，它是生产力发展到一定水平的产物。在生产力发展的不同阶段，生产过程中出现的安全问题有所不同，特别是随着生产方式的变化，人在生产过程中所处的地位发生变化，从而引起人们安全观念的变化，产生了反映安全观念变化的不同的事故致因理论。探索事故的发生及预防规律、阐明事故的发生机理、预防事故发生的事故致因理论经历了早期事故致因理论、第二次世界大战后的事故致因理论、近代事故致因理论三个阶段。

（1）早期事故致因理论

一般认为事故的发生仅与一个原因或几个原因有关。20世纪初期资本主义工业的飞速发展，使得蒸汽动力和电力驱动的机械取代了手工工具，这些机械的使用大大提高了劳动生产率，但也增加了事故的发生率。当时设计的机械很少或者根本不考虑操作的安全和方便，几乎没有什么安全防护装置。工人没有受过培训，操作不熟练，加上长时间的疲劳作业，伤亡事故自然频繁发生。

① 事故频发倾向概念

1919年，英国的格林伍德（M. GreenWood）和伍慈（H. H. Woods）对许多工厂里的伤亡事故数据中的事故发生次数按不同的统计分布进行了统计检验。结果发现，工人中某些人较其他人更易发生事故。法默（Farmer）等人提出了事故频发倾向概念。事故频发倾向是指个别人容易发生事故的、稳定的内在倾向。

因此，防止企业雇用事故频发倾向者成了预防事故的基本措施。一方面，通过严格的生理、心理检验等，从众多的求职者中选择身体、智力、性格特征及动作特征等方面优秀的人才就业；另一方面，一旦发现事故频发倾向者就将其解雇。显然，由优秀人员组成的工厂是比较安全的。

② 海因里希事故法则

美国安全工程师海因里希（Heinrich）1941年通过统计55万件机械事故，得出死亡和重伤事故占1666件，轻伤事故占48334件，其余为无伤事故，从而得出了一个重要结论，即在机械事故中，死亡和重伤事故与轻伤、无伤事故的比例为 1∶29∶300。国际上把这一法则称为事故法则。这个法则说明，在机械生产过程中，每发生 330 起意外事件，有 300 件未产生人员伤害，29 件造成人员轻伤，1 件导致重伤或死亡。在不同的生产过程中，不同类型的事故，上述比例关系不一定完全相同，但这个统计规律说明，达到一定数量的意外事件必然导致重大伤亡的发生。要防止重大事故的发生，必须减少和消除无伤事故，要重视事故的苗头和未遂事故，否则终会酿成大祸。

海因里希的工业安全理论是该时期的代表性理论。海因里希认为，人的不安全行为、物的不安全状态是事故的直接原因，企业事故预防工作的重心就是消除人的不安全行为和物的不安全状态。

研究表明，大多数的工业伤害事故都是由工人的不安全行为引起的。即使一些工业伤害事故是由物的不安全状态引起的，物的不安全状态也是由工人的错误造成的。因而，海因里希理论和事故频发倾向论一样，把工业事故的责任归因于工人。从这种认识出发，海因里希理论进一步追究事故发生的根本原因，认为人的缺点来源于遗传因素和人员成长的社会环境。

（2）第二次世界大战后的事故致因理论

第二次世界大战时期，已经出现了高速飞机、雷达和各种自动化机械等，为预防和减少飞机飞行事故而兴起的事故判定技术及人机工程学等，对后来的工业事故预防产生了深刻的影响。事故判定技术最初被用于确定军用飞机飞行事故原因。研究人员用这种技术调查飞行员在飞行操作中的心理学和人机工程方面的问题，然后针对这些问题采取改进措施，以防止操作失误。第二次世界大战后，这项技术被广泛应用于工业事故预防工作，作为一种调查研究不安全行为和不安全状态的方法，使不安全行为和不安全状态在引起事故之前被识别和改正。

第二次世界大战使用的军用飞机的操纵装置和仪表设计非常复杂，其操作要求超出人的能力范围，容易引起驾驶员误操作而导致严重事故。为此，飞行员要求改变仪表位置、改变不适合人的能力的操纵装置和操纵方法，这些要求推动了人机工程学的研究。

人机工程学是研究如何使机械设备、工作环境适应人的生理、心理特征，使人员操作简便、准确、失误少、工作效率高的科学。人机工程学的兴起标志着工业生产中人与机械关系的重大变化：以前是按机械的特性训练工人，让工人满足机械的要求，工人是机械的奴隶和附庸；现在是在设计机械时考虑人的特性，使机械适合人操作。从事故致因的角度来看，机械设备、工作环境不符合人机工程学的要求可能是引起人失误、导致事故的原因。

第二次世界大战后，越来越多的人认为，不能把事故的责任简单地推给工人，而应该注重机械的、物质的危险性质在事故致因中的重要地位。因此，在事故预防工作中应强调实现生产条件、机械设备的安全。先进的科学技术和经济条件为此提供了物质基础和技术手段。

（3）近代事故致因理论

① 事故能量转移理论

事故能量转移理论是美国的安全专家哈登（Haddan）于 1966 年提出的一种事故控制论。该理论的立论依据是事故本质的定义（事故是能量的不正常转移）。这样，研究事故控制理论就是从事故的能量作用类型（研究机械能、电能、化学能、热能、声能、辐射能等的转换规律）出发，研究能量转移作用的规律（从能级的控制技术，研究能量转移的时间和空间规律）。预防事故的本质是能量控制，可通过系统能量的消除、限值、疏导、屏蔽、隔离、转移、距离控制、时间控制、局部弱化、局部强化、系统闭锁等技术措施来控制能量的不正常转移。

从事故能量转移理论出发，预防伤害事故就是防止能量或危险物质的意外转移，防止人体与过量的能量或危险物质接触。人们把约束、限制能量，防止人体与能量接触的措施称为屏蔽。所以，在工业生产中，经常采用屏蔽措施预防事故发生。

② 事故综合原因论

事故综合原因论简称综合论，它是综合论述事故致因的现代理论。综合论认为，事故的发生绝不是偶然的，而是有其深刻原因的，包括直接原因、间接原因和基础原因。事故是社会因素、管理因素和生产中的危险因素被偶然事件触发所造成的后果。

现在工程机械使用领域不断扩大，融入人们生产、生活的各个角落，工程机械设备的复杂程度增加，出现了光机电液一体化，这就要求解决机械安全问题需要在更大范围、更高层次上，从被动防御转向主动保障，将安全工作前移。学生进行工程训练时要对安全知识进行学习，整个实习过程要按照规程进行操作。

1.4.2 工程训练中机械伤害类型

1. 卷绕和绞缠的危险

引起这类伤害的是做回转运动的机械部件（如轴类零件，包括联轴器、主轴、丝杠等），回转件上的突出形状（如安装在轴上的凸出键、螺栓或销钉、手轮上的手柄等），回转运动的机械部件的开口部分（如链轮、齿轮、皮带轮等圆轮形零件的轮辐，旋转凸轮的中空部位等）。回转运动的机械部件将人的头发、饰物（如项链）、手套、肥大衣袖或下摆随回转件卷绕，继而引起对人的伤害。卷绕和绞缠的危险如图 1-1 所示。

（a） （b）

图 1-1 卷绕和绞缠的危险

2. 挤压、剪切和冲击的危险

引起这类伤害的是做往复直线运动的零部件。其运动轨迹可能是横向的，如大型机床的移动工作台、牛头刨床的滑枕、运转中的带链等；也可能是垂直的，如剪切机的压料装置和刀片、压力机的滑块、大型机床的升降台等。两个物件相对运动状态可能是接近型，距离越来越近，甚至最后闭合；也可能是通过型，当相对接近时擦肩而过。做直线运动特别是相对运动的两部件之间、运动部件与静止部件之间产生对人的夹挤、冲撞或剪切伤害。挤压、剪切和冲击的危险如图 1-2 所示。

图 1-2 挤压、剪切和冲击的危险

3. 引入或卷入、碾轧的危险

引起这类伤害的是相互配合的运动副，例如，啮合的齿轮之间以及齿轮与齿条之间，带与带轮、链与链轮进入啮合部位的夹紧点，两个做相对回转运动的辊子之间的夹口引发的引入或卷入；轮子等滚动的旋转件引发的碾轧，等等。引入或卷入、碾轧的危险如图1-3所示。

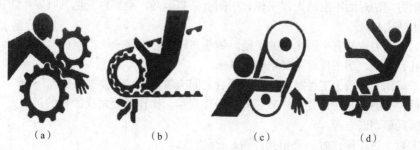

（a）　　　　　　　（b）　　　　　　　（c）　　　　　　　（d）

图 1-3　引入或卷入、碾轧的危险

4. 飞出物打击的危险

引起这类伤害的是由断裂、松动、脱落或弹性势能等机械能释放造成的物件飞甩或反弹。例如，轴的破坏引起装配在其上的带轮、飞轮等运动零部件坠落或飞出；由于螺栓的松动或脱落引起被紧固的运动零部件脱落或飞出；高速运动的零件破裂，碎块甩出；切削废屑的崩甩等。另外，还有弹性元件的势能引起的弹射，例如，弹簧、带等的断裂，在压力、真空下的液体或气体势能引起的高压流体喷射，等等。

5. 物体坠落打击的危险

引起这类伤害的是处于高位置的物体具有的势能，当它们意外坠落时，势能转化为动能而造成伤害。例如，高处掉落的零件、工具或其他物体，悬挂物体的吊挂零件破坏或夹具夹持不牢引起物体坠落，质量分布不均衡、重心不稳造成物体在外力作用下发生倾翻、滚落，运动部件超行程脱轨，等等。

6. 切割和擦伤的危险

引起这类伤害的是切削刀具的锋刃，零件表面的毛刺，工件或废屑的锋利飞边，机械设备的尖棱、利角、锐边，粗糙的表面（如砂轮、毛坯）等。无论物体的状态是运动还是静止，这些由形状产生的危险都会构成潜在的威胁。

7. 碰撞和刮蹭的危险

引起这类伤害的是机械结构上的凸出、悬挂部分，如起重机的支腿、吊杆，机床的手柄，长、大加工件伸出机床的部分等。这些物件无论是静止的，还是运动的，都可能制造伤害。

8. 跌倒、坠落的危险

引起这类伤害的是地面堆物无序或地面凹凸不平导致的磕绊，接触面摩擦力过小（光滑、油污、冰雪等）造成打滑、跌倒，人从高处失足坠落，误踏入坑井坠落等。如果跌落引起二次伤害，后果将会更严重。

机械危险大量表现为人员与可运动件的接触伤害，各种形式的机械危险与其他非机械危险往往交织在一起。在进行危险识别时，应该从机械系统的整体出发，综合考虑机械的不同状态、同一危险的不同表现方式、不同危险因素之间的联系和作用，以及显现或潜在危险的不同形态等。

1.4.3　工程训练的安全操作规程

1. 钳工技术训练安全操作规程

（1）进入训练场地要听从指导教师安排，认真听讲，安全着装，女学生要戴工作帽，长发全部塞入帽中。

（2）使用手锤、大锤、錾子等工具时，锤头、錾顶不准淬火，不准有裂纹，飞边卷刺应及时磨除。

（3）钻孔或使用手锤时，严禁戴手套，钻孔时不得用手去清除铁屑。

（4）錾削方向的对面不准站人，工作台中间要装有隔网，剔工件或毛刺时要戴防护眼镜，手用錾子不准用大锤击打。

（5）锉刀、刮刀应装有牢固光滑的手柄，锤头与锤柄的连接应该牢固可靠，打入斜铁。

（6）钻孔、锉削、刮工件时不要用嘴吹铁末。

（7）用千斤顶支撑较大工件时，工件与平台之间应放木垫，不要把手放在下面。

（8）用砂轮刃磨刀具时，要遵守砂轮安全操作规程，操作者要站在砂轮的侧前方，不得用工件硬碰砂轮，磨后要切断电源。

（9）两人以上进行操作时，要相互协调，行动一致。

（10）使用机床时，应首先了解机床的性能和操作规程，严禁在机床开动中变速，因故离开所操作的机床时，必须关闭机床并切断电源，在拆卸和维修设备前，请电工切断电源。

（11）轴、孔装配时，不允许将手指伸进孔内。

（12）不得手持锉刀等工具开玩笑，以免失手伤人。

（13）工具要摆放整齐，工件要码放整齐、稳当，工作地周围应清洁无杂物。

（14）训练结束后，要清理环境，必须关闭所有电源开关。

2．车削技术训练安全操作规程

（1）进入训练场地要听从指导教师安排，认真听讲，安全着装，女学生必须戴工作帽，长发全部塞入帽中，不许穿高跟鞋。学生禁止穿裙子、短裤和凉鞋进行操作，不准戴手套。

（2）检查设备上的防护、保险装置、机械传动部分，电器部分要有可靠的防护装置，否则不准开动机床。

（3）给机床润滑系统注油，并检查润滑情况。

（4）工夹、刀具及工件必须装夹牢固。

（5）机床开动后，要站在安全位置，不许接触转动的工件、刀具和传动部分。

（6）调整车床速度、行程，装夹工件、更换刀具及测量加工表面等都必须在停车后进行。

（7）车床导轨以及滑动面上禁止放置刀具和其他物品。

（8）用砂轮磨工具、工件时应遵守砂轮使用规定。

（9）操作时，必须戴上护目镜，以防切屑飞进眼睛。不许用手直接接触铁屑，应使用专用工具清除。

（10）凡两人或两人以上在同一车床操作时，必须有一人负责安全，防止事故发生。

（11）发现异常情况，应立即停车，请指导教师和有关人员进行检查。

（12）不许在车床开动时离开，因故要离开时，必须停车，并切断电源。

（13）装卸工件后，应立即取下扳手，不许用手刹住转动中的卡盘。

（14）用锉刀修光倒角时，应右手在前，左手在后，身体离开卡盘。

（15）内孔转动时不准用锉刀倒角，用砂布抛光内孔时不准将手指或手臂伸进工件内孔。

（16）训练结束后，必须关闭所有电源开关。清除车床上的切屑，擦净后在加油部位按规定加注润滑油。

3．铣削技术训练安全操作规程

（1）进入训练场地要听从指导教师安排，认真听讲，安全着装，女学生要戴工作帽，长发全部塞入帽中，严禁穿凉鞋和裙子进行操作。

（2）不准戴手套操作机床。

（3）铣刀未完全停止前不得用手触摸、制动。主轴未停稳不准测量工件。

（4）清除铁屑要用毛刷，不可用手抓、嘴吹，更不能用棉纱去擦。

（5）操作时不要站立在切屑流出的方向，以免切屑飞入眼中。若有铁屑飞入眼中，切勿用手揉擦，以防铁屑粘在眼睛上。操作时发现机床异常立即停车。

（6）开车时不准变速，手柄摇动后一定要拉回空转位置，防止高速旋转伤人。

（7）装夹工件时，一定要把车停稳，防止工件或工具碰到高速旋转的铣刀。

（8）所用扳手必须与螺帽相配，防止滑脱伤人，扳手紧固后立即取下，防止开车后甩出与其他部件相碰。检查机床各手柄是否放在规定位置上。

（9）不准任意拆卸改装电器设备，防止电器装置失灵或失控，造成危险。

（10）操作时精神要集中，随时注意切削是否正常，严禁铣削时离开机床。

（11）训练结束后，必须关闭所有电源开关。

（12）训练结束后，将机床清擦干净，搞好环境卫生，收好工具。

4. 磨削技术训练安全操作规程

（1）进入训练场地要听从指导教师安排，认真听讲，安全着装，女学生必须戴工作帽，将长发全部塞入帽中，严禁穿裙子和凉鞋进行操作。

（2）操作前必须了解清楚磨床的规格、性能、安全技术措施。

（3）磨削过程中，需要更换砂轮时，应仔细检查砂轮，不准使用有裂纹的砂轮，安装时必须经过静平衡检验。

（4）不准用没有防护罩的砂轮进行磨削，不准在磨床开动时做测量与清洁工作。

（5）开始磨削前必须细心检查各手柄停放的位置，细心检查工件的装夹是否正确、紧固、可靠。

（6）开车前必须调整好换向撞块的位置并将其紧固，以免由撞块走动引起工作台行程超限，造成机床事故。

（7）磨削时，必须在砂轮和工件启动后再进刀，切削深度不能太大，防止砂轮挤碎和损坏机床，以及工件烧伤、报废。

（8）一个零件磨削结束后，必须将进刀手轮退出一圈，以免装好下一个零件再开车时砂轮碰撞工件。

（9）操作结束或完成一个段落时，应将磨床有关操作手柄放在"空挡"位置上。

（10）使用平面磨床时，应检查磁力开关是否失灵，工件和磁盘接触面是否清洁，接触面的吸力是否够强。注意应先开磁力开关，然后启动机床。

（11）采用干磨的磨床上必须装置吸尘设备，工作时应戴口罩，维修砂轮时必须戴上防护眼镜。

（12）注意安全用电，不随便打开电器箱和乱动各种电器设备，工作中如果发现机床有异常现象，立即停车，请有关人员检查。

（13）操作过程中若要离开机床，必须停车。

（14）训练结束后，必须关闭所有电源开关。

5. 焊接技术训练安全操作规程

（1）进入训练场地要听从指导教师安排，认真听讲，穿戴好防护用品（包括工作服、电焊帽、绝缘手套、绝缘鞋）。

（2）操作中经常检查设备、工具受冲击部分，如发现焊机漏电、损伤、螺母松动及导线产生裂纹等缺陷，应及时修理。

（3）不允许用眼睛直接观看电焊弧光，以免灼伤眼睛。

（4）弧焊机零线必须接地。焊接操作场地一定要保持干燥，不能有水，鞋底一定要绝缘，以免在焊接时触电。

（5）焊后清渣时，注意防止高温焊渣飞溅烫伤皮肤和眼睛。严禁焊接油箱等易燃易爆设备。

（6）氧气瓶与明火的距离应在 10m 以上，如不能保持上述距离，必须采取隔离措施。气焊、气割时氧气瓶中的氧气不能全部用光。

（7）氧气瓶严禁与一切油类接触。氧气瓶避免碰撞及阳光曝晒。在搬运氧气瓶时，不能用吊车搬运或肩扛；在搬运乙炔瓶时，应放平稳。国家规定，氧气瓶为天蓝色，乙炔瓶为乳白色。

（8）在使用焊具、割具时嘴子避免撞击，使用前检查嘴子是否堵塞。工作中发现回火现象应立即将乙炔阀门关闭。

（9）在学生操作时，禁止指导教师离开工作现场。

（10）训练结束后，必须及时关闭动力开关（电源），清理场地有关火点及环境卫生。

6. 数控机床安全操作规程

（1）进入训练场地要听从指导教师安排，认真听讲，安全着装，保持场地干净整洁。

（2）数控机床为贵重精密设备，必须严格按机床操作规程及指导教师的要求进行操作。

（3）对机床数控系统内部存储的所有参数，严禁私自打开、改动和删除。

（4）严禁将未经指导教师验证的程序输入数控装置进行零件加工。

（5）加工前必须认真检查工件、刀具安装是否牢固、可靠。设备上严禁堆放工件、夹具、刀具、量具等物品。

（6）工件加工时，严禁用手触摸工件和刀具；更换工件时，必须停车进行。操作者必须密切关注机床的加工过程，不得擅自离开工作岗位。

（7）操作时必须明确系统当前状态，并按各状态的操作流程操作。

（8）加工过程出现异常或系统报警后，应及时停机并报告指导教师，待一切处理正常后方可继续操作。

（9）训练结束后关闭电源，整理好工具，擦净机床并做好机床的维护保养工作。

7. 特种加工安全操作规程

（1）激光打标机安全操作规程

① 操作设备前必须阅读使用说明，按规定的顺序操作，不得擅自更改、拆卸或自行调整设备。

② 光纤激光器采用风冷却方式，若冷却系统故障，待故障排除后方可开机。

③ 开机顺序：首先打开总电源，依次打开计算机电源、辅助电源、振镜电源、激光器电源；然后在计算机上打开打标软件调出需要的打标文件，设置参数后按操作流程进行打标作业。注意，无论任何时候，应首先开启计算机电源、辅助电源及振镜电源，然后开启激光器电源，否则可能会有不可控的激光束产生而造成伤害。

④ 设备工作时，呈高压大电流状态，此时不得进行设备的维护、检修作业。设备出现故障应及时停机报修，维修人员在查看、排除故障时，均应切断电源。

⑤ 进行打标作业时，操作人员必须戴专用防护眼镜，严禁在激光加工时用眼睛正对激光器，不可用任何物体去接触激光束。

⑥ 关机顺序：首先退出打标程序和其他应用程序，关闭打标软件；然后依次关闭激光器电源、振镜电源、辅助电源、计算机电源；最后关闭总电源。

⑦ 设备关机后按使用说明要求进行保养、清洁作业。

（2）激光内雕机安全操作规程

① 操作设备前必须阅读使用说明，按规定的顺序操作，并遵守安全警告中的注意事项，防止人身伤害和设备部件损坏事故发生。

② 不得擅自更改、拆卸或自行调整设备，不得擅自打开激光器和振镜头的盖板，避免激光辐射

的伤害。

③ 操作设备接触激光光源时必须戴上与激光波长和功率相适应的防护镜；设备工作时，不要直视激光束，尤其是原光束，也不要看反射镜反射的激光束或长时间直视正在加工的工件。

④ 不要自行移开光路上的防护罩和为其他光学器件设置的遮挡物。

⑤ 电源切断至少 10 分钟后，才可以对设备进行搬运、接线和检查等操作。

⑥ 设备工作时，激光腔内有高压，不要移动激光腔中任何盖子，也不要对螺丝做任何调整。

⑦ 保持设备工作场所的干燥和清洁，防止设备接触水溅、腐蚀性和可燃性气体、可燃物和粉尘。

⑧ 注意设备的保养和维护。光学器件是设备的重要组成部件，其保养必须严格按照规范进行。

（3）激光切割机安全操作规程

① 遵守一般切割机安全操作规程。严格按照激光器启动程序启动激光器、调光、试机。

② 操作者须经过培训，熟悉切割软件、设备结构性能，掌握操作系统有关知识。

③ 按规定穿戴好防护用品，在激光束附近必须佩戴符合规定的防护眼镜。

④ 运行前要检查所有准备工作是否到位，保护气是否已开启，气压是否达标，激光是否处于待命状态。

⑤ 在未弄清某一材料是否能用激光照射或切割前，不要对其进行加工，以免产生烟雾和蒸气的潜在危险。

⑥ 设备开动时操作人员不得擅自离开岗位或托人代管，如的确需要离开，应停机或切断电源开关。

⑦ 要将灭火器放在触手可及的地方；不加工时要关掉激光器或光闸；不要在未加防护的激光束附近放置纸张、布或其他易燃物。

⑧ 在加工过程中发现异常时，应立即停机，及时排除故障或上报主管人员。

⑨ 保持激光器、激光头、床身及周围场地整洁、有序、无油污，工件、板材、废料按规定堆放。

⑩ 工作时，注意观察机床运行情况，以免切割机走出有效行程范围发生碰撞造成事故；新的工件程序输入后，应先试运行，并检查运行情况；送料时一定要看着送料状态，以免坯料起拱撞上激光头。

1.4.4　工程训练安全信息

在工程训练中，为了进行安全警示，让进入实习场所的人员立刻获得警示信息，在显著的位置都会放置标牌表达特定的安全信息。工程训练中的安全信息由安全色、文字、标志、信号、符号或图表组成，以单独或联合使用的形式向使用者传递信息，以指导使用者安全、合理、正确地使用机械，警告危险、危害健康的机械状态和提醒应对机械危险事件。了解安全信息是工程训练的组成部分之一。

安全信息应贯穿机械使用的全过程，包括运输、试运转（装配、安装和调整）、使用（设定、示教或过程转换、运转、清理、查找故障和维修）。如果有特殊需要，安全信息还应包括解除指令、拆卸和报废处理的信息。这些安全信息在各阶段可以分开使用，也可以联合使用。

1. 安全信息的类别

（1）信号和警告装置等。

（2）标志、符号（象形图）、安全色、文字等。

（3）随机文件，如操作手册、说明书等。

2. 安全色

安全色是表达安全信息的颜色，表示禁止、警告、指令、提示等意义。统一使用安全色，能使人们在紧急情况下，借助所熟悉的安全色含义，识别危险部位，尽快采取措施，提高自控能力，防止发生事故。安全色采用红、黄、蓝、绿，具体含义如下。

（1）红色表示禁止和停止、消防和危险。凡表示禁止、停止和有危险的器件、设备或环境，均应使用红色；红色闪光警告操作者情况紧急，应迅速采取行动。

（2）黄色表示注意、警告。警告人们注意的器件、设备或环境，均应涂以黄色。

（3）蓝色表示需要执行的指令、必须遵守的规定或应采用的防范措施等。

（4）绿色表示通行、安全和正常工作状态。可以通行或安全的情况，均应用绿色表示。

安全色有时采用组合或对比的方式，常用的安全色及其对比色是红色—白色、黄色—黑色、蓝色—白色、绿色—白色。例如，黄色与黑色相间的条纹，比单独使用黄色更为醒目，表示特别注意的意思，常用于起重吊钩、平板拖车排障器、低管道等。

3. 安全标志

标志也称标识、标记，用于明确机械的特点和指导机械的安全使用，说明机械或其零部件的性能、规格和型号、技术参数，或表达安全的有关信息。标志可分为性能参数标志和安全标志两大类。

性能参数标志用于识别机械产品的类别和某些特点，例如，机械标志（标牌）上应有制造厂的名称与地址、所属系列或形式、系列编号或制造日期等；机械安全使用的参数或认证标志上应有最高转速、加工工件或工具的最大尺寸、可移动部分的质量、防护装置的调整数据、检验频次、中国强制性产品认证（China Compulsory Certification，CCC）标志等。此外，机械上对安全有重要影响的易损零件（如钢丝绳、砂轮等）必须有性能参数标志。

安全标志在机械上的用途很广，常放置于机器上的危险部位、安全罩的内面、起重机的吊钩、滑轮架和支腿、防护栏杆、梯子或楼梯的第一级和最后一级等。安全标志由安全色、符号和几何图形构成，有时附以简短的文字说明（表达特定的安全信息）。安全标志从功能上可分为禁止标志、警告标志、指令标志和提示标志四类。

（1）禁止标志表示不准或制止人们的某种行动。

（2）警告标志使人们注意可能发生的危险。

（3）指令标志表示必须遵守，用来强制或限制人们的行为。

（4）提示标志示意目标地点或方向。

图1-4所示为部分常见安全标志。

（a）必须穿防护服　（b）必须穿防护鞋　（c）必须穿救生衣　（d）必须戴安全帽

（e）紧急出口1　（f）避险处　（g）可动火区　（h）紧急出口2

（i）禁止乘人　（j）禁止触摸　（k）禁止穿带钉鞋　（l）禁止穿化纤服装

（m）当心中毒　（n）当心坑洞　（o）当心火灾　（p）当心腐蚀

图1-4　部分常见安全标志

1.4.5 工程训练安全措施

工程训练安全可以概括地分为工程机械的产品安全和工程机械的使用安全两个阶段。工程机械的产品安全阶段主要涉及设计、制造和安装三个环节。工程机械的使用安全阶段是指机械执行其预定功能，以及围绕保证机械正常运行而进行的维修、保养等多个环节，这个阶段的机械安全主要是由使用机械的用户来负责的。工程机械的使用安全应考虑其寿命的各个阶段，任何环节的安全隐患都可能导致使用阶段的安全事故发生。工程机械安全是由设计阶段的安全措施和使用阶段的安全措施来实现的。当设计阶段的措施不足以避免或充分限制各种危险和风险时，则由用户采取补充安全措施最大限度地降低遗留风险。

1. 设计阶段的安全措施

机械的产品安全通过设计、制造和安装三个环节实现，设计是机械安全的源头，制造是实现产品质量的关键，安装是制造的延续，三者的结合是机械产品安全的重要保证。机械设计安全遵循以下两个基本途径：一是选用适当的设计结构，尽可能避免危险或降低风险；二是通过减少对操作者涉入危险区的需要来降低风险。决定机械产品安全性的关键是设计阶段采取的安全措施。选择安全技术措施应根据安全措施等级按下列顺序进行。

（1）直接安全技术措施

直接安全技术措施是选择最佳的设计方案，并严格按照专业标准制造、检验；合理地采用机械化、自动化和计算机技术，最大限度地消除危险或限制风险；履行安全人机学原则来使机械本身具有安全性。

（2）间接安全技术措施

当直接安全技术措施不能或不能完全实现安全时，则必须在机械设备总体设计阶段，设计一种或多种专门用来保证人员不受伤害的安全防护装置，最大限度地预防、控制事故或危害的发生。注意，当选用安全防护措施来避免某种风险时，安全防护装置的设计、制造任务不应留给用户去承担。

（3）指示性（说明性）安全技术措施

在直接安全技术措施和间接安全技术措施对控制风险无效或不完全有效的情况下，通过使用文字、标志、信号、安全色、符号或图表等安全信息，向人们做出说明，提出警告，并将遗留风险通知用户。

（4）附加预防措施

着眼于紧急状态的预防措施和附加措施。例如，急停措施，陷入危险时的人员躲避和援救措施，机械的可维修性措施，断开动力源和能量泄放措施，机械及其重型零部件装卸、安全搬运的措施，安全进出机械的措施，机械及其零部件稳定性措施，等等。

2. 使用阶段的安全措施

如果设计者根据上述方法采取的安全措施不能完全满足基本安全要求，就必须由使用机械的用户采取安全技术和管理措施加以弥补。用户的责任是采取最大限度降低遗留风险的安全技术措施。在使用阶段，由用户采取的安全措施对降低遗留风险很重要。

（1）个人防护用品

个人防护用品是劳动者在机械的使用过程中保护人身安全与健康所必备的一种防御性装备，在意外事故发生时对避免伤害或减轻伤害程度起一定作用。按防护部位不同，我国的个人劳动防护用品分为九大类：安全帽、呼吸护具、眼防护具、听力护具、防护鞋、防护手套、防护服、防坠落护具和护肤用品。使用时应注意根据接触危险能量和有害物质的作业类别和可能出现的伤害，按规定正确选配。个人劳动防护用品的规格、质量和性能必须达到保护功能要求，并符合相应的技术指标。个人防护用品不是也不能取代安全防护装置，它不具有避免或降低危险的功能，只是当危险来临时起一定的防御作用。必要时，可与安全防护装置配合使用。

（2）作业场地与工作环境的安全性

作业场地是指利用机械进行作业活动的地点、周围区域及通道。

① 功能分区。生产场所功能分区应明确，划分为毛坯区，成品、半成品区，废物垃圾区；通道宽敞无阻，充分考虑人和物的合理流向和物料输送的需要，并考虑紧急情况下的撤离。

② 机械设备布局。机械设备之间、机械设备与固定建筑物之间应保持安全距离，避免机械装置之间危险因素的相互影响和干扰；有潜在危险设备，如振动噪声大、加热、爆炸敏感设备，应采取分散、隔离或防护、减振、降噪等措施，并设置必要的提示和警告标志。

③ 物料、器具堆放。工、夹、量具按规定摆放，安全稳妥；加工场所存放的原料、成品、半成品应限量，并堆放整齐、稳固，不超高，防止坍塌或滑落。

④ 地面。生产场所地面应平坦、无凹坑，避免凸出的管线等障碍；坑、壕、池应有可靠的防护栏杆或盖板；凸出悬挂物及机械可移动范围内应设防护装置或加醒目标志。

⑤ 满足卫生要求。保证足够的作业照度，符合作业环境的通风、温度、湿度要求，严格控制尘、毒、噪声、振动、辐射等不超过规定的卫生标准。

（3）安全管理措施

当通过各种技术措施仍然不能解决存在的遗留风险时，就需要采用安全管理措施来控制对人员造成的危害。安全管理措施包括以下几种。

① 落实安全生产组织和明确各级安全生产责任制，建立安全规章制度和健全安全操作规程。

② 加强对员工的安全教育和培训，包括安全法制教育、风险知识教育和安全技能教育，以及特种作业人员的岗位培训。

③ 对机械设备实施监管，特别是对安全有重要影响的重大、危险机械设备和关键机械设备及其零部件，必须进行全程安全监测，对其检查和报废实施有效的监管。

④ 制定事故应急救援预案等。

工程机械系统是复杂系统，每一种安全技术管理措施都有其特定的适用范围，并受一定的条件制约而具有局限性。实现机械安全靠单一措施难以奏效，需要从机械全寿命的各个阶段采取多种措施，考虑各种约束条件，综合分析、权衡、比较，选择可行的最佳对策，最终达到保障工程机械系统安全的目的。

1.5 工程机械节能环保

随着社会的不断进步，人们也逐步认识到，工程机械的应用在提高劳动生产率、降低人工劳动强度的同时也存在一个不可忽视的严重问题，即工程机械的使用对周围人类生存环境产生的污染和危害。工程机械若不采取必要的环保措施，将对工程所在地周边环境带来一定的影响，尤其是对河流、湖泊、风景名胜区等生态脆弱区带来无法挽回的影响。因此，实行工程机械低碳维修，降低维修消耗，减少环境破坏，对生态文明建设具有十分重要的意义。正视这些问题的存在，研究其产生的根源，寻找解决的办法，逐步减少和消除这些危害，已成为国内外工程机械行业可持续发展的必要条件之一。

1.5.1 工程机械环保常识

工程机械所产生的废弃物主要有三类：一是固体废弃物，主要是废弃金属加工品等；二是液体废弃物，主要有废油、废水等，是环境污染最大的一类；三是气体与噪声，也就是机械加工过程中产生的废气、噪声等。机械设备中产生的废油、废水等，若直接排放会严重污染当地的土地和水源。有资料表明、1L 废油可污染 $1000m^3$ 淡水和 $40m^2$ 土地。工程机械在使用过程中经常用到各种各样的润滑油，每种润滑油都含有十几种甚至数十种化学添加剂。当润滑油与土壤或水体接触时，化学添加剂中的多种有毒有害物质便会腐蚀水土，造成不可挽回的环境污染。此外，废油中有大量化学物质和重金属，这些有毒有害物质通过水土被生物吸收，经过食物链的传递进入人体，使人体器官组织发生病变，最终危害人体健康。工程机械所产生的三类废弃物应当回收，并综合利用，加以处理。

1.5.2 机械润滑剂常识

润滑剂用于减少两个摩擦表面的摩擦和磨损或其他形式的表面破坏。一般通过润滑剂来达到润滑的目的。另外，润滑剂还有防锈、减振、密封、传递动力等作用。充分利用现代的润滑技术能显著提高机器的使用性能和寿命，并减少能源消耗。

1. 润滑剂的种类及应用

润滑剂按物理状态，可分液体润滑剂、半固体润滑剂（主要是润滑脂）、固体润滑剂（石墨、二氧化钼、二氧化钨、高分子固体润滑剂等）及气体润滑剂 4 大类。其中，液体润滑剂用量最大，品种最多。

（1）液体润滑剂

液体润滑剂包括矿物润滑油、合成润滑油、动植物油润滑油及水基液体等。水也可以作为润滑剂，但由于水有腐蚀性，因此一般不用。黏度是润滑油运动时油液内部摩擦阻力大小的量度。若黏度过大，润滑油不能流到配合间隙很小的两个摩擦表面之间，不能起到润滑作用；若黏度过小，润滑油易从需润滑的部位挤出，同样起不到润滑作用。因此，机械所用润滑油的黏度必须适当。润滑油的黏度随温度而变化，温度升高则黏度变小，温度降低则黏度增大。因此，选用润滑油必须考虑机械设备工作环境的温度变化。夏季用的润滑油，其黏度可比冬季大一些。

（2）润滑脂

润滑脂主要由矿物润滑油（或合成润滑油）和稠化剂调制而成。与润滑油相比，润滑脂的优点是具有更好的防护性和密封性，不需要经常添加，不易流失。其缺点是散热性差、黏滑性强，启动力矩大。

2. 润滑剂的选择

常见的润滑剂有润滑油、润滑脂、固体润滑剂。选用时，应以工作载荷、相对滑动速度、工作温度和特殊工作环境等作为依据。

（1）润滑油

润滑油具有流动性好、内摩擦力小、冷却作用较好的特点，是使用最广的润滑剂。黏度是选择润滑油最重要的参考指标。选择黏度时，应考虑以下基本原则。

① 在压力大、温度高、载荷冲击变动大时，应选用黏度较高的润滑油。

② 滑动速度高或转速高时，容易形成油膜，为减少摩擦应选用黏度较低的润滑油。

③ 加工粗糙或未经跑合的表面，应选用黏度较高的润滑油。

（2）润滑脂

润滑脂的特点是稠度大，不易流失，承载能力强，但稳定性差，摩擦功耗大，流动性差，无冷却效果，适于低速重载且温度变化不大或难以连续供油的场合。选用时，应考虑以下原则。

① 轻载高速时，选针入度大的润滑脂；反之，选针入度小的润滑脂。

② 所用润滑脂的滴点应比轴承的工作温度高 20～30℃。

③ 在有水淋或潮湿的环境下，应选择防水性强的润滑脂。

（3）固体润滑剂

轴承在高温、低速、重载情况下工作，不宜采用润滑油或润滑脂时可采用固体润滑剂。固体润滑剂可在摩擦表面形成固体膜，常用的固体润滑剂有石墨、聚四氟乙烯、二硫化钼、二硫化钨等。

固体润滑剂的使用方法如下。

① 调配到油或脂中使用。

② 涂敷或烧结到摩擦表面。

③ 渗入轴瓦材料或成形镶嵌在轴承中使用。

1.5.3　机械振动与噪声的抑制

工程机械在工作中产生的噪声可以采取以下措施抑制。

（1）减振。在机械装置中，在振动源与机座间设置弹簧来抑制与消除振动。例如，汽车采用弹簧钢板，电冰箱压缩机、洗衣机甩干桶采用三根弹簧悬挂在机座上来减少振动。

（2）减振沟。用减振沟来阻止振动波的传递，也是一种有效的减振措施。磨床、空气锤采用减振沟来相互隔离，减少振动，并消除相互影响。

（3）消声器。采用消声器可有效降低噪声，如汽车的消声器。

（4）消除噪声源。消除振动与噪声产生的根源。采用电动机代替发动机，采用液压传动代替机械或气压传动，都可以从源头消除噪声。

（5）减少噪声干扰。远离噪声源，例如，把空压机搬到较远的地方，分体式空调器将噪声源设置于室外。

2.1 ｜ 常用材料

2.1.1 金属材料

工程基础知识

金属材料是指具有光泽和延展性、容易导电和传热的材料。金属材料通常分为黑色金属、有色金属和特种金属材料。其中钢铁是基本的结构材料，被称为"工业的骨骼"。随着科学技术的进步，各种新型化学材料和新型非金属材料的广泛应用，使钢铁的代用品不断增多，对钢铁的需求量相对下降。但钢铁在工业原材料构成中的主导地位还是难以取代的。

1. 黑色金属

黑色金属又称钢铁，包括杂质总含量小于 0.2% 及含碳量不超过 0.0218% 的工业纯铁，含碳 0.0218%～2.11% 的钢，含碳大于 2.11% 的铸铁。广义的黑色金属还包括铬、锰及其合金，而它们都不是黑色的，纯铁是银白色的，铬是银白色的，锰是灰白色的。因为铁的表面常常生锈，覆盖着一层黑色的四氧化三铁与棕褐色的氧化铁的混合物，看上去就是黑色的，所以人们称之为"黑色金属"。

2. 有色金属

有色金属是指除铁、铬、锰以外的所有金属及其合金，通常分为轻金属、重金属、贵金属、半金属、稀有金属和稀土金属等。有色合金的强度和硬度一般比纯金属高，并且电阻大、电阻温度系数小。

有色金属的分类如下。

（1）轻金属

密度小于 4500kg/m³（4.5g/cm³），如铝、镁、钾、钠、钙、锶、钡等。

（2）重金属

密度大于 4500kg/m³（4.5g/cm³），如铜、镍、钴、铅、锌、锡、锑、铋、镉、汞等。

（3）贵金属

价格比一般常用金属昂贵，地壳丰度低，提纯困难，化学性质稳定，如金、银及铂族金属。

（4）半金属

性质介于金属和非金属之间，如硅、硒、碲、砷、硼等。

（5）稀有金属

① 稀有轻金属：如锂、铷、铯等。

② 稀有难熔金属：如钛、锆、钼、钨等。

③ 稀有分散金属：如镓、铟、锗等。

④ 稀土金属：如钪、钇、镧系金属。

⑤ 放射性金属：如镭、钫、钋，以及锕系元素中的铀、钍等。

3. 特种金属材料

特种金属材料包括不同用途的结构金属材料和功能金属材料。其中，有通过快速冷凝工艺获得的非晶态金属材料，以及准晶、微晶、纳米晶金属材料等；还有隐身、抗氢、超导、形状记忆、耐磨、减振等特殊功能合金，以及金属基复合材料等。超细晶粒钢、超塑性材料、形状记忆合金、高氮奥氏体不锈钢、变形镁合金、泡沫金属材料、金属粉末材料以及双金属塑性加工复合材料等都有相应的加工方法。

2.1.2 非金属材料

非金属材料指具有非金属性质（导电性和导热性差）的材料，通常指以无机物为主体的玻璃、陶瓷、石墨以及以有机物为主体的木材、塑料、橡胶等材料，由晶体或非晶体组成，无金属光泽，是热和电的不良导体。一般非金属材料的力学性能较差（玻璃钢除外）。某些非金属材料可代替金属材料，是化学工业不可缺少的材料。

19世纪以来，随着生产和科学技术的进步，尤其是无机化学和有机化学工业的发展，人类以天然的矿物、植物、石油等为原料，制造和合成了许多新型非金属材料，如水泥、人造石墨、合成树脂（塑料）、合成橡胶、特种陶瓷、合成纤维等。这些非金属材料因为具有各种优异的性能，所以在近代工业中用途不断扩大。

1. 塑料

塑料是合成树脂中的一种，性状跟天然树脂中的松树脂相似，是经过化学手段人工合成的。

塑料是以单体为原料，通过加聚或缩聚反应聚合而成的高分子化合物，可以自由改变成分及形体样式。它由合成树脂及填料、增塑剂、稳定剂、润滑剂、色料等添加剂组成。

塑料的主要成分是树脂。树脂最初用于指代动植物分泌出的脂质，如松香、虫胶等。树脂是尚未和各种添加剂混合的高分子化合物，约占塑料总质量的40%~100%。塑料的基本性能主要取决于树脂的本性，但添加剂也起着重要作用。有些塑料几乎完全是合成树脂，不含或少含添加剂，如有机玻璃、聚苯乙烯等。

根据塑料的用途，可将塑料分类如下。

（1）通用塑料

通用塑料一般是指产量大、用途广、成形性好、价格便宜的塑料。通用塑料有五大品种，即聚乙烯（PE）、聚丙烯（PP）、聚氯乙烯（PVC）、聚苯乙烯（PS）及丙烯腈-丁二烯-苯乙烯共聚合物（ABS）。这五大类塑料占塑料的绝大多数。

（2）工程塑料

工程塑料一般指能承受一定外力，具有良好的力学性能和耐高低温性能，尺寸稳定性较好，可以用作工程结构的塑料，如聚酰胺、聚砜等。工程塑料被广泛应用于电子电气、汽车、建筑、机械、航空航天等行业，以塑代钢、以塑代木已成为国际流行趋势。

（3）特种塑料

特种塑料一般是指具有特种功能，可用于航空航天等特殊应用领域的塑料。例如，氟塑料和有机硅具有突出的耐高温、自润滑等特殊功能，增强塑料和泡沫塑料具有高强度、高缓冲性等特殊性能。

2. 橡胶

橡胶是指具有可逆形变的高弹性聚合物材料，在室温下富有弹性，在很小的外力作用下能产生较大形变，除去外力后能恢复原状。橡胶属于完全无定形聚合物，它的玻璃化转变温度低，相对分子质量往往很大（大于几十万）。

早期的橡胶取自橡胶树、橡胶草等植物的胶乳，加工后制成具有弹性和绝缘性、不透水和空气的材料。后来的合成橡胶则由各种单体经聚合反应而得。橡胶制品广泛应用于工业和生活各个方面。

根据橡胶的用途可将橡胶分类如下。

（1）通用橡胶

通用橡胶是指部分或全部代替天然橡胶使用的胶种，如丁苯橡胶、顺丁橡胶、异戊橡胶等，主要用于制造轮胎和一般工业橡胶制品。通用橡胶的需求量大，是合成橡胶的主要品种。

（2）特种橡胶

特种橡胶是指具有耐高温、耐油、耐臭氧、耐老化和高气密性等特点的橡胶，常用的有硅橡胶、氟橡胶、聚硫橡胶、氯醇橡胶、丁腈橡胶、聚丙烯酸酯橡胶、聚氨酯橡胶和丁基橡胶等。特种橡胶主要用于要求某种特性的特殊场合。

3. 陶瓷

用陶土烧制的器皿称为陶器，用瓷土烧制的器皿称为瓷器。陶瓷则是陶器、炻器和瓷器的总称。凡是用陶土和瓷土这两种不同性质的黏土为原料，经过配料、成形、干燥、焙烧等工艺流程制成的器物都可以称为陶瓷。

按陶瓷的用途可将陶瓷分类如下。

（1）日用陶瓷

缸、坛、盆、罐、盘、碟、碗等。

（2）艺术（工艺）陶瓷

花瓶、雕塑品、园林陶瓷、器皿、相框、壁画、陈设品等。

（3）工业陶瓷

应用于各种工业的陶瓷制品，又分以下 4 个方面。

① 建筑-卫生陶瓷：砖瓦、排水管、面砖、外墙砖、卫生洁具等。

② 化工（化学）陶瓷：用于各种化学工业的耐酸容器、管道、塔、泵、阀，以及搪砌反应锅的耐酸砖、灰等。

③ 电瓷：用于电力工业高低压输电线路上的绝缘子、电动机用套管、支柱绝缘子、低压电器和照明用绝缘子、电信用绝缘子、无线电用绝缘子等。

④ 特种陶瓷：用于各种现代工业和尖端科学技术的特种陶瓷制品，如高铝氧质瓷、镁石质瓷、钛镁石质瓷、锆英石质瓷、锂质瓷、磁性瓷、金属陶瓷等。

2.2 金属切削过程的基本知识

2.2.1 金属切削过程的基本概念

1. 切削表面

切削加工过程是一个动态过程，在切削过程中，工件上通常存在着三个不断变化的切削表面，即待加工表面、已加工表面、过渡表面（加工表面）。车削外圆时的三个切削表面如图 2-1 所示。

待加工表面：工件上即将被切除的表面。

已加工表面：工件上已切去切削层而形成的新表面。

过渡表面：工件上正被刀具切削着的表面，介于已加工表面和待加工表面之间。

2. 切削运动

刀具与工件间的相对运动称为切削运动（表面成形运动）。按作用来分，切削运动可分为主运动和进给运动。图 2-1 给出了车刀进行普通外圆车削时的切削运动，以及合成运动的切削速度 v_e、主运动速度 v_c 和进给运动速度 v_f 之间的关系。

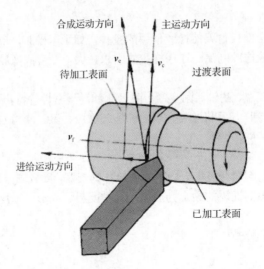

图 2-1　车削外圆时的三个切削表面

（1）主运动

主运动是刀具与工件之间的相对运动。它使刀具的前刀面能够接近工件，切除工件上的被切削层，使之转变为切屑，从而完成切削加工。通常主运动速度最高，消耗功率最大，机床通常只有一个主运动。例如，车削加工时，工件的回转运动是主运动。

（2）进给运动

进给运动是配合主运动实现依次连续不断地切除多余金属层的刀具与工件之间的附加相对运动。进给运动与主运动配合即可完成所需的表面几何形状的加工。根据工件表面成形的需要，进给运动可以是一个，也可以是多个；可以是连续的，也可以是间歇的。

（3）合成运动与合成切削速度

当主运动和进给运动同时进行时，刀具切削刃上某一点相对于工件的运动称为合成切削运动，其大小和方向用合成速度矢量 v_e 表示。

$$v_e = v_c + v_f$$

3. 切削用量三要素

（1）切削速度 v_c

切削速度 v_c 是刀具切削刃上选定点相对于工件的主运动的瞬时线速度。由于切削刃上各点的切削速度可能是不同的，因此计算时常用最大切削速度代表刀具的切削速度。当主运动为回转运动时：

$$v_c = \frac{\pi d n}{1000}$$

式中 d 为切削刃上选定点的回转直径，单位 mm；n 为主运动的转速，单位 r/s 或 r/min。

（2）进给速度 v_f、进给量 f

进给速度 v_f 为切削刃上选定点相对于工件的进给运动瞬时速度，单位 mm/s 或 mm/min。

进给量 f 为刀具在进给运动方向上相对于工件的位移量，用刀具或工件每转或每行程的位移量来表述，单位 mm/r 或 mm/行程。

$$v_f = n f$$

（3）切削深度 a_p

对于车削和刨削加工来说，切削深度 a_p（背吃刀量）是在与主运动和进给运动方向相垂直的方向上度量的已加工表面与待加工表面之间的距离。

车削外圆时的三个切削表面如表 2-1 所示。

表 2-1　　　　　　　　　　　　　　车削外圆时的三个切削表面

对于车削和刨削加工来说	对于钻孔加工来说	
$a_p=\dfrac{d_w-d_m}{2}$	$a_p=\dfrac{d_m}{2}$	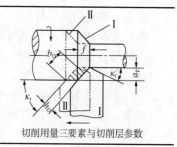
d_w: 工件待加工表面直径，mm d_m: 工件已加工表面直径，mm		切削用量三要素与切削层参数

4. 切削层参数

在切削过程中，刀具的切削刃在一次走刀中从工件待加工表面切下的金属层，称为切削层。

（1）切削层公称厚度 h_D

h_D 是在过渡表面法线方向测量的切削层尺寸，即相邻两过渡表面之间的距离。h_D 反映了切削刃单位长度上的切削负荷。

$$h_D=f\sin\kappa_r$$

式中，h_D 为切削层公称厚度，单位 mm；f 为进给量，单位 mm/r；，κ_r 为车刀主偏角，单位°。

（2）切削层公称宽度 b_D

b_D 是沿过渡表面测量的切削层尺寸。b_D 反映了切削刃参加切削的工作长度。

$$b_D=a_p/\sin\kappa_r$$

（3）切削层公称横截面积 A_D

A_D 是切削层公称厚度与切削层公称宽度的乘积。

$$A_D=h_D\times b_D=f\sin\kappa_r\times a_p/\sin\kappa_r=f\times a_p$$

2.2.2　刀具角度

刨刀、钻头、铣刀等各类刀具，都可以看作车刀的演变和组合。

外圆车刀是最基本、最典型的切削刀具，其切削部分（又称刀头）由前刀面、主后刀面、副后刀面、主切削刃、副切削刃和刀尖所组成。车刀的组成部分如图 2-2 所示。

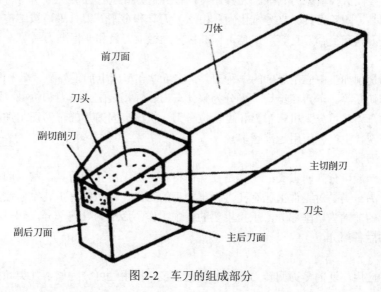

图 2-2　车刀的组成部分

前刀面是刀具上与切屑接触并相互作用的表面（切屑流过的表面）。

主后刀面是刀具上与工件过渡表面相对并相互作用的表面。

副后刀面是刀具上与已加工表面相对并相互作用的表面。

主切削刃是前刀面与主后刀面的交线。它完成主要的切削工作。

副切削刃是前刀面与副后刀面的交线。它配合主切削刃完成切削工作，并最终形成已加工表面。

刀尖是主切削刃和副切削刃连接处的一段刀刃。它可以是小的直线段或圆弧。

以车刀车外圆为例，若不考虑进给运动，当刀尖安装得高于或低于工件轴线时，将引起工作前角 γ_{oe} 和工作后角 α_{oe} 的变化。车刀安装高度对工作角度的影响如图 2-3 所示。

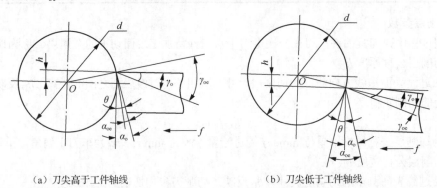

（a）刀尖高于工件轴线　　　　　　　　　　（b）刀尖低于工件轴线

图 2-3　车刀安装高度对工作角度的影响

2.3 刀具的种类、材料与选择

2.3.1　刀具种类

由于机械零件的材质、形状、技术要求和加工工艺的多样性，进行加工的刀具也具有不同的结构和切削性能。刀具常按加工方式和具体用途，分为车刀、孔加工刀具、铣刀、拉刀、螺纹刀具、齿轮刀具、自动线及数控机床刀具等。刀具还可以按其他方式进行分类，按所用材料分为高速钢刀具、硬质合金刀具、陶瓷刀具、立方氮化硼（CBN）刀具和金刚石刀具等，按结构分为整体刀具、镶片刀具、机夹刀具和复合刀具等，按是否标准化分为标准刀具和非标准刀具等。

（1）车刀

车刀是金属切削加工中应用最广的一种刀具。它可以在车床上加工外圆、端平面、螺纹、内孔，也可用于切槽和切断等。车刀在结构上可分为整体车刀、焊接装配式车刀和机械夹固刀片的车刀。机械夹固刀片的车刀又可分为机床车刀和可转位车刀。机械夹固刀片的车刀切削性能稳定，工人不必磨刀，所以在现代生产中应用越来越多。

（2）孔加工刀具

孔加工刀具一般可分为两大类：一类是在实体材料上加工出孔的刀具，常用的有麻花钻、中心钻和深孔钻等；另一类是对工件上已有孔进行再加工的刀具，常用的有扩孔钻、铰刀及镗刀等。工作部分（刀体）的前端为切削部分，承担主要的切削工作；后端为导向部分，起引导钻头的作用，也是切削部分的后备部分。

（3）铣刀

铣刀是一种应用广泛的多刃回转刀具，其种类很多。按用途可分为如下几类：

① 加工平面用的，如圆柱平面铣刀、端铣刀等。

② 加工沟槽用的，如立铣刀、T 形刀和角度铣刀等。

③ 加工成形表面用的，如凸半圆和凹半圆铣刀及加工其他复杂成形表面用的铣刀。

铣削的生产率一般较高，加工表面粗糙度值较大。

（4）拉刀

拉刀是一种加工精度和切削效率都比较高的多齿刀具，广泛应用于大批量生产中，可加工各种内外表面。拉刀按所加工工件表面的不同，可分为内拉刀和外拉刀两类。使用拉刀加工时，除要根据工件材料选择刀齿的前角、后角，以及工件加工表面的尺寸（如圆孔直径）确定拉刀尺寸外，还需要确定两个参数。

① 齿升角 a_f，即前后两刀齿（或齿组）的半径或高度之差。

② 齿距 p，即相邻两刀齿之间的轴向距离。

（5）螺纹刀具

螺纹可用切削法和滚压法进行加工。

（6）齿轮刀具

齿轮刀具是加工齿轮齿形的刀具。按刀具的工作原理，齿轮刀具分为成形齿轮刀具和展成齿轮刀具。常用的成形齿轮刀具有盘形齿轮铣刀和指形齿轮刀具等。常用的展成齿轮刀具有插齿刀、齿轮滚刀和剃齿刀等。选用齿轮滚刀和插齿刀时，应注意以下几点。

① 刀具基本参数（模数、齿形角、齿顶高系数等）应与被加工齿轮相同。

② 刀具精度等级应与被加工齿轮要求的精度等级相当。

③ 刀具旋向应尽可能与被加工齿轮的旋向相同。滚切直齿轮时，一般用左旋齿刀。

（7）自动线与数控机床刀具

总的来说，这类刀具的切削部分与一般刀具没有多大区别。为了适应数控机床和自动线加工的特点，对它们提出了更高的要求。数控机床部分刀具如图 2-4 所示。

（a）螺纹刀具　　　　　　（b）齿轮刀具　　　　　　（c）孔加工刀具（麻花钻）

图 2-4　数控机床部分刀具

2.3.2　刀具材料

刀具切削性能的好坏，取决于构成刀具切削部分的材料、刀具几何形状和刀具结构。刀具材料对刀具使用寿命、加工效率、加工质量和加工成本等都有很大影响。因此，要重视刀具材料的正确选择与合理使用。

1. 刀具材料应具备的性能

（1）高的硬度和耐磨性。刀具材料要比工件材料硬度高，常温硬度在 HRC62 以上；耐磨性表示抵抗磨损的能力，它取决于组织中硬质点的硬度、数量和分布。

（2）足够的强度和韧性。为了承受切削中的压力冲击和韧性，避免崩刀和折断，刀具材料应具有足够的强度和韧性。

（3）高耐热性。刀具材料应具备在高温下保持硬度、耐磨性、强度和韧性的能力。

（4）良好的工艺性。为了便于制造，要求刀具材料有较好的可加工性，如切削加工性、铸造性、锻造性和热处理性等。

（5）良好的经济性。

2. 常用的刀具材料

目前，生产中所用的刀具材料以高速钢和硬质合金居多。碳素工具钢（如 T10A、T12A）、工具钢（如 9SiCr、CrWMn）因耐热性差，仅用于一些手工或切削速度较低的刀具。

（1）高速钢

高速钢是一种加入较多的钨、铬、钒等合金元素的高合金工具钢，有较高的热稳定性，有较高的强度、韧性、硬度和耐磨性，制造工艺简单，容易磨成锋利的切削刃，可锻造。高速钢是制造钻头、成形刀具、拉刀、齿轮刀具等的主要材料。

① 通用型高速钢

钨钢：典型牌号为 W18Cr4V，有良好的综合性能，可以制造各种复杂刀具。

钨钼钢：典型牌号为 W6Mo5Cr4V2，可制造尺寸较小、承受冲击力较大的刀具；热塑性特别好，更适用于制造热轧钻头等；磨加工性好，应用广泛。

② 高性能高速钢

典型牌号为高碳高速钢 9W18Cr4V、高钒高速钢 W6MoCr4V3、钴高速钢 W6MoCr4V2Co8 和超硬高速钢 W2Mo9Cr4Co8 等。它适合于加工高温合金、钛合金和超高强度钢等难加工材料。

③ 粉末冶金高速钢

用高压氩气或氮气雾化熔融的高速钢水，直接得到细小的高速钢粉末，高温下压制成致密的钢坯，而后锻压成材或刀具形状。它适合于制造切削难加工材料的刀具、大尺寸刀具（如滚刀、插齿刀）、精密刀具、磨加工量大的复杂刀具、高动载荷下使用的刀具等。

（2）硬质合金

硬质合金由难熔金属化合物（如 WC、TiC）和金属黏结剂（Co）经粉末冶金法制成。

硬质合金以其切削性能优良被广泛用作刀具材料（约占 50%），如大多数的车刀、端铣刀以至深孔钻、铰刀、拉刀、齿轮刀具等。它具有高耐磨性和高耐热性，但抗弯强度低、冲击韧性差，很少用于制造整体刀具。硬质合金刀具还可用于加工高速钢刀具不能切削的淬硬钢等硬材料。

切削用的硬质合金分为以下三类。

① YG（K）类，即 WC-Co 类硬质合金。

② YT（P）类，即 WC-TiC-Co 类硬质合金。

③ YW（M）类，即 WC-TiC-TaC-Co 类硬质合金。

（3）其他刀具材料

陶瓷，金刚石，立方氮化硼。

2.3.3 刀具选择

1. 刀具种类的选择

刀具种类主要根据被加工表面的形状、尺寸、精度、加工方法、所用机床及要求的生产率等进行选择。

2. 刀具材料的选择

刀具材料主要根据工件材料、刀具形状和类型及加工要求等进行选择。

3. 刀具角度的选择

刀具角度的选择主要包括前角、后角、主偏角、副偏角和刃倾角的选择。

（1）前角

前角 γ_o 对切削的难易程度有很大影响。增大前角能使刀刃变得锋利，使切削更为轻快，并减小切削力和切削热。但前角过大，刀刃和刀尖的强度下降，刀具导热体积减小，影响刀具的使用寿命。前角对表面粗糙度、排屑和断屑等也有一定影响。工件材料的强度、硬度低，前角应选得大些，反之应选得小些；刀具材料韧性好（如高速钢），前角可选得大些，反之应选得小些（如硬质合金）；精加工时前角可选得大些，粗加工时前角应选得小些。

（2）后角

后角 α_o 的主要功能是减小后刀面与工件间的摩擦和后刀面的磨损，其大小对刀具耐用度和加工表面质量都有很大影响。一般切削厚度越大，刀具后角越小；工件材料越软、塑性越大，后角越大。工艺系统刚性较差时，应适当减小后角；尺寸精度要求较高的刀具，后角宜取小值。

（3）主偏角

主偏角 κ_r 的大小影响切削条件和刀具寿命。当工艺系统刚性很好时，减小主偏角可提高刀具耐用度、减小已加工表面粗糙度，所以 κ_r 宜取小值；当工件刚性较差时，为避免工件的变形和振动，应选用较大的主偏角。

（4）副偏角

副偏角 κ_r' 的作用是减小副切削刃和副后刀面与工件已加工表面之间的摩擦，防止切削振动。κ_r' 的大小主要根据表面粗糙度的要求选取。

（5）刃倾角

刃倾角 λ_s 主要影响刀头的强度和切屑流动的方向。

2.4 热处理

2.4.1 热处理基本知识

1. 热处理的概念

金属热处理是将金属工件放在一定的介质中加热到适宜的温度，并在此温度中保持一定时间后，又以不同速度在不同的介质中冷却，通过改变金属材料表面或内部的显微组织结构来控制其性能，以获得预期组织和性能的一种金属热加工工艺。

热处理是机械零件和工模具制造过程中的重要工序之一。大体来说，它可以保证和提高工件的各种性能，如耐磨性、耐腐蚀性等；还可以改善毛坯的组织和应力状态，以利于进行各种冷热加工。工业中的热处理现场如图 2-5 所示。

图 2-5　工业中的热处理现场

　　例如，白口铸铁经过长时间退火处理可以获得可锻铸铁，提高塑性；齿轮采用正确的热处理工艺，使用寿命可以比不经热处理的齿轮成倍或几十倍地提高；工模具则几乎全部需要经过热处理方可使用。

　　在从石器时代进展到铜器时代和铁器时代的过程中，热处理的作用逐渐为人们所认识，主要应用于饰品、农具、武器等的制作过程中。早在商代，就已经有了经过再结晶退火的金箔饰物。白口铸铁的柔化处理是制造农具的重要工艺。随着淬火技术的发展，人们逐渐发现淬冷剂对淬火质量的影响。

　　1863 年，英国金相学家和地质学家展示了钢铁在显微镜下的 6 种不同的金相组织，证明了钢在加热和冷却时，内部会发生组织改变，钢中高温时的相在急冷时转变为一种较硬的相。法国人奥斯蒙德确立的铁的同素异构理论，以及英国人奥斯汀最早制定的铁碳相图，为现代热处理工艺初步奠定了理论基础。与此同时，人们还研究了在金属热处理的加热过程中对金属的保护方法，以避免加热过程中金属的氧化和脱碳等。

　　20 世纪以来，金属物理的发展和其他新技术的移植应用，使金属热处理工艺得到更大发展。显著的进展是 1901 年—1925 年，在工业生产中应用转筒炉进行气体渗碳；20 世纪 30 年代出现露点电位差计，使炉内气氛碳势可控；后来又研究出用二氧化碳红外仪、氧探头等进一步控制炉内气氛碳势的方法；20 世纪 60 年代，热处理技术运用了等离子场的作用，发展了离子渗氮、渗碳工艺；激光、电子束技术的应用，又使金属获得了新的表面热处理和化学热处理方法。

　　2. 热处理的工艺特点

　　金属热处理是机械制造中的重要工艺之一，与其他加工工艺相比，热处理一般不改变工件的形状和整体的化学成分，而是通过改变工件内部的显微组织，或改变工件表面的化学成分，赋予或改善工件的使用性能。其特点是改善工件的内在质量，而这一般不是肉眼所能看到的。

　　为使金属工件具有所需要的力学性能、物理性能和化学性能，除合理选用材料和各种成形工艺外，热处理工艺往往是必不可少的。钢铁是机械工业中应用最广的材料，钢铁显微组织复杂，可以通过热处理予以控制，所以钢铁的热处理是金属热处理的主要内容。另外，铝、铜、镁、钛等及其合金也都可以通过热处理改变力学性能、物理性能和化学性能，以获得不同的使用性能。

　　3. 热处理的工艺过程

　　热处理工艺一般包括加热、保温、冷却三个过程，有时只有加热和冷却两个过程。这些过程互相衔接，不可间断。

　　加热是热处理的重要工序之一。金属热处理的加热方法很多，最早采用木炭和煤作为热源，后来应用液体和气体燃料。电的应用使加热易于控制，且无环境污染。利用这些热源可以直接加热，也可以通过熔融的盐或金属，以至浮动粒子进行间接加热。金属加热时，工件暴露在空气中，常常发生氧化、脱碳（降低钢铁零件表面碳含量），对热处理后零件的表面性能不利。因而，金属通常应在可控气氛或保护气氛中、熔融盐中和真空中加热，也可用涂料或包装方法进行保护加热。加热温度是热处理工艺的重要工艺参数之一，选择和控制加热温度，是保证热处理质量的关键。加热温度随被处理的金属材料和热处理的目的不同而异，但一般都是加热到相变温度以上，以获得高温组织。工业中的热处理出炉现场如图 2-6 所示。

　　加热后的组织转变需要一定的时间，因此当金属工件表面达到要求的加热温度时，还须在此温度保持一定时间，使工件内外温度一致，显微组织转变完全，这段时间称为保温时间。采用高能密度加热和表面热处理时，加热速度极快，一般就没有保温时间；而化学热处理的保温时间往往较长。

　　冷却也是热处理工艺过程中不可缺少的步骤，冷却方法因工艺不同而不同，主要是控制冷却速度。一般退火的冷却速度最慢，正火的冷却速度较快，淬火的冷却速度更快。但还因钢种不同而有不同的要求，例如，空冷钢就可以用与正火一样的冷却速度进行淬硬。

图 2-6　工业中的热处理出炉现场

2.4.2　常用热处理方法

金属热处理工艺大体可分为整体热处理、表面热处理和化学热处理三大类。根据加热介质、加热温度和冷却方法的不同，每一大类又可分为若干不同的热处理工艺。同一种金属采用不同的热处理工艺，可获得不同的组织，从而具有不同的性能。钢铁是工业上应用最广的金属，而钢铁显微组织也最为复杂，因此钢铁热处理工艺种类繁多。

整体热处理是对工件整体加热，然后以适当的速度冷却，获得需要的金相组织，以改变其整体力学性能的金属热处理工艺。钢铁整体热处理大致有退火、正火、淬火和回火四种基本工艺。整体热处理如图 2-7 所示。

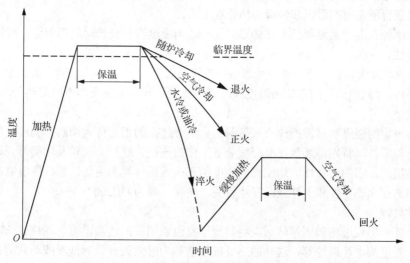

图 2-7　整体热处理

表面热处理是只加热工件表层，以改变其表层力学性能的金属热处理工艺。为了只加热工件表层而不使过多的热量传入工件内部，使用的热源须具有高的能量密度，即在单位面积的工件上给予较大的热能，使工件表层或局部短时或瞬时达到高温。表面热处理的主要方法有火焰淬火和感应加热热处理，常用的热源有氧乙炔火焰或氧丙烷火焰、感应电流、激光和电子束等。

化学热处理是通过改变工件表层化学成分来改变其组织和性能的金属热处理工艺。化学热处理与表面热处理不同之处是后者改变了工件表层的化学成分。化学热处理是将工件放在含碳、氮或其他合金元素的介质（气体、液体、固体）中加热，保温较长时间，从而使工件表层渗入碳、氮、硼和铬等元素。渗入元素后，有时还要采用其他热处理工艺如淬火及回火。化学热处理的主要方法有渗碳、渗氮、渗金属。

在普通钢工件表面涂敷其他耐磨、耐蚀或耐热涂层，并利用激光和等离子技术改变原工件表面性能，这种新技术称为表面改性。

在生产中，常用的热处理方法如下。

（1）退火

退火是将工件加热到适当温度，根据材料和工件尺寸采用不同的保温时间，然后进行缓慢冷却，目的是使金属内部组织达到或接近平衡状态，或者使前道工序产生的内部应力得以释放，获得良好的工艺性能和使用性能，或者为进一步淬火作组织准备。

（2）正火

正火（亦称常化）是将钢材或钢件加热到临界点 AC3（亚共析钢）或 ACm（过共析钢）以上30～50℃，保温适当时间后，在自由流动的空气中均匀冷却，得到珠光体类组织的热处理工艺。

正火的效果同退火相似。正火得到的组织更细，常用于改善材料的切削性能，有时也用于对一些要求不高的零件做最终热处理。

（3）淬火

淬火是将钢奥氏体化后以适当的冷却速度冷却，使工件在横截面内全部或一定的范围内发生马氏体等不稳定组织结构转变的热处理工艺。

工件被加热保温后，在水、油或其他无机盐溶液、有机水溶液等淬冷介质中快速冷却。淬火后钢件变硬，但同时变脆。

（4）回火

回火是将经过淬火的工件加热到临界点 AC1 以下的适当温度保持一定时间，随后用符合要求的方法冷却，以获得所需要的组织和性能的热处理工艺。

淬火后的钢件在高于室温而低于 650℃的某一适当温度进行较长时间的保温，再进行冷却，以降低钢件的脆性。

退火、正火、淬火、回火是整体热处理中的"四把火"，其中的淬火与回火关系密切，常常配合使用，缺一不可。"四把火"随着加热温度和冷却方式的不同，又演变出不同的热处理工艺。

（5）调质

为了获得一定的强度和韧性把淬火和高温回火结合起来的工艺称为调质。调质处理广泛应用于各种重要的结构零件，特别是那些在交变载荷下工作的连杆、螺栓、齿轮及轴类等。调质处理后得到回火索氏体组织，它的力学性能均比相同硬度的正火索氏体组织更优。它的硬度取决于高温回火温度，且与钢的回火稳定性和工件截面尺寸有关。硬度一般为HB200～350。

（6）时效处理

某些合金淬火形成过饱和固熔体后，将其置于室温或稍高的适当温度下保持较长时间，以提高合金的硬度、强度或电性磁性等，这样的热处理工艺称为时效处理。对低温或动载荷条件下的钢材构件进行时效处理，可以消除残留应力，稳定钢材组织和尺寸。

（7）形变热处理

把压力加工形变与热处理有效而紧密地结合起来进行，使工件获得很好的强度、韧性的方法称为形变热处理。

（8）真空热处理

在负压气氛或真空中进行的热处理称为真空热处理。它不仅能使工件不氧化、不脱碳，保持处理后工件表面光洁，提高工件的性能，还可以通入渗剂进行化学热处理。

2.5 表面处理

表面处理是在基体材料表面上人工形成一层与基体的力学功能、物理性能和化学性能不同的表层的工艺方法。表面处理的目的是满足产品的耐蚀性、耐磨性、装饰性或其他特种功能要求。对于金属铸件来说，我们比较常用的表面处理方法是机械打磨、化学处理、表面热处理、喷涂表面。表面处理就是对工件表面进行清洁、清扫、去毛刺、去油污、去氧化皮等。

表面处理包括前处理、电镀、涂装、化学氧化、热喷涂等众多物理化学方法。前处理方法包括喷砂、抛光等，在工业中应用十分广泛。

2.5.1 喷丸

喷丸是工厂广泛采用的一种表面强化工艺，即使用丸粒轰击工件表面并植入残余压应力，以提升工件疲劳强度的冷加工工艺。喷丸广泛用于提高零件机械强度以及耐磨性、抗疲劳和耐腐蚀性等，还可用于表面消光、去氧化皮和消除铸、锻、焊件的残余应力等。喷丸加工齿轮表面如图 2-8 所示。

图 2-8 喷丸加工齿轮表面

喷丸所用的设备是喷丸机，喷丸的方法通常有手工喷丸和机械喷丸两种。喷丸处理以高压风或者压缩空气为动力，将丸粒高速吹向工件并冲击工件表面达到清理效果。喷丸处理是在一个完全受控的状态下，将无数小球形介质高速连续喷射，捶打工件表面，从而在工件表面产生一个残留压应力层，宛如无数个微型棒槌敲打工件表面，捶出小压痕或凹陷，无数凹陷重叠形成均匀的残留压应力层。最终，工件在压应力层保护下，极大地改善了疲劳强度，并延长了工作寿命。

喷丸处理的优点是设备简单、成本低廉，不受工件形状和位置限制，操作方便；缺点是工作环境较差，单位产量低，效率比抛丸低。喷丸处理是减少零件疲劳、提高寿命的有效方法之一。

喷丸的种类有铸钢丸、铸铁丸、玻璃丸、陶瓷丸等。铸钢丸的硬度一般为 HRC40～50，加工硬金属时，可把硬度提高到 HRC57～62。铸钢丸的韧性较好，使用广泛，其使用寿命为铸铁丸的几倍。铸铁丸的硬度为 HRC58～65，质脆而易于破碎，寿命短，使用不广，主要用于要求喷丸强度高的场合。玻璃丸的硬度较前两者低，主要用于不锈钢、钛、铝、镁及其他不允许铁质污染的材料，也可在钢铁丸喷丸后做第二次加工之用，以除去铁质污染和降低零件的表面粗糙度。陶瓷丸的硬度相当于 HRC57～63。其突出性能是密度比玻璃高，硬度高，最早于 20 世纪 80 年代初期用于飞机的零部件强化。陶瓷丸具有较高的强度，寿命比玻璃丸长，价格比较低，现已应用于钛合金、铝合金等有色金属的表面强化。

2.5.2 喷砂

喷砂是利用机械或净化的压缩空气，将砂流高速喷向金属制品表面，利用砂流强力的冲击作用来清理基体表面，打掉其上的污垢，达到清理或修饰目的的过程。喷砂加工现场如图 2-9 所示。

图 2-9　喷砂加工现场

喷砂通常采用压缩空气为动力，以形成高速喷射束将磨料（铜矿砂、石英砂、金刚砂、铁砂）高速喷射到需要处理的工件表面，使工件外表面的状态或形状发生变化。磨料对工件表面的冲击和切削作用，使工件的表面获得一定的清洁度和不同的表面粗糙度，使工件表面的力学性能得到改善，因此提高了工件的抗疲劳性，增加了它和涂层之间的附着力，延长了涂膜的耐久性，也有利于涂料的流平和装饰。

喷砂机一般分为干喷砂机和液体喷砂机两大类，干喷砂机又可分为吸入式和压入式两类。

吸入式干喷砂机以压缩空气为动力，通过气流的高速运动在喷枪内形成的负压，将磨料通过输砂管吸入喷枪并经喷嘴射出，喷射到被加工表面，达到预期的加工目的。在吸入式干喷砂机中，压缩空气既是供料动力，又是加速动力。

压入式干喷砂机以压缩空气为动力，通过压缩空气在压力罐内建立的工作压力，将磨料通过出砂阀压入输砂管并经喷嘴射出，喷射到被加工表面达到预期的加工目的。在压入式干喷砂机中，压缩空气既是供料动力，又是加速动力。

液体喷砂机以磨液泵作为磨液的供料动力，通过磨液泵将搅拌均匀的磨液（磨料和水的混合液）输送到喷枪。压缩空气作为磨液的加速动力，通过输气管进入喷枪，在喷枪内压缩空气使进入喷枪的磨液加速，并经喷嘴射出，喷射到被加工表面达到预期的加工目的。在液体喷砂机中，磨液泵为供料动力，压缩空气为加速动力。

在工业上，喷砂主要用来除掉零件表面的锈蚀、焊渣、积碳和油污，除去铸件、锻件或热处理后零件表面的型砂及氧化皮，以及毛刺或方向性磨痕，降低零件的表面粗糙度，提高基体与镀覆层之间的附着力，使零件呈漫反射的消光状态。

喷射用砂要干燥、清洁、无杂物。不能对材料的性能有影响。

喷丸与喷砂都是以高压风或压缩空气为动力，将其高速地吹出去冲击工件表面达到清理效果，但选择的介质不同，效果也不相同。

喷砂处理后，工件表面污物被清除掉，工件表面被微量破坏，表面积大幅增加，从而增加了工件与涂层、镀层的结合强度。经过喷砂处理的工件表面为金属本色，其表面为毛糙面，光线被折射，故为发暗表面，没有金属光泽。

喷丸处理后，工件表面污物被清除，工件表面被锤出细微凹陷，表面积有所增加。由于加工过程中工件表面没有被破坏，加工时产生的多余能量就会引发工件基体的表面强化。经过喷丸处理的工件表面也为金属本色，但是由于表面为球状面，光线部分被折射，故为亚光效果。

2.5.3 表面涂覆

表面涂覆是在基体表面上涂覆一层或多层新材料的技术，用以改善材料表面性能。涂覆层的化学成分、组织结构可以和基质材料完全不同，它以满足表面性能、涂覆层与基质材料的结合强度能适应工况要求、经济性好、环保性好为准则。涂覆层的厚度可以是几毫米，也可以是几微米。

表面涂覆技术主要有电镀、电刷镀、化学镀、物理气相沉积、化学气相沉积、热喷涂、堆焊、激光束或电子束表面熔覆、热浸镀等。其中，每一种技术又有许多分支。

1. 电镀

电镀是利用电解作用使金属或其他材料制件的工件表面附着一层金属膜的工艺。

电镀的目的是在基材上镀上金属镀层，以改变基材表面性质或尺寸。电镀能增强金属的抗腐蚀性（镀层金属多采用耐腐蚀的金属），增加硬度，防止磨耗，提高导电性、光滑性、耐热性和表面美观度。电镀生产线如图 2-10 所示。

图 2-10　电镀生产线

电镀时，镀层金属或其他不溶性材料作为阳极，待镀的工件作为阴极，镀层金属的阳离子在待镀工件表面被还原形成镀层。为排除其他阳离子的干扰，且使镀层均匀、牢固，需用含镀层金属阳离子的溶液作为电镀液，以保持镀层金属阳离子的浓度不变。

2. 化学镀

化学镀也称无电解镀或者自催化镀，是一种不需要通电，依据氧化还原反应原理，在含有金属离子的溶液中利用强还原剂将金属离子还原成金属而沉积在各种材料表面形成致密镀层的方法。化学镀生产线如图 2-11 所示。

图 2-11　化学镀生产线

化学镀是一种新型的金属表面处理技术，该技术以工艺简便、节能、环保日益受到人们的关注。化学镀使用范围很广，镀层均匀、装饰性好。在防护性方面，能提高产品的耐蚀性和使用寿命；在功能性方面，能提高加工件的耐磨导电性、润滑性等特殊功能。

与电镀相比，化学镀技术具有镀层均匀、针孔小、不需直流电源设备、能在非导体上沉积和具有某些特殊性能等特点。另外，由于化学镀技术废液排放少、对环境污染小以及成本较低，在许多领域已逐步取代电镀，成为一种环保型的表面处理工艺。目前，化学镀技术已在电子、机械、石油化工、汽车、航空航天等工业中得到广泛的应用。

3. 钢铁的氧化与磷化

（1）氧化

钢铁的黑色氧化处理是化学表面处理的一种常用手段，原理是使金属表面产生一层氧化膜，以隔绝空气，达到防锈目的。外观要求不高时可以采用发黑处理。黑色氧化处理因可以消除反光，是军用刀具普遍使用的一种表面涂层处理方法。黑色氧化处理常用于精密仪器、仪表、武器和日用品的防护和装饰。黑色氧化处理后的零件如图 2-12 所示。

图 2-12　黑色氧化处理后的零件

为了提高钢件的防锈能力，用强氧化剂将钢件表面氧化成致密、光滑的四氧化三铁。这种四氧化三铁薄层能有效地保护钢件内部不受氧化。在高温下（约 550℃）氧化成的四氧化三铁呈天蓝色，故称发蓝处理。在低温下（约 350℃）形成的四氧化三铁呈暗黑色，故称发黑处理。在兵器制造中，常用的是发蓝处理；在工业生产中，常用的是发黑处理。

能否把钢铁表面氧化成致密、光滑的四氧化三铁，关键在于强氧化剂的选择。强氧化剂是由氢氧化钠、亚硝酸钠、磷酸三钠组成的。发蓝处理时用它们的熔融液处理钢件；发黑处理时用它们的水溶液处理钢件。

（2）磷化

磷化是通过化学与电化学反应形成磷酸盐化学转化膜的过程。磷化主要有三种目的。

① 给基体金属提供保护，在一定程度上防止金属被腐蚀。

② 用于涂漆前打底，提高漆膜层的附着力与防腐蚀能力。

③ 在金属冷加工工艺中起减摩润滑作用。

磷化处理后的零件如图 2-13 所示。

图 2-13　磷化处理后的零件

磷化是常用的前处理技术，主要应用于钢铁表面处理，也可应用于有色金属（如铝、锌）表面处理，所形成的磷酸盐转化膜称为磷化膜。

磷化膜与基体结合力较强，有较好的耐蚀性和较高的绝缘性能，在空气、油类、苯及甲苯等介质中均有很好的耐蚀性，对油、蜡、颜料及漆等具有极佳的吸收力，适合作为油漆底层。但磷化膜本身的强度、硬度较低，有一定的脆性，当钢材变形较大时易出现细小裂纹；不耐冲击，在酸、碱、海水及水蒸气中耐蚀性较差。磷化处理后再进行表面浸漆、浸油处理，耐蚀性可大幅提高。

磷化处理所需设备简单，操作方便，成本低，生产率高。磷化膜在一般机械设备中可作为钢铁材料零件的防护层，也可作为各种武器的润滑层和防护层。

4. 涂装

涂装是对金属和非金属表面覆盖保护层或装饰层的工艺方法。

涂装可以使金属、木材、石材和塑料等物体不被光、雨、露、水和各种介质侵蚀，也可以增加表面的光彩、光泽和平滑性，起到装饰作用。采用特殊涂料还可使物体表面具有防火、防污、示温、保温、隐身、导电、杀虫、杀菌、发光及反光等功能。对汽车表面进行涂装如图 2-14 所示。

图 2-14　对汽车表面进行涂装

使用涂料覆盖物体是最方便、可靠的防护办法之一，可以保护物体，延长其使用寿命。涂装主要应用于日用五金、钢制家具、铝材构件、电器产品、汽车工业等领域。

在涂装中，常用的刷涂工具有漆刷（棕刷、羊毛刷、排笔）、漆辊等，常用的喷涂工具有空气喷涂喷枪（重力式喷枪、吸上式喷枪、压送式喷枪）、高压无气喷枪等。

在生产应用中，使用较多的涂装工艺是高压无气喷枪喷涂和静电喷涂。

高压无气喷枪利用低压（0.4～0.6MPa）压缩空气带动高压泵，将涂料加压到 10～20MPa，经高压喷枪的特殊喷嘴喷出形成涂层。高压无气喷枪的特点如下。

（1）没有一般压缩空气喷涂时的涂料微粒回溅及漆雾飞扬现象。

（2）生产率高，比压缩空气喷涂提高几倍至几十倍。

（3）适宜喷涂高黏度的涂料，一次可获 100～300μm 厚度涂层。

静电喷涂是利用高压静电电场使带负电的涂料微粒朝与电场相反的方向定向运动，并将涂料微粒吸附在工件表面的一种喷涂方法。静电喷涂设备由喷嘴、喷杯和静电喷涂高压电源等组成。静电喷涂比普通喷涂生产率高，成膜质量好，常用于大批量生产的汽车、自行车、机电设备的自动化生产线。

涂装是一个系统工程，它包括涂装前对被涂物表面的处理、涂布工艺和干燥三个基本工序以及设计合理的涂层系统、选择适宜的涂料、确定良好的作业环境、进行质量、工艺管理等重要环节。涂装行业今后发展的目标是进一步满足国民经济需求，发展的方向是减少污染，节能减排，提高工艺质量，提高涂层装饰性、保护性、功能性，以及涂装设备的通用化、系列化和自动化。

2.5.4 抛光

抛光是利用机械、化学或电化学作用，使工件表面粗糙度降低，以获得光亮、平整表面的加工方法。随预加工状态不同，抛光后的表面粗糙度 R_a 可达 $0.008\sim1.6\mu m$。

抛光不能提高工件的尺寸精度或几何形状精度，但可以打造光滑表面或镜面光泽，有时也用以消除光泽。

1. 机械抛光

（1）轮式抛光

轮式抛光是用高速旋转的柔性抛光轮和极细的磨料，对工件表面进行滚压和微量切削以实现抛光的工艺。抛光轮一般用多层帆布、毛毡或皮革叠制而成，两侧用金属圆板夹紧，其轮缘涂敷由微粉磨料和油脂等均匀混合而成的抛光剂。当采用非油脂性的消光抛光剂时，可对光亮表面消光。双边两轮式砂带抛光机如图 2-15 所示。

图 2-15 双边两轮式砂带抛光机

（2）振动抛光

振动抛光是将工件、磨料和抛光液装入振动箱中，使工件与工件、工件与磨料相互摩擦，加上抛光液的化学作用，除去工件表面的油污、锈蚀，磨去凸峰，从而获得光滑表面的工艺。振动抛光机如图 2-16 所示。

图 2-16 振动抛光机

振动抛光的特点如下。

① 快速去除工件周边毛刺，包括细小内孔、管孔、夹缝的死角。

② 抛光后的工件精度、形状和尺寸都不会有变化，表面粗糙度 R_a 可达 $0.01\sim0.1\mu m$，表面呈现光亮金属光泽。

③ 时间短（每次处理时间 5～20min），操作方便，成本低，无污染。

2. 化学抛光

将金属零件浸入特制的化学溶液，利用金属表面凸起部位比凹陷部位溶解速度快的现象实现零件表面的抛光，称为化学抛光。

化学抛光的优点是设备简单，可以处理形状比较复杂的零件。化学抛光后的零件如图 2-17 所示。

图 2-17　化学抛光后的零件

化学抛光的缺点有：抛光质量不如电解抛光；所用溶液的调整和再生比较困难，在应用上受到限制；操作过程中，有时因使用硝酸散发出大量黄棕色的有害气体，对环境污染严重。

3. 电化学抛光

电化学抛光也称电解抛光，是以被抛光工件为阳极，以不溶性金属为阴极，两极同时浸入电解槽，通以直流电而产生有选择性的阳极溶解，从而实现工件表面抛光的工艺过程。电化学抛光后的零件如图 2-18 所示。

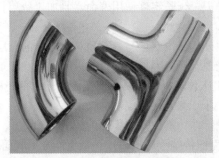

图 2-18　电化学抛光后的零件

电化学抛光与化学抛光类似，也是利用金属表面凸起部位比凹陷部位溶解速度快的现象进行抛光的；不同点是还要通以直流电，工件接阳极，产生阳极溶解。

电化学抛光的优点有：内外色泽一致，光泽持久，机械抛光无法抛到的凹陷处也可整平；生产率高，成本低廉；可增强工件表面耐蚀性。

2.5.5　滚压和表面胀光

1. 滚压

滚压是一种压力光整加工，利用金属在常温状态的冷塑性特点，利用滚压工具对工件表面施加一定的压力，使工件表层金属产生塑性流动，填入原始残留的凹谷，而降低工件表面粗糙度。由于被滚压的表层金属产生塑性变形，使表层组织冷硬化和晶粒变细，形成致密的纤维状，并形成残余应力层，硬度和强度提高，因此改善了工件表面的耐磨性、耐蚀性和配合性。滚压是一种无切削的塑性加工方法。滚压成形模具如图 2-19 所示。

图 2-19　滚压成形模具

滚压在汽车生产中应用比较广泛，包括内孔的滚压、轮辋的滚压、车门框条的滚压成形、车架纵梁的滚压成形、曲轴的滚压强化及校直、小模数花键轴的滚压成形、螺钉的滚压成形等。其中，内孔的滚压是典型的滚压工艺，是一种获得高内孔表面质量的低成本工艺。它不仅可以有效地降低内孔的表面粗糙度，而且可以使内孔表面强化，提高内孔表面硬度，延长零件的疲劳寿命。

（1）滚压无切削加工，技术安全，操作方便，能精确控制精度，其优点如下。

① 降低表面粗糙度，表面粗糙度基本能达到 $R_a \leq 0.08\mu m$。

② 修正圆度，椭圆度不大于 0.01mm。

③ 提高表面硬度，消除受力变形，硬度 HV≥4。

④ 加工后有残余应力层，疲劳强度提高 30%左右。

⑤ 提高配合质量，减少磨损，延长零件使用寿命，且加工费用相对较低。

（2）滚压的缺点如下。

① 滚压会使工件表面产生硬化层，此层与内部材料有明显的分层现象，容易造成表层脱落。

② 滚压工艺很难掌握，处理不当，容易造成废品。

③ 刚性力（1～3kN）对机床传动机构导轨损伤很大，严重损伤机床精度和寿命。

④ 刀具使用寿命短、易损坏，综合使用成本高。

⑤ 无法满足细长杆、薄壁管件等刚性差的零件的加工需求。

豪克能金属表面加工可以克服传统滚压的缺点。豪克能金属表面加工是利用金属在常温下冷塑性的特点，运用豪克能对金属表面进行无研磨机的研磨，使金属零件表面达到更理想的表面粗糙度要求的加工工艺。该工艺类似熨衣服，将零件表面熨平，可以在零件表面产生理想的压应力，提高零件表面的显微硬度、耐磨性及疲劳强度和疲劳寿命。

与传统滚压工艺相比，豪克能工艺的优点如下。

① 在半精车的基础上一次加工即可达到镜面效果，$R_a \leq 0.2\mu m$。

② 对工件作用力小，和正常车削一样，不到滚压力的 10%，对机床无不良影响。

③ 产生表面强化层，强化层到材料内部是连续过渡，无剥离现象，对零件性能极为有利。

④ 可加工细长杆、薄壁管件等刚性差的零件。

⑤ 因是弹性接触，操作简单，能开机床的操作工就可操作加工，保证性能达到要求。

2. 表面胀光

表面胀光是在常温下将直径稍大于孔径的钢球或者其他形状的胀光工具挤过工件已经加工的内孔，以获得准确、光洁和强化的表面。

胀光余量一般为 0.07～0.015mm。胀光后尺寸公差等级可达 IT5～IT7，表面粗糙度 R_a 可达 0.8～0.025μm。胀光一般在压力机或拉床上进行。

2.5.6　热喷涂

热喷涂是将涂层材料加热熔化，用高速气流将其雾化成极细的颗粒，并以很高的速度喷射到工件表面，形成与基体牢固结合的涂层的工艺。热喷涂利用某种热源（如火焰、电弧等）将粉末状或丝状的金属或非金属材料加热到熔融或半熔融状态，然后借助焰流本身或压缩空气将其以一定速度喷射到预处理过的基体表面，沉积而形成具有各种功能的表面涂层。

热喷涂是一种表面强化技术，是表面工程技术的重要组成部分。根据需要选用不同的涂层材料，可以在普通材料的表面上制造特殊的工作表面，使其获得耐磨损、耐腐蚀、抗氧化、耐热、绝缘、导电、防微波辐射等方面的一种或数种性能，并达到节约材料、节约能源的目的。热喷涂的优点如下。

（1）基体材料不受限制，可以是金属和非金属，可以在各种基体材料上喷涂。

（2）可喷涂的涂层材料极为广泛，热喷涂技术可用来喷涂几乎所有的固体工程材料，如硬质合金、陶瓷、金属、石墨等。

（3）喷涂过程中基体材料温升小，不产生应力和变形。

（4）操作灵活，不受工件形状限制，施工方便。

（5）涂层厚度可以从百分之一毫米至几毫米。

（6）涂层性能多种多样。

（7）适应性强，经济效益好。

常用的热喷涂方法有火焰喷涂、氧乙炔火焰粉末喷涂、氧乙炔火焰线材喷涂、氧乙炔火焰喷焊、超声速火焰喷涂、电弧喷涂、等离子喷涂、大气等离子喷涂、低压等离子喷涂等。

1.　火焰喷涂

火焰喷涂是利用气体燃烧火焰的高温将喷涂材料熔化，并用压缩气流将它喷射到工件表面上形成涂层的工艺。

火焰喷涂利用燃气乙炔、丙烷、甲基乙炔、丙二烯、氢气或天然气与助燃气体氧混合燃烧作为热源，喷涂材料则以一定的传输方式进入火焰，加热到熔融或软化状态，然后依靠气体或火焰加速喷射到基体上。根据喷涂材料的不同，可分为丝材火焰喷涂和粉末火焰喷涂。

（1）火焰喷涂技术的特点

①　一般金属、非金属基体均可喷涂，基体的形状和尺寸通常也不受限制，但小孔目前尚不能喷涂。火焰喷涂如图 2-20 所示。

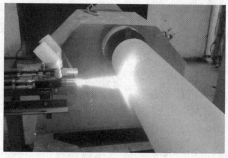

图 2-20　火焰喷涂

②　涂层材料广泛，金属、合金、陶瓷、复合材料均可为涂层材料，可使表面具有各种性能，如耐腐蚀、耐磨损、耐热等。

③　涂层的多孔性组织有储油润滑和减摩性能，含有硬质相的喷涂层宏观硬度可达 HB450，喷

焊层可达 HRC65。

④ 火焰喷涂对基体影响小，基体表面受热温度为 200～250℃，整体温度约 70～80℃，故基体变形小，材料组织不发生变化。

（2）火焰喷涂技术的缺点

① 喷涂层与基体结合强度较低，不能承受交变载荷和冲击载荷。

② 基体表面制备要求高。

③ 火焰喷涂工艺受多种条件影响，涂层质量尚无有效检测方法。

2. 电弧喷涂

电弧喷涂是利用两根连续送进的金属丝之间的电弧来熔化金属，用高速气流把熔化的金属雾化，并对雾化的金属粒子加速使它们喷向工件形成涂层的技术。

电弧喷涂是钢结构防腐蚀、防磨损和机械零件维修等实际应用中最普遍使用的一种热喷涂方法。电弧喷涂系统一般由喷涂专用电源、控制装置、电弧喷枪、送丝机及压缩空气供给系统等组成。电弧喷涂如图 2-21 所示。

图 2-21　电弧喷涂

电弧喷涂的特点如下。

（1）防腐寿命长。根据不同腐蚀环境和具体的工作特点，通过合理的涂层设计，电弧喷涂长效防腐涂层的耐蚀寿命可达 50 年以上，是热浸镀锌和玻璃钢涂层的 2～3 倍。

（2）与金属基体的结合力高。电弧喷涂层与基体在镶嵌和微冶金结合共同作用下，表现出较高的结合力，是火焰喷涂的 3 倍，在所有防腐涂层里结合力最高。

（3）生产率高。与氧乙炔火焰喷涂相比，电弧喷涂为双丝送入，单机生产率提高了 3～4 倍。

（4）涂层质量好。电弧喷涂加热丝材方式为电弧加热，丝材熔化温度高，熔化均匀，喷涂致密，涂层质量稳定，对工件的热应力没有影响。而氧乙炔火焰喷涂为火焰加热，丝材熔化温度低，存在氧化、碳化等隐患，影响涂层质量。

（5）可修复性强。钢结构件在加工、起吊、运输、安装过程中，涂层易被碰坏、划坏。电弧喷涂技术可以进行修复，保证了防腐体系的完整性和有效性。

（6）普适性好。电弧喷涂技术可根据腐蚀环境不同选用相应的耐蚀材料，工艺系统具有普通适应性。

3. 等离子喷涂

等离子喷涂技术是采用由直流电驱动的等离子电弧作为热源，将陶瓷、合金、金属等材料加热到熔融或半熔融状态，并高速喷向经过预处理的工件表面而形成附着牢固的表面涂层的方法。

等离子喷涂是一种材料表面强化和表面改性的技术，可以使基体表面具有耐磨、耐蚀、耐高温氧化、绝缘、隔热、防辐射、减摩和密封等性能。等离子喷涂亦可用于医疗领域，在人造骨骼表面喷涂一层数十微米的涂层，作为强化人造骨骼及加强其亲合力的方法。等离子喷涂如图 2-22 所示。

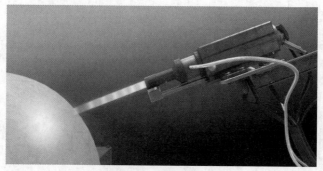

图 2-22 等离子喷涂

等离子喷涂是继火焰喷涂之后迅速发展起来的一种新型多用途的精密喷涂方法,它的特点如下。

(1) 相比氧乙炔火焰喷涂,等离子焰流温度高,能量束集中,可以熔化一切高硬度、高熔点的粉末,因此喷涂材料范围广,可以用来制备多种多样的涂层。

(2) 由于喷涂粒子的飞行速度可高达 200~500m/s,因此得到的涂层平整光滑、致密度高,而且粉末沉积率很高。

(3) 由于喷涂过程中基体不带电、不熔化,基体与喷枪相对移动速度快,因此基体组织不发生变化,不会因受热改变形状和性能。

(4) 工作气体为惰性气体,基体和粉末不会受到氧化,涂层内杂质少。

(5) 操作简单,设备维护成本低,调节性能好。

第3章 | 钳工

3.1 | 钳工入门

3.1.1 钳工简介

钳工理论

钳工利用手持工具和常用设备对金属进行加工。在工业化和自动化高速发展的今天，为什么还需要手工操作？在实际生产中，有些机械加工还没有实现自动化，需要由钳工完成，如设备的组装、调试及维修等。随着工业的发展，在比较大的企业里，对钳工还有比较细的分工。以下介绍钳工的一些基础知识。

1. 钳工的专业分类

（1）装配钳工。

（2）修理钳工。

（3）模具钳工。

（4）划线钳工。

（5）工具、夹具钳工。

2. 钳工的基本操作

（1）划线。

（2）锉削。

（3）錾削。

（4）锯削。

（5）钻孔、扩孔、锪孔、铰孔。

（6）攻螺纹、套螺纹。

（7）刮削。

（8）矫正和弯曲。

（9）装配。

3. 钳工的特点

（1）加工灵活、方便，能够加工形状复杂、质量要求较高的零件。

（2）工具简单，刃磨方便，材料来源充足，成本低。

（3）劳动强度大，生产率低，对工人技术水平要求较高。

4. 钳工的加工范围

（1）加工前的准备工作，如清理毛坯，在工件上划线等。

（2）加工精密零件，如锉样板、刮削或研磨机器量具的配合表面等。

（3）零件装配成机器时互相配合零件的调整，整台机器的组装、试车、调试等。

（4）机器设备的保养维护。

3.1.2　钳工常用设备

1. 钳台

钳台也称为钳桌，如图 3-1 所示。其样式有多人单排和多人双排两种。双排式钳台由于操作者是面对面的，故钳台中央必须加设防护网以保证安全。钳台的高度一般为 800～900mm，使得装上台虎钳后，能得到合适的钳口高度。一般钳口高度以与操作者手肘齐平为宜。钳台长度和宽度可随工作场地和工作需要而定。钳台要安放在光线充足而又避免阳光直射的地方，钳台之间要留有足够的空间，一般以每人不少于 2m² 为宜。

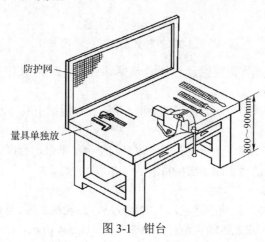

防护网

量具单独放

800～900mm

图 3-1　钳台

2. 台虎钳

（1）用途、规格

台虎钳又称台钳、虎钳，为钳工必备工具，也是钳工的名称来源，因为钳工的大部分工作都是在台虎钳上完成的，如锯、锉、錾，以及零件的装配和拆卸。

台虎钳的用途：装在工作台上，用以夹稳加工工件。台虎钳的规格以钳口的宽度表示，有 100mm、125mm、150mm 等。

（2）结构

台虎钳是由钳身、底座、导螺母、丝杠、钳口等组成的。活动钳身通过导轨与固定钳身配合。活动钳身上装有丝杠，丝杠可旋转，但不能沿轴向移动，并与安装在固定钳身内的丝杠螺母配合。当摇动手柄使丝杠旋转时，就可以带动活动钳身相对于固定钳身做轴向移动，钳口夹紧或放松。弹簧借助挡圈和开口销固定在丝杠上，其作用是当放松丝杠时，可使活动钳身及时地退出。在固定钳身和活动钳身上，均装有钢制钳口，并用螺钉固定。钳口的工作面上有交叉的网纹，这样被夹紧的工件不易产生滑动。钳口经过热处理淬硬，具有较好的耐磨性。回转式台虎钳的固定钳身装在转座上，并能绕转座轴心线转动，当转到要求的方向时，扳动夹紧手柄使夹紧螺钉旋紧，便可在夹紧盘的作用下将固定钳身固紧。转座上有三个螺栓孔，用以在钳台上固定。

（3）种类

台虎钳是用来夹持工件的通用夹具，按固定方式分类有固定式和回转式两种，按外形功能分类有带砧和不带砧两种。回转式台虎钳的结构如图 3-2 所示。

（4）台虎钳的正确使用与维护

① 台虎钳在安装时，必须使固定钳身的钳口部分处在钳台边缘外，以保证夹持长条形工件时，工件不受钳台边缘的阻碍。

图 3-2　回转式台虎钳的结构

②　台虎钳一定要牢固地固定在钳台上,两个夹紧螺钉必须扳紧,使钳身在加工时没有松动现象,否则会损坏台虎钳并影响加工。

③　在夹紧工件时只允许用手的力量扳动手柄,绝不允许用锤子或其他套筒扳动手柄,以免损坏丝杠或钳身。

④　不能在钳口上敲击工件,而应该在固定钳身的平台上敲击,否则会损坏钳口。

⑤　丝杠、螺母和其他滑动表面要求保持清洁,并加润滑油。

3. 砂轮机

砂轮机是用来刃磨各种刀具或磨除毛边的常用设备。砂轮机主要由机体、电动机和砂轮组成,按外形可分为台式砂轮机和立式砂轮机两种,如图 3-3 和图 3-4 所示。

图 3-3　台式砂轮机

图 3-4　立式砂轮机

使用砂轮机时的安全注意事项如下。

(1)　开动砂轮 40～60s,待转速稳定后方可磨削;不允许戴手套操作,严禁围堆操作和在磨削时嬉笑打闹。

(2)　禁止两人同时使用一块砂轮,磨削刀具时操作者应站在砂轮的侧面,不可正对砂轮,以防砂轮片破碎飞出伤人。

(3)　磨削时操作者的站立位置应与砂轮机成一夹角,且接触压力要均匀;严禁撞击砂轮,以免砂轮碎裂;砂轮只限于磨刀具,不得磨重的物料、薄铁板、软质材料(铝、铜等)以及木质品。

(4)　刃磨时,刀具应略高于砂轮中心位置;不得用力过猛,以防滑脱伤手。

(5)　砂轮不准沾水,要保持干燥,以防沾水后失去平衡,发生事故。

(6)　不允许在砂轮机上磨削较大较长的物体,防止震碎砂轮飞出伤人。

(7)　不得单手持工件进行磨削,防止其在防护罩内脱落撞破砂轮。

3.1.3　钳工常用工具

1. 划线

（1）划针。

（2）划针盘。

（3）划规。

（4）样冲。

（5）平板。

（6）方箱。

2. 錾削

（1）手锤。

（2）錾子。

3. 锯削

（1）锯弓。

（2）锯条。

4. 锉削

各种锉刀。

5. 孔加工

（1）各种麻花钻。

（2）锪钻。

（3）铰刀。

6. 攻丝

（1）各种丝锥。

（2）铰杠。

（3）板牙架。

（4）板牙。

7. 刮削

各种刮刀。

3.1.4　钳工常用量具

1. 钢直尺、钢卷尺、直角尺

一般工业上所用的长度计量单位有公制和英制两种。公制目前已为世界上大多数国家所采用，我国法定计量单位也统一规定采用公制，但有的国家仍采用英制。公制与英制长度单位的换算关系如下：

1 英寸（1in）=25.4mm、1 分=1/8in=3.175mm

（1）钢直尺

钢直尺（钢板尺）是度量零件长、宽、高、深度和厚度等的量具。其测量精度为 0.3～0.5mm。钢直尺可用来量取尺寸、测量工件和画直线。钢直尺如图 3-5 所示。

（2）钢卷尺

钢卷尺如图 3-6 所示，其刻度一般有英制和公制两种。钢卷尺的规格有 3m、5m、10m 等数种。尺上分度值为 0.5mm 或 1mm。

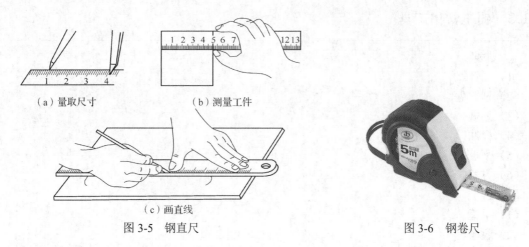

（a）量取尺寸　　　　　　（b）测量工件

（c）画直线

图 3-5　钢直尺

图 3-6　钢卷尺

（3）直角尺

直角尺（弯尺）一般分整体直角尺和组合直角尺两种，如图 3-7 所示。整体直角尺是用整块金属制成的，而组合直角尺是由尺座和尺苗两部分组成的。直角尺的两边长度和厚度不同，长而薄的一边叫作尺苗，短而厚的一边叫作尺座。有的直角尺尺苗带有刻度。

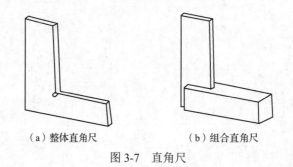

（a）整体直角尺　　　　　　（b）组合直角尺

图 3-7　直角尺

2．游标卡尺

游标卡尺是一种比较精密的量具，在测量中用得很多。它通常用来测量精度较高的工件，可测量工件的直径、宽度和高度，有的还可用来测量槽的深度。根据游标的分度值，游标卡尺有 0.1mm、0.05mm、0.02mm 三种。

（1）游标卡尺的刻线原理与读数方法

以分度值 0.02mm 游标卡尺（见图 3-8）为例，这种游标卡尺由带固定卡脚的主尺和带活动卡脚的副尺（游标）组成。副尺上有固定螺钉。主尺上的刻度以 mm 为单位，每 10 格分别标以 1、2、3、……，以表示 10mm、20mm、30mm、……。这种游标卡尺的副尺刻度是把主尺刻度 49mm 的长度分为 50 等份，即每格为 49/50=0.98mm，主尺和副尺的刻度每格相差 1-0.98=0.02mm，即测量精度为 0.02mm。测量前，主尺与副尺的 0 线是对齐的；测量时，副尺相对主尺向右移动，若副尺的第 1 格正好与主尺的第 1 格对齐，则工件的厚度为 0.02mm。同理，测量 0.06mm 或 0.08mm 厚度的工件时，应该是副尺的第 3 格正好与主尺的第 3 格对齐，或副尺的第 4 格正好与主尺的第 4 格对齐。

游标卡尺的读数方法，可分为三个步骤。

① 根据副尺 0 线以左的主尺上的最近刻度读出整数。

② 将副尺 0 线以右与主尺上的刻度线对准的刻度线数值乘上 0.02 读出小数。

③ 将上面整数和小数两部分加起来，加单位 mm，即为总尺寸。

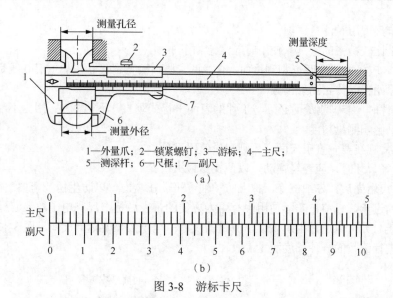

1—外量爪；2—锁紧螺钉；3—游标；4—主尺；
5—测深杆；6—尺框；7—副尺
（a）

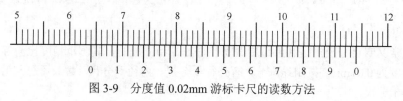

（b）

图 3-8　游标卡尺

如图 3-9 所示，副尺 0 线所对主尺位置前面的刻度为 64mm。副尺 0 线后的第 2 条线与主尺的刻度线对齐，而副尺 0 线后的第 2 条线表示

$$0.02×2=0.04mm$$

所以被测工件的尺寸为 64+0.04=64.04mm。

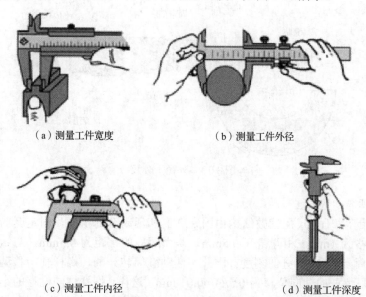

图 3-9　分度值 0.02mm 游标卡尺的读数方法

（2）游标卡尺的使用

游标卡尺可用来测量工件的宽度、外径、内径和深度，如图 3-10 所示。

（a）测量工件宽度　　　　　　（b）测量工件外径

（c）测量工件内径　　　　　　（d）测量工件深度

图 3-10　游标卡尺的应用

（3）游标卡尺使用时注意事项

游标卡尺是比较精密的量具，使用时应注意如下事项。

① 使用前，应先擦干净两卡脚测量面，合拢两卡脚，检查副尺0线与主尺0线是否对齐。若未对齐，应根据原始误差修正测量读数。

② 测量工件时，卡脚测量面必须与工件的表面平行或垂直，不得歪斜；用力不能过大，以免卡脚变形或磨损，影响测量精度。

③ 读数时，视线要垂直于尺面，否则测量值不准确。

④ 测量内径尺寸时，应轻轻摆动，以便找出最大值。

⑤ 游标卡尺用完后，仔细擦净，抹上防护油，平放在盒内，以防生锈或弯曲。

随着科技的进步，目前在实际使用中有更为方便的带表游标卡尺和电子数显游标卡尺。带表游标卡尺（见图3-11）可以通过指示表读出测量的尺寸；电子数显游标卡尺（见图3-12）是利用电子数字显示原理进行读数的一种长度测量工具。

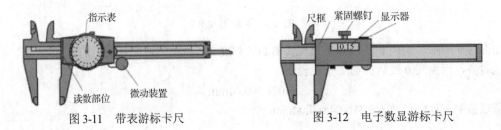

图3-11　带表游标卡尺　　　　　　　　图3-12　电子数显游标卡尺

3. 千分尺

千分尺通常又叫百分尺，是利用螺旋微动装置测量和读数的，其测量精度比游标卡尺更高，一般千分尺的精度为0.01mm。按用途来分，有外径千分尺、内径千分尺、螺纹千分尺等。通常所说的千分尺指外径千分尺。

图3-13所示为外径千分尺，主要由测砧、测微螺杆、尺架、粗调旋钮以及微调旋钮等构成。

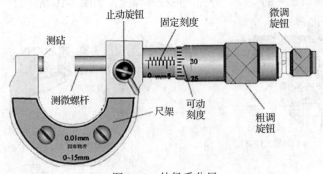

图3-13　外径千分尺

（1）刻线原理与读数方法

如图3-14所示，千分尺的读数结构由固定套筒和活动套筒组成，固定套筒上有上下两排刻度线，刻线每小格为1mm，相互错开0.5mm。测微螺杆的螺距为0.5mm，与螺杆固定在一起的活动套筒的外圆周上有50等分的刻度。因此，活动套筒转一周，螺杆轴向移动0.5mm。如活动套筒只转一格，则螺杆的轴向位移为0.5/50=0.01 mm，这样，螺杆轴向位移的小数部分就可从活动套筒上的刻度读出。圆周刻度线用来读出0.5mm以下至0.01mm的小数值（0.01mm以下的值可凭经验估出）。

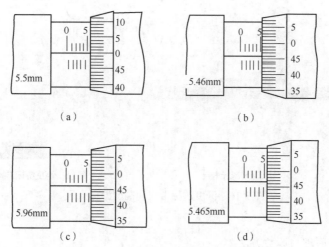

图 3-14　千分尺的刻线原理和读数示例

千分尺读数分为三个步骤。

① 读出固定套筒上露出刻线的 1mm 数和 0.5mm 数。

② 读出活动套筒上小于 0.5mm 的小数值。

③ 将上述两部分相加，即为总尺寸。

（2）千分尺的使用方法与注意事项

不同情况下千分尺的使用方法如图 3-15 所示。

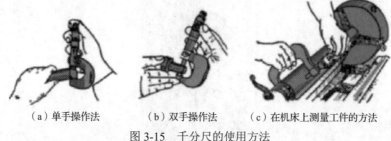

（a）单手操作法　　　（b）双手操作法　　　（c）在机床上测量工件的方法

图 3-15　千分尺的使用方法

为了保护千分尺，使其不遭到损坏或过早丧失精度，使用时应注意下列事项。

① 保持尺的清洁，测量前后都必须擦干净。

② 使用时应先校对零点。若零点未对齐，应根据原始误差修正测量读数。

③ 当测量螺杆快要接近工件时，必须拧动端部棘轮，棘轮发出"嘎嘎"声表示力量合适，应立即停止拧动。严禁拧动活动套筒，以防用力过度导致测量不准确。

④ 千分尺只适用于测量精确度较高的尺寸，不能测量毛坯，更不能在工件转动时进行测量。

4. 深度游标卡尺和高度游标卡尺

（1）深度游标卡尺

深度游标卡尺如图 3-16（a）所示。深度游标卡尺用于测量孔的深度、台阶的高度、槽的深度等。使用时将尺架贴紧工件平面，再把主尺插到底部，即可读出测量尺寸；或用螺钉紧固，取出后再看尺寸。

（2）高度游标卡尺

高度游标卡尺如图 3-16（b）所示。高度游标卡尺除测量高度外，还可用于精密划线。

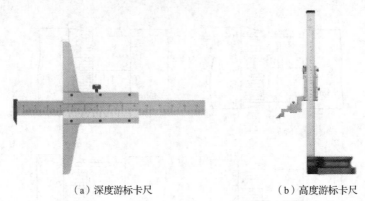

（a）深度游标卡尺　　　　　　　（b）高度游标卡尺

图 3-16　深度游标卡尺和高度游标卡尺

5. 百分表

（1）百分表结构原理与读数方法

百分表是一种精度较高的比较量具，主要用于测量形状和位置误差，也可用于在机床上安装工件时的精密找正，如图 3-17 所示。它只能测出相对数值，不能测出绝对数值。百分表的读数精度为 0.01mm。当测量杆向上或向下移动 1mm 时，通过齿轮传动系统带动大指针转一圈，小指针转一格。大指针刻度盘在圆周上有 100 个等分格，每格的读数为 0.01mm。小指针每格读数为 1mm。测量时指针读数的变动量即为尺寸变化量。刻度盘可以转动，以便测量时大指针对准零刻线。

百分表的读数方法为：先读小指针转过的刻度线（毫米整数）；再读大指针转过的刻度线（小数部分），并乘以 0.01；然后将两者相加，即得测量数值。

图 3-17　百分表

（2）百分表的使用

百分表常装在表架，如图 3-18 所示。

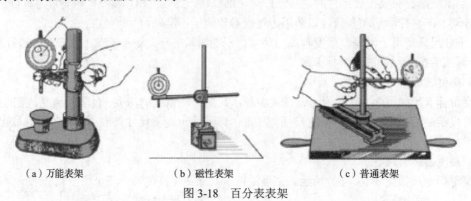

（a）万能表架　　　　　　（b）磁性表架　　　　　　（c）普通表架

图 3-18　百分表表架

百分表可用来精确测量零件圆度、圆跳动、平面度、平行度和直线度等形位误差，也可用来找正工件。百分表应用如图 3-19 所示。

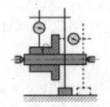 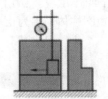 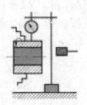

（a）检查外圆对孔的圆跳动　　（b）检查工件两面的平行度　　（c）找正外圆

图 3-19　百分表应用

使用百分表时的注意事项如下。

① 使用前，应检查测量杆活动的灵活性，即轻轻推动测量杆时，测量杆在套筒内的移动要灵活，没有如何轧卡现象；每次手松开后，指针能回到原来的刻度处。

② 使用时，必须把百分表固定在可靠的夹持架上，切不可夹在不稳固的地方，否则容易造成测量结果不准确，或摔坏百分表。

③ 测量时，不要使测量杆的行程超过它的测量范围，不要使表头突然撞到工件上，也不要用百分表测量表面粗糙度高或明显凹凸不平的面。

④ 测量平面时，百分表的测量杆要与平面垂直；测量圆柱形工件时，测量杆要与工件的中心线垂直，否则将使测量杆活动不灵或测量结果不准确。

⑤ 为方便读数，一般在测量前都让大指针指到刻度盘的零位。

⑥ 百分表不用时，应使测量杆处于自由状态，以免使表内弹簧失效。

6. 塞规与卡规

在大批量生产中，常用具有固定尺寸的量具来检验工件，这种量具叫作量规。工件图纸上的尺寸是保证有互换性的极限尺寸。测量工件尺寸的量规通常制成两个极限尺寸，即最大极限尺寸和最小极限尺寸。测量光滑的孔或轴用的量规叫作光滑量规。光滑量规根据用于测量内外尺寸的不同，分卡规和塞规两种。

（1）卡规

卡规用来测量圆柱形、长方形、多边形等工件的尺寸。常用的卡规形式如图 3-20 所示。如果轴的图纸尺寸为 $\phi 80^{-0.04}_{-0.12}$ mm，卡规的最大极限尺寸为 80-0.04=79.96mm，最小极限尺寸为 80-0.12=79.88 mm。卡规的 79.96mm 一端叫作通端，卡规的 79.88mm 一端叫作止端。测量时，如果卡规的通端能通过工件，而止端不能通过工件，则表示工件合格；如果卡规的通端能通过工件，而止端也能通过工件，则表示工件尺寸太小，已成废品；如果通端和止端都不能通过工件，则表示工件尺寸太大，不合格，必须返工。

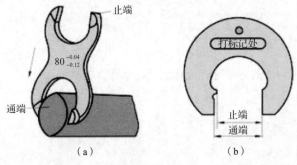

（a）　　　　　　　（b）

图 3-20　卡规

（2）塞规

塞规用来测量工件的孔、槽等内尺寸。塞规也有最大极限尺寸和最小极限尺寸。它的最小极限尺寸一端叫作通端，最大极限尺寸一端叫作止端。常用的塞规形式如图 3-21 所示，塞规的两头各有一个圆柱体，长圆柱体一端为通端，短圆柱体一端为止端。合格的工件应当能通过通端而不能通过止端。

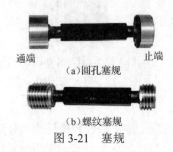

通端   止端

（a）圆孔塞规

（b）螺纹塞规

图 3-21　塞规

3.2 | 工件划线

钳工实践操作中，第一步是划线。划线是按照图纸的要求，在零件表面刻划出准确的加工界线。划线是保证加工精度的基础，如果划线误差过大，将导致工件报废。

1. 划线的作用

（1）确定工件加工表面的加工余量和位置。

（2）检查毛坯的形状、尺寸是否合乎图纸要求。

划线不仅能确定加工的界线，而且有利于及时发现和处理不合格的毛坯，避免造成材料和人力的浪费。在毛坯误差不太大时，可使用划线中的借料法予以补救，使零件加工表面符合要求。

2. 划线的种类

（1）平面划线

在工件的一个表面上划线的方法称为平面划线，如图 3-22 所示。

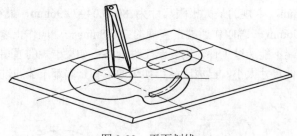

图 3-22　平面划线

（2）立体划线

在工件的几个表面上划线的方法称为立体划线，如图 3-23 所示。

3. 划线工具

（1）基准工具

① 划线平板（见图 3-24）。

② 划线方箱（见图 3-25）。

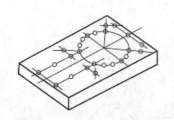

图 3-23　立体划线

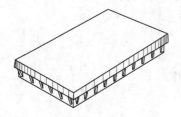

图 3-24　划线平板

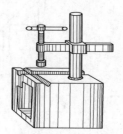

图 3-25　划线方箱

（2）测量工具

① 高度游标卡尺（见图 3-26）。

② 钢尺。

③ 直角尺（见图 3-27）。

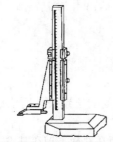

图 3-26　高度游标卡尺

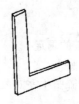

（a）宽座90°角尺　　（b）刀口形90°角尺

图 3-27　直角尺

（3）划线工具

① 划针（见图 3-28）。

② 划规（见图 3-29）。

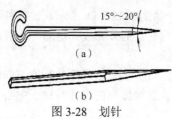

（a）

（b）

图 3-28　划针

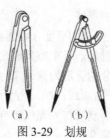

（a）　　　（b）

图 3-29　划规

③ 划卡。

④ 划针盘。

⑤ 样冲。

⑥ 高度游标卡尺。

（4）夹持工具

① V 形铁（见图 3-30）。

② 千斤顶（见图 3-31）。

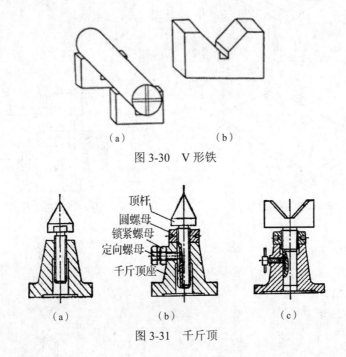

（a）　　　　　　　　　（b）

图 3-30　V 形铁

图 3-31　千斤顶

4. 划线基准的确定

（1）基准的概念

基准是用来确定生产对象上各几何要素的尺寸大小和它们之间的位置关系所依据的一些点、线、面。

在设计图样上采用的基准为设计基准。在工件划线时所选用的基准称为划线基准。在选用划线基准时，应尽可能使划线基准与设计基准一致。这样，可避免相应的尺寸换算，减少加工过程中的基准不重合造成的误差。

平面划线时，通常要选择两个相互垂直的划线基准，而立体划线时，通常要确定三个相互垂直的划线基准。

（2）划线基准的类型

① 以两个相互垂直的平面（或直线）为基准。如图 3-32（a）所示，该零件有相互垂直的两个方向的尺寸。可以看出，每个方向的尺寸大多是依据它们的外缘线确定的（个别尺寸除外）。此时，可把这两条外缘线分别确定为这两个方向的划线基准。

② 以对称的平面（或直线）为基准。如图 3-32（b）所示，该零件高度方向的尺寸是以底面为依据而确定的，底面就可作为高度方向的划线基准；宽度方向的尺寸对称于中心线，故中心线可作为宽度方向的划线基准。

③ 以两个互相垂直的中心平面（或直线）为基准。如图 3-32（c）所示，该零件两个方向的许多尺寸分别相对于其中心线具有对称性，其他尺寸也从中心线起始标注。此时，就可把这两条中心线分别确定为这两个方向的划线基准。

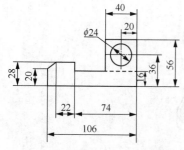

（a）以垂直的平面（或直线）为基准

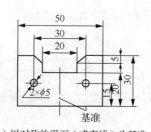

（b）以对称的平面（或直线）为基准

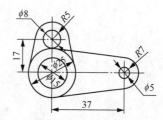

（c）以垂直中心平面（或直线）为基准

图 3-32　平面基准的确定

（3）基准的选择

当工件上有已加工面（平面或孔）时，应该以已加工面作为划线基准。若毛坯上没有已加工面，首次划线应选择最主要的（或大的）不加工面为划线基准（称为粗基准）。该基准只能使用一次，在下一次划线时，必须用已加工面作为划线基准。

一个工件有很多线条要画，究竟从哪一根线开始？遵守从基准开始的原则，可以提高划线的质量和效率，并相应提高毛坯合格率。

5．划线步骤

（1）研究图纸，确定划线基准。详细了解需要划线的部位、要求及有关的加工工艺。

（2）初步检查毛坯的误差情况，去除不合格毛坯。

（3）工件表面涂色（蓝油）。

（4）正确安放工件和选用划线工具。

（5）划线。

（6）详细检查划线的精度以及线条有无漏画。

（7）在线条上打冲眼。

3.3 工件锯削

1．锯削简介

用手锯锯断金属材料或在工件上锯出沟槽的操作称为锯削。

锯削的应用范围如下。

（1）分割各种材料或半成品。

（2）锯掉工件上的多余部分。

（3）在工件上锯槽。

2．锯削工具

（1）锯弓

锯弓是用来张紧锯条的，锯弓分为固定式和可调式两类，如图 3-33 所示。

（2）锯条

锯条是用来直接锯削材料或工件的工具，如图 3-34 所示。锯条一般由渗碳钢冷轧制成，也可由碳素工具钢或合金钢制成。锯条的长度以两端装夹孔的中心距来表示。手锯常用的锯条长 300mm、宽 12mm、厚 0.8mm。从图 3-34 中可以看出，锯齿排列呈左右错开状，人们称之为锯路。其作用就是防止在锯削时锯条夹在锯缝中，同时可以减小锯削时的阻力，并便于排屑。

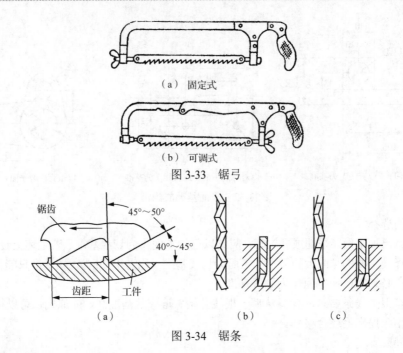

（a）固定式

（b）可调式

图 3-33　锯弓

图 3-34　锯条

3. 锯条的选择

（1）锯条选用原则

① 根据被加工工件尺寸精度。

② 根据加工工件的表面粗糙度。

③ 根据被加工工件的大小。

④ 根据加工工件的材质。

（2）不同规格锯条的应用

不同规格锯条的实际应用如表 3-1 所示。

表 3-1　　　　　　　　　　　　不同规格锯条的实际应用

锯齿粗细	锯齿齿数/25mm	应用
粗	14～18	锯铜、铝等软材料及厚工件
中	22～24	锯普通钢、铸铁及中等厚度的工件
细	32	锯硬钢板料及薄壁管件

4. 锯削操作

（1）锯条的安装

锯条的安装归纳起来有以下三条。

① 齿尖朝前。

② 松紧适中。

③ 锯条无扭曲。

图 3-35（a）锯条齿尖朝前安装是正确的；图 3-35（b）锯条安装是错的，因为齿尖朝后了。

（2）工件的夹持

工件一般应夹在台虎钳的左侧，以便操作；工件伸出钳口不应过长，应使锯缝距离钳口侧面 20mm 左右，防止工件在锯削时产生振动；锯缝要与钳口侧面保持平行，便于控制锯缝不偏离划线线条；夹持要牢靠，同时要避免将工件夹变形和夹坏已加工面。

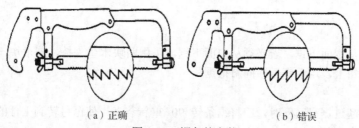

（a）正确　　　　　　　　　（b）错误

图 3-35　锯条的安装

（3）起锯方法

起锯时利用锯条的前端（远起锯）或后端（近起锯），靠在一个面的棱边上起锯，如图 3-36 所示。

起锯时，锯条与工件表面倾斜角约为 15°，最少要有三个齿同时接触工件，如图 3-37 所示。

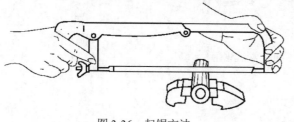

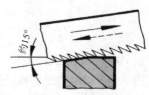

图 3-36　起锯方法　　　　　　　　　　图 3-37　起锯角度

为了起锯平稳准确，可用拇指挡住锯条，使锯条保持在正确的位置，如图 3-38 所示。

（4）锯削姿势

锯削时左脚超前半步，身体略向前倾与台虎钳约成 75°。两腿自然站立，人体重心稍偏于右脚。锯削时视线要落在工件的锯削部位。

（5）锯削力量及速度控制

推锯时，给手锯以适当压力；拉锯时应将所给压力取消，以减少对锯齿的磨损，如图 3-39 所示。锯削时，应尽量利用锯条的有效长度。锯削时推拉频率：对软材料和有色金属材料为每分钟往复 50～60 次，对普通钢材为每分钟往复 30～40 次。

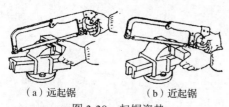

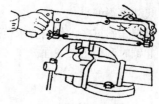

（a）远起锯　　　　（b）近起锯

图 3-38　起锯姿势　　　　　　　　　　图 3-39　手锯握法

5. 锯削的几种加工方法

（1）扁钢、型钢

在锯口处画一周圈线，分别从宽面的两端锯下，两锯缝将要衔接时，轻轻敲击使工件断裂分离。

（2）圆管

选用细齿锯条。管壁锯透后随即将管子朝推锯方向转动一个适当角度，再继续锯削；依次转动，直至将管子锯断。

（3）棒料

如果断面要求平整，则应从开始连续锯到结束；若要求不高，可分几个方向锯削，以减小锯切面，提高工作效率。

（4）薄板

锯削时尽可能从宽面下锯，若必须从窄面下锯，可用两块木垫夹持，连木块一起锯下，也可把薄板直接夹在台虎钳上，用手锯做横向斜推锯。

（5）深缝锯削

当锯缝的深度超过锯弓高度时，应将锯条转 90°重新装夹，使锯弓转到工件的侧边；当锯弓高度仍不够时，可把锯齿朝向锯内装夹进行锯削，如图 3-40 所示。

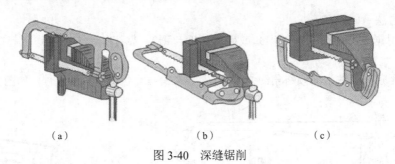

（a）　　　　　　　　（b）　　　　　　　　（c）

图 3-40　深缝锯削

6. 锯条折断原因

（1）锯条安装得过紧或过松。

（2）工件装夹不正确。

（3）锯缝歪斜过多，强行修正。

（4）压力太大，速度过快。

（5）新换的锯条在旧的锯缝中被卡住，而造成折断。

7. 锯条崩齿原因及废品分析

（1）锯条崩齿原因

① 起锯角度太大。

② 起锯用力太大。

③ 工件钩住锯齿。

（2）废品分析

① 尺寸锯得偏小。

② 锯缝歪斜过多，超出要求范围。

③ 起锯时刮伤工件表面。

3.4 工件锉削

锉削是指利用锉刀对工件材料表面进行加工。它的应用范围很广，可加工工件的外表面、内孔、沟槽和各种形状复杂的表面，如图 3-41 所示。

1. 锉刀种类

（1）普通锉：按断面形状不同分为五种，即平锉、半圆锉、方锉、三角锉、圆锉，如图 3-42 所示。

（2）整形锉：用于修整工件上的细小部位。

（3）特种锉：用于加工特殊表面，种类较多，如棱形锉。

图 3-41　锉削

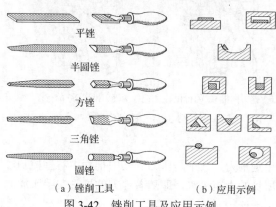

平锉

半圆锉

方锉

三角锉

圆锉

（a）锉削工具　　　　　　　（b）应用示例

图 3-42　锉削工具及应用示例

2．锉刀的选择使用

以锉刀 10mm 长的锉面上齿数多少来确定锉刀粗细。

具体分类与使用如下。

（1）粗锉刀（4～12 齿）：用于加工软材料，如铜、铅等，或粗加工。

（2）细锉刀（13～24 齿）：用于加工硬材料或精加工。

（3）光锉刀（30～40 齿）：用于最后修光表面。

3．操作方法

（1）锉刀握法

锉刀大小不同，握法也不一样，如图 3-43 所示。

① 大锉刀的握法：右手心抵着锉刀木柄的端头，大拇指放在锉刀木柄的上面，其余四指弯在木柄下部，配合大拇指捏住锉刀木柄。根据锉刀的大小和用力的轻重，左手握法可有多种姿势。

② 中锉刀的握法：右手握法大致和大锉刀握法相同，左手用大拇指和食指捏住锉刀的前端。

③ 小锉刀的握法：右手食指伸直，拇指放在锉刀木柄上面，食指靠在锉刀的刀边，左手几个手指压在锉刀中部。

④ 更小锉刀（什锦锉）的握法：一般只用右手拿锉刀，食指放在锉刀上面，拇指放在锉刀的左侧。

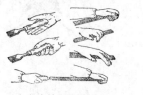

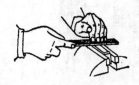

（a）大锉刀的握法　　　　（b）中锉刀的握法　　　　（c）小锉刀的握法

图 3-43　锉刀握法

（2）锉削姿势

开始锉削时身体要向前倾斜 10°左右，左肘弯曲，右肘向后；锉刀推出 1/3 行程时身体向前倾斜 15°左右，此时左腿稍直，右臂向前推；推到 2/3 时，身体倾斜到 18°左右；最后左腿继续弯曲，右肘渐直，右臂向前使锉刀继续推进至尽头，身体随锉刀的反作用方向回到 15°位置，如图 3-44 所示。

（a）开始锉削   （b）锉刀推出 1/3 的行程   （c）锉刀推出 2/3 的行程   （d）锉刀行程推尽

图 3-44　锉削姿势

（3）锉削力的运用

锉削时有两个力，一个是推力，一个是压力。其中推力由右手控制，压力由两手控制。在锉削中，要保证锉刀前后两端所受的力矩相等，即随着锉刀的推进左手所加的压力由大变小，右手的压力由小变大，否则锉削质量不佳。

（4）速度

一般 30～40 次/min，速度过快，易降低锉刀的使用寿命。

（5）注意问题

锉刀只在推进时加力锉削，返回时不加力、不锉削，把锉刀退回即可，否则易造成锉刀磨损过快；锉削时要充分利用锉刀的有效长度，不能只用局部某一段，否则局部磨损过重，降低寿命。

4．平面锉削

（1）选择锉刀

根据加工余量选择：若加工余量大，则选用粗锉刀或大锉刀；反之则选用细锉刀或小锉刀。

根据加工精度选择：若工件的加工精度要求较高，则选用细锉刀；反之则用粗锉刀。

（2）工件夹持

将工件夹在台虎钳钳口的中间部位，不能伸出太高，否则易振动；若表面已加工过，则使用软钳口夹持或在已加工表面垫铜皮。

（3）方法

锉削方法可分为顺向锉、交叉锉、推锉三种，如图 3-45 所示。

 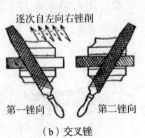 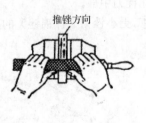

（a）顺向锉   （b）交叉锉   （c）推锉

图 3-45　锉削方法

5. 曲面锉削

（1）外圆弧锉削

方法：滚锉、横锉。

滚锉法用于精加工或余量较小时，横锉法用于圆弧粗加工，如图 3-46 所示。

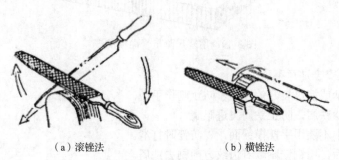

（a）滚锉法　　　　　　　　　　（b）横锉法

图 3-46　外圆弧锉削方法

（2）内圆弧锉削

方法：横锉、推锉。

运动形式（工具为半圆锉）有前进运动、向左或向右移动、绕锉刀中心线转动，如图 3-47 所示。三个运动同时完成才能保证内圆弧锉削得光滑、尺寸准确。

（a）前进运动　　　　　　（b）向左或向右移动　　　　　（c）绕锉刀中心线转动

图 3-47　内圆弧锉削

6. 检验工具及其使用

检验工具有刀口尺、直角尺、游标角度尺等。刀口尺、直角尺可检验工件的直线度、平面度及垂直度。下面介绍用刀口尺检验工件平面度的方法。

（1）将刀口尺垂直紧靠在工件表面，并在纵向、横向和对角线方向逐次检查（见图 3-48）。

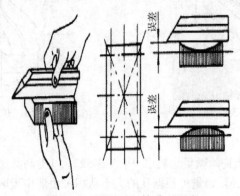

图 3-48　用刀口尺检验平面度

（2）检验时，如果刀口尺与工件平面之间透光微弱而均匀，则该工件平面度合格；如果进光强弱不一，则说明该工件平面凹凸不平。可在刀口尺与工件紧靠处用塞尺插入，根据塞尺的厚度即可确定平面度的误差（见图 3-49）。

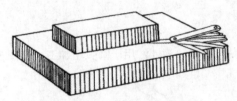

图 3-49　用塞尺测量平面度的误差

7. 锉刀使用及安全注意事项

（1）不使用无柄或柄已裂开的锉刀，防止刺伤手腕。

（2）不能用嘴吹铁屑，防止铁屑飞进眼睛。

（3）锉削过程中不要用手抚摸锉面，以防锉时打滑。

（4）锉面堵塞后，用铜锉刷顺着齿纹方向刷去铁屑。

（5）锉刀放置时不应伸出钳台以外，以免碰落砸伤脚。

3.5 | 工件钻孔、扩孔和铰孔

1. 孔加工

（1）钻孔

用钻头在实心工件上加工孔称为钻孔。钻孔只能进行孔的粗加工（精度 IT12，R_a=12.5μm），如图 3-50 所示。

（2）扩孔

扩孔用于扩大已有的孔，它常作为孔的半精加工（精度 IT10，R_a=6.3μm，余量为 0.5～4mm），如图 3-51 所示，其中 v_c 代表切削速度，f 表示进给量，a_p 表示切削深度，D 表示扩孔后直径，d 表示扩孔前直径。

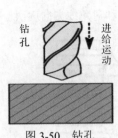

图 3-50　钻孔

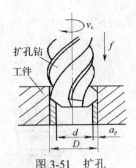

图 3-51　扩孔

（3）铰孔

铰孔是用铰刀从工件壁上切除微量金属层（见图 3-52），以提高其尺寸精度和表面质量较高（精度 IT8～IT7，R_a 为 1.6～0.8μm，余量可根据孔的大小从相关手册中查取）。图 3-52 中，d_0 表示铰孔后直径，a_p 表示切削深度。

（4）锪孔

锪孔是用锪钻对工件上的已有孔进行孔口形面的加工，其目的是保证孔端面与孔中心线的垂直度，以便使与孔连接的零件位置正确，连接可靠。锪孔如图 3-53 所示。

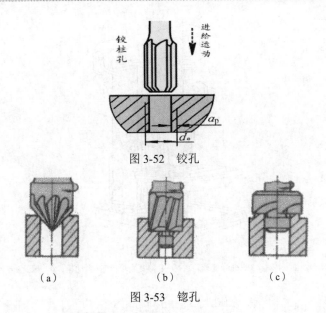

图 3-52　铰孔

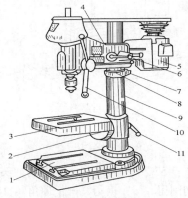

（a）　　　　　　（b）　　　　　　（c）

图 3-53　锪孔

2. 钻孔的设备

（1）台式钻床

台式钻床的钻孔直径一般在 12mm 以下。其特点是小巧灵活，主要加工小型零件上的小孔。台式钻床如图 3-54 所示。

图 3-54　台式钻床

1—底座面；2—锁紧螺钉；3—工作台；4—头架；5—电动机；6—手柄；7—螺钉；8—保险环；9—立柱；10—进给手柄；11—锁紧手柄

（2）立式钻床

立式钻床可以完成钻孔、扩孔、铰孔、锪孔、攻丝等加工，适于加工中小型零件上的孔。立式钻床如图 3-55 所示。

（3）摇臂钻床

摇臂钻床有一个能绕立柱旋转的摇臂，摇臂带着主轴箱沿立柱垂直移动，同时主轴箱等还能在摇臂上横向移动，适用于加工大型笨重零件及多孔零件上的孔。摇臂钻床如图 3-56 所示。

（4）手电钻

在其他钻床不方便钻孔时，可用手电钻钻孔。

另外，现在市场有许多先进的钻孔设备，如数控钻床（减少了钻孔划线及钻孔偏移的烦恼）、磁力钻床等。

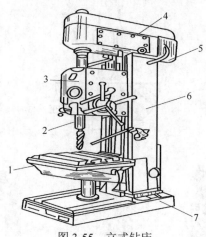

图 3-55　立式钻床

1—工作台；2—主轴；3—进给变速箱；4—主轴变速箱；5—电动机；6—床身；7—底座

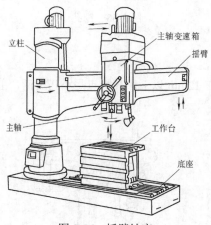

图 3-56　摇臂钻床

3. 刀具

（1）钻头

钻头有直柄和锥柄两种，如图 3-57 和图 3-58 所示。它由柄部、颈部和切削部分组成。它有两个前刀面、两个后刀面、两个主切削刃、一个横刃、一个顶角（116°～118°），如图 3-59 所示。

图 3-57　直柄麻花钻　　　　　图 3-58　锥柄麻花钻

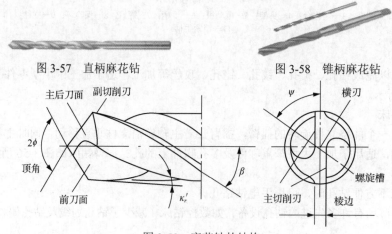

图 3-59　麻花钻的结构

（2）扩孔钻

扩孔钻与钻头基本相同。不同的是，它有 3～4 个切削刃，无横刃。它的刚度、导向性好，切削平稳，因此加工孔的精度、表面粗糙度较好。

（3）铰刀

铰刀有手用、机用、可调锥形等多种。铰刀有 6～12 个切削刃，无横刃。它的刚性、导向性更高。

（4）锪孔钻

锪孔钻有锥形锪孔钻、柱形锪孔钻、端面锪孔钻等几种。

4. 附件

（1）钻头夹：装夹直柄钻头。

（2）过渡套筒：连接锥柄钻头。

（3）手虎钳：装夹小而薄的工件。

（4）平口钳：装夹加工过而表面平行的工件。

（5）压板：装夹大型工件。

5. 钻孔方法

（1）划线，打样冲眼。

（2）试钻一个直径约为孔径 1/4 的浅坑，以判断是否对中（如果偏得较多需要纠正，即增大应该钻掉一方的切削），对中后方可继续钻孔。

（3）钻孔，钻孔时进给力不要太大，要时常抬起钻头排屑，同时加冷却润滑液；孔将要透时，要减小进给力防止切削量突然增大折断钻头。

6. 台式钻床安全操作规程

（1）使用前要检查钻床各部件是否正常。

（2）钻头与工件必须装夹紧固，不能用手握工件，以免钻头旋转引起伤人事故以及设备损坏事故。

（3）锁紧摇臂和拖板后方可工作，装卸钻头时不可用手锤和其他工具、物件敲打，也不可借助主轴上下往返撞击钻头，应用专用钥匙和扳手来装卸，钻头夹不得夹锥形柄钻头。

（4）钻薄板需加垫木板，钻头快要钻透工件时，要轻施压力，以免折断钻头损坏设备或发生意外事故。

（5）钻头在运转时，不能戴手套工作，禁止用棉纱和毛巾擦拭钻床及清理铁屑。工作后，钻床必须擦拭干净，切断电源；零件、工具及场地保持整齐、整洁。

3.6 工件攻螺纹和套螺纹

攻螺纹指用丝锥在工件孔中切削出内螺纹的加工方法。

1. 攻螺纹工具

攻螺纹要用丝锥、铰杠和保险夹头等工具。

（1）丝锥

丝锥是加工内螺纹的工具。根据加工方法可分为机用丝锥和手用丝锥，根据旋向可分为左旋丝锥和右旋丝锥，根据螺距可分为粗牙丝锥和细牙丝锥。机用丝锥通常是指高速钢磨牙丝锥，螺纹公差带分为 H1、H2、H3 三种。手用丝锥是用滚动轴承钢 GCr9 或合金工具钢 9SiCr 制成的滚牙（或切牙）丝锥，螺纹公差带为 H4。

① 构造

如图 3-60 所示，丝锥由工作部分和柄部组成，工作部分又包括切削部分和校准部分。

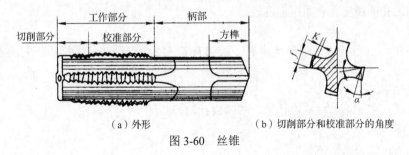

（a）外形　　　　　　（b）切削部分和校准部分的角度

图 3-60　丝锥

切削部分前角 $\gamma_o = 8° \sim 10°$；切削部分的锥面上一般铲磨成后角（机用丝锥 $\alpha_o = 10° \sim 12°$、手用丝锥 $\alpha_o = 6° \sim 8°$）。为了制造和刃磨方便，丝锥上的容屑槽一般做成直槽。有些专用丝锥为了控制排屑方向，常做成螺旋槽。

② 成组手用丝锥

为了减小切削力和延长使用寿命，一般将整个切削工作量分配给几支丝锥来承担。通常 M6～M24 的丝锥每组有两支，M6 以下及 M24 以上的丝锥每组有三支，细牙螺纹丝锥每组两支。

③ 标志内容

标志包括制造厂商标、螺纹代号、丝锥公差带代号（H4 允许不标）、材料代号（用高速钢制造的丝锥标志为 HSS，用碳素工具钢或合金工具钢制造的丝锥可不标）、成组不等径丝锥的粗锥代号（第一粗锥 1 条圆环，第二粗锥 2 条圆环，或标有顺序号Ⅰ、Ⅱ）。

（2）铰杠

铰杠是手工攻螺纹时用来夹持丝锥的工具，分普通铰杠（见图 3-61）和丁字形铰杠（见图 3-62）两类。这两类铰杠又都可分为固定式和活络式两种。其中，丁字形铰杠适用于在高凸台旁边或箱体内部攻螺纹，活络式丁字铰杠用于 M6 以下丝锥，固定式普通铰杠用于 M5 以下丝锥。

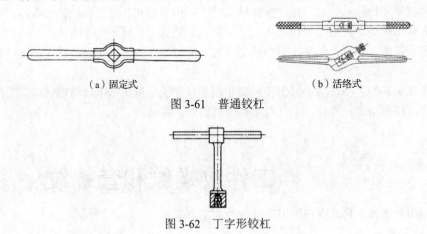

（a）固定式　　　　　　　　（b）活络式

图 3-61　普通铰杠

图 3-62　丁字形铰杠

2. 攻螺纹方法（手用丝锥）

（1）根据图纸划线。

（2）根据螺纹公称直径，按有关公式计算底孔直径后钻孔。

（3）用头锥起攻，如图 3-63 所示。

（4）攻螺纹时，每扳转铰杠 1/2～1 圈，就应倒转 1/4～1/2 圈，使切屑碎断后容易排除。

（5）攻螺纹时，必须按头攻、二攻、三攻的顺序攻削到标准尺寸。

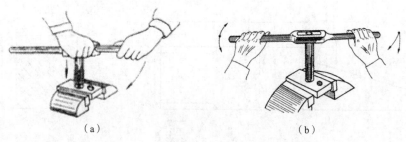

（a） （b）

图 3-63 用头锥起攻

（6）在不通孔上攻制有深度要求的螺纹时，可根据所需螺纹深度在丝锥上做好标记，避免因切屑堵塞造成攻螺纹达不到所要求深度。

（7）在塑性材料上攻螺纹时，一般都应加润滑油，以减小切削阻力和螺孔的表面粗糙度值，延长丝锥的使用寿命。

（8）加工过程中，需要用靠角尺检查丝锥是否垂直，以免造成螺纹倾斜，如图 3-64 所示。

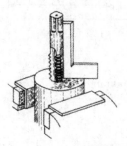

图 3-64 检查丝锥垂直度

3.7 项目一：钳工综合训练——锤头

1. 实训目的

（1）了解钳工操作的一般步骤、工艺和手法。

（2）熟悉钳工操作的安全规范。

（3）熟悉各种量具和工具。

2. 实训任务

（1）使用划线、锯削、锉削、钻孔、攻螺纹等技能加工工件。

（2）使用各种测量工具测量尺寸、检查加工质量。

手锤加工

3. 实例

（1）零件图

锤头图纸如图 3-65 所示。

（2）实训准备

① 毛坯准备

20mm×20mm×90mm 碳钢方料。

② 工具准备

台虎钳，锯弓，锯条，10寸扁锉刀（粗牙），10寸扁锉刀（细牙），6寸圆锉刀，样冲，划针，划线平台，圆头锤，圆规，小角尺（100×63），钻床，钻头（直径8.5mm），丝锥（M10），铰刀，毛刷，铜丝刷。

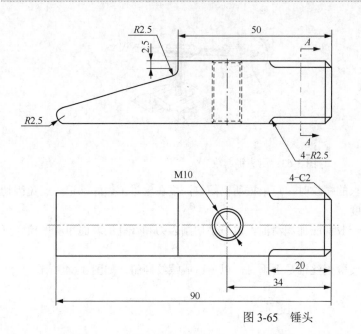
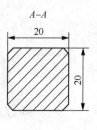

图 3-65　锤头

③ 量具准备

钢直尺（150mm），高度尺（0～200mm）。

（3）加工工序

加工工序如表 3-2 所示。

表 3-2　　　　　　　　　　　　锤头加工工序

工序	加工内容	工序简图	工具、量具
1	按右图粗实线和所示尺寸双面划线		划针、钢直尺、高度尺、小角尺
2	按右图粗实线和所示尺寸锯削		钢直尺、台虎钳、锯弓、锯条
3	划线，再用平锉锉削 8 个斜角；用圆锉锉削 6 个 R2.5 圆角		划针、钢直尺、高度尺、10 寸扁锉刀（粗牙）、10 寸扁锉刀（细牙）、6 寸圆锉刀
4	钻床上加工直径 8.5mm 的底孔		钻床、钻头（ϕ 8.5mm）
5	手工攻螺纹		丝锥（M10）、铰刀、毛刷

3.8 项目二：钳工综合训练——锉配凹凸体

1. 实训目的

（1）掌握具有对称度要求工件的划线、加工及测量方法。

（2）熟悉锉削和锯削等操作技能。

2. 实训任务

（1）使用划线、锯削、锉削、钻孔等技能加工工件。

（2）使用各种测量工具测量尺寸、检查加工质量。

3. 实例

（1）零件图

图 3-66 所示为凹凸体图纸。

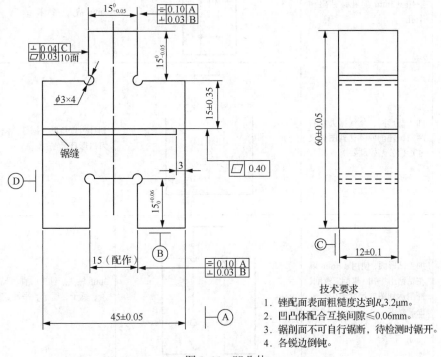

图 3-66　凹凸体

技术要求

1. 锉配面表面粗糙度达到 $R_a3.2\mu m$。

2. 凹凸体配合互换间隙≤0.06mm。

3. 锯削面不可自行锯断，待检测时锯开。

4. 各锐边倒钝。

（2）实训准备

① 毛坯准备

HT200，规格为 61mm×46mm×13mm。

② 工具准备

划针，样冲，锤子，錾子，锯弓，锯条，平锉，3mm 钻头，钻床。

③ 量具准备

高度游标卡尺，游标卡尺，直角尺，刀口形直尺。

（3）加工工序

加工工序如表 3-3 所示。

表 3-3 锉配凹凸体加工工序

工序	加工内容	工序简图	工具、量具
1	锉削，加工外形尺寸 60mm×45mm×12mm		平锉、游标卡尺
2	按图样画出凹凸体加工线，定出 4 个钻孔中心		高度游标卡尺、样冲、锤子
3	使用 ϕ 3mm 麻花钻钻出 4 个孔		3mm 钻头、钻床
4	加工凸形面，划线锯去左右两角，锉削使其达到图样尺寸形位公差控制要求		划针、直角尺、锯弓、锯条、平锉、刀口形直尺
5	加工凹形面，使用 ϕ 3mm 麻花钻钻出排孔，锯削、錾削、锉削达到图样尺寸形位公差控制要求		3mm 钻头、钻床、直角尺、锯弓、锯条、锤子、錾子、平锉、刀口形直尺
6	锯削中间锯缝		高度游标卡尺、直角尺、锯弓、锯条

4.1

普通车床简介

4.1.1　普通车床的类型

车削加工

　　普通车床是主要用车刀对旋转的工件进行车削加工的机床。在车床上还可用钻头、扩孔钻、铰刀、丝锥、板牙和滚花工具等进行相应的加工。

　　按用途和结构的不同，普通车床的类型可以分为卧式车床、立式车床、转塔车床、仿形车床、专门化车床、铲齿车床、马鞍车床等。

　　卧式车床，通常也被称为普通车床。卧式车床加工对象广，主轴转速和进给量的调整范围大，能加工工件的内外表面、端面和内外螺纹。这种车床主要由工人手工操作，生产效率低，适用于单件、小批生产和修配车间。卧式车床如图 4-1 所示。

图 4-1　卧式车床

　　立式车床与卧式车床的区别在于其主轴是垂直的，相当于把普通车床竖立了起来。由于其工作台处于水平位置，因此适用于加工直径大而长度短的重型零件。立式车床可进行内外圆柱体、圆锥面、端平面、沟槽、倒角等加工，其工件的装夹、校正等操作都比较方便。立式车床如图 4-2 所示。

　　转塔车床指具有回转轴线与主轴轴线垂直的转塔刀架，并可顺序转位切削工件的车床。转塔车床能装多把刀具，可在工件的一次装夹中由工人依次使用不同刀具完成多种工序，适用于成批生产。转塔车床如图 4-3 所示。

图 4-2　立式车床

图 4-3　转塔车床

仿形车床是指能仿照样板或样件的形状尺寸，自动完成工件的加工循环的数控车床，适用于形状较复杂的工件的小批生产，生产率比普通车床高 10～15 倍。有多刀架、多轴、卡盘式、立式等类型。仿形车床如图 4-4 所示。

图 4-4　仿形车床

专门化车床是指用于形状相似而尺寸不同的同类型工件某一部位加工的车床，如曲轴主轴颈车床、曲轴连杆轴颈车床、凸轮轴凸轮车床等。专门化车床如图 4-5 所示。

图 4-5　专门化车床

铲齿车床适用于铲车或铲磨模数 1～12mm 的齿轮滚刀和其他各种类型的齿轮刀具以及需要铲削齿背的各种刀具。铲齿车床也可以用来加工各种螺纹和特殊形状的零件。铲齿车床的设计结构不但能保证很高的加工精度，还能保证获得良好的表面粗糙度。铲齿车床如图 4-6 所示。

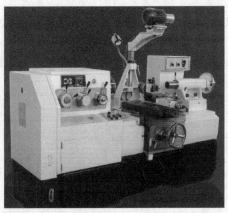

图 4-6　铲齿车床

马鞍车床具备基型产品所有的结构性能特点，并在床身上附有马鞍，扩大了加工范围。马鞍拆卸方便，重复定位精度高。在拆卸马鞍后，可进行特殊形状零件及大直径盘类零件的加工。马鞍车床广泛适用于各机械加工行业单件进行成批生产，也是科研机构合适的配套设备。马鞍车床如图 4-7 所示。

图 4-7　马鞍车床

4.1.2　普通车床的工作原理

普通车床主要通过车削运动来加工工件。车削加工是在车床上利用工件相对于刀具的旋转对工件进行切削加工的方法。车削时，利用工件的旋转运动和刀具的直线运动或曲线运动来改变毛坯的形状和尺寸，把毛坯加工成符合图纸的要求。车削一般用来加工工件的内外圆。车削加工如图 4-8 所示。

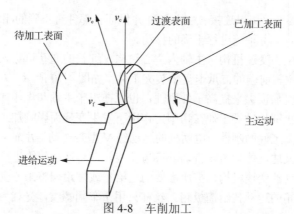

图 4-8　车削加工

车削内外圆柱面时，车刀沿平行于工件旋转轴线的方向水平运动；车削端面或切断工件时，车刀沿垂直于工件旋转轴线的方向水平运动。如果车刀的运动轨迹与工件旋转轴线成一个斜角，即可加工圆锥面。车削成形的回转体表面，可采用成形刀具法或刀尖轨迹法。

车削加工时，工件由机床主轴带动旋转做主运动，夹持在刀架上的车刀做进给运动。切削速度是旋转的工件加工表面与车刀接触点处的线速度。切削深度是每一切削行程中工件待加工表面与已加工表面间的垂直距离，但在切断和成形车削时则为垂直于进给方向的车刀与工件的接触长度。进给量表示工件每转一转车刀沿进给方向的位移量。用高速钢车刀车削普通钢材时车削速度一般为 25~60m/min，硬质合金车刀可达 80~200m/min，用涂层硬质合金车刀时最高切削速度可达 300m/min 以上。

车削加工时，在工件旋转的同时，如果车刀也以相应的转速比（刀具转速一般为工件转速的几倍）与工件同向旋转，就可以改变车刀和工件的相对运动轨迹，加工多边形（三角形、方形、菱形和六边形等）截面的工件。如果在车刀纵向进给的同时，相对于工件每一转，给刀架附加一个周期性的径向往复运动，就可以加工凸轮或其他非圆形截面的表面。在铲齿车床上，按类似的工作原理可加工某些多齿刀具（如成形铣刀、齿轮滚刀）。刀齿的后刀面，称为"铲背"。

4.1.3　普通车床的组成

在所有的车床种类中，卧式车床应用最广。卧式车床主要由床身、主轴箱、进给箱、光杠、丝杠、溜板箱、刀架、尾座和底座等组成，如图4-9所示。

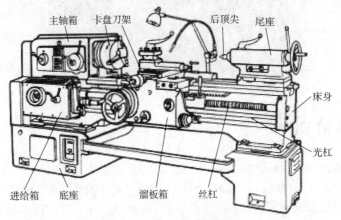

图4-9　普通车床的组成

床身是车床的基础零件，用以连接各主要部件并保证各部件有正确的相对位置。床身上的导轨，用以引导刀架和尾座相对于主轴箱进行正确的移动。

主轴箱内装主轴和主轴变速机构。主轴为空心结构，细长的通孔可穿入长棒料。通常，对于短零件而言，采用连接在主轴前端的三爪卡盘来装夹工件，如图4-10所示；对于细长轴零件而言，可在上述基础上在车床尾座加顶尖来提高工件刚性，也可在车床主轴和尾座前后均用顶尖装夹，用拨盘来传递动力。为了防止细长轴类工件在切削力作用下发生变形而影响加工精度，在加工过程中常使用中心架或跟刀架提高工件的刚性。电动机的运动经V型带传动给主轴箱，通过变速机构使主轴得到不同的转速。主轴又通过传动齿轮带动配换齿轮旋转，将运动传给进给箱。

进给箱内装进给运动的变速机构，按所需要的进给量或螺距调整来改变进给速度。

光杠、丝杠将进给箱的运动传给溜板箱。丝杠只用于车削螺纹，光杠用于除车削螺纹外的其他表面的车削。

溜板箱是车床加工进给运动的操纵箱。它可将光杠传来的旋转运动变为车刀的纵向或横向的直线运动，也可操纵对开螺母由丝杠带动刀架车削螺纹。

刀架用来夹持车刀使其做纵向、横向或斜向进给运动，由大拖板（又称大刀架）、中滑板（又称中刀架、横刀架）、转盘、小滑板（又称小刀架）和方刀架组成。刀架如图4-11所示。

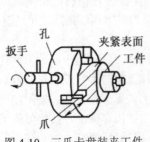

图4-10　三爪卡盘装夹工件

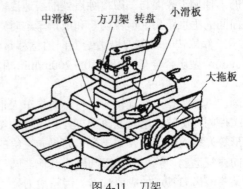

图4-11　刀架

尾座安装在车床导轨上。在尾座的套筒内安装顶尖可用来支承工件；也可安装钻头、铰刀，在工件上进行钻孔和铰孔。

4.1.4　普通车床的刀具

车刀是用于车削加工的、具有一个切削部分的刀具。车刀是切削加工中应用最广的刀具之一。车刀的工作部分就是产生和处理切屑的部分，包括刀刃、使切屑断碎或卷拢的结构、排屑或容储切屑的空间、切削液的通道等。车刀用于加工外圆、内孔、端面、螺纹、槽等。

车刀按结构可分为整体车刀、焊接车刀、机夹车刀、可转位车刀和成形车刀。其中，可转位车刀的应用日益广泛，在车刀中所占比例逐渐增加。车刀按加工表面的不同可分为外圆车刀、端面车刀、割刀、镗刀和成形车刀等。不同类型的车刀如图 4-12 所示。

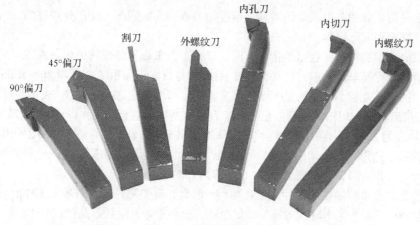

图 4-12　不同种类的车刀

车刀由刀柄和刀体两部分组成。刀柄是刀具的夹持部分。刀体（也称刀头）是车刀的切削部分，承担切削工作，也是刀具上夹固或焊接刀片的部分。刀体的切削部分要求具有高的硬度、强度、耐热性和耐磨性，以保证刀刃能够顺利从工件表面切下多余材料。最常用的刀具材料有硬质合金、高速钢等。

车刀的切削部分由主切削刃、副切削刃、前刀面、后刀面等组成。

4.1.5　安全操作知识

操作车床时必须严格遵守安全规定，以保障操作者、设备的安全。

（1）工作前按规定润滑机床，检查各手柄是否到位，并开慢车试运转 5min，确认一切正常方能操作。

（2）卡盘、夹头要上牢，开机时扳手不能留在卡盘或夹头上。

（3）工件和刀具装夹要牢固，刀杆不应伸出过长（镗孔除外）。转动小刀架要停车，防止刀具碰撞卡盘、工件或划破手。

（4）工件运转时，操作者不能正对工件站立，身体不靠车床，脚不踏油盘。

（5）高速切削时，应使用断屑器和挡护屏。

（6）禁止高速反刹车，退车和停车要平稳。

（7）清除铁屑应用刷子或专用钩。

（8）用锉刀打光工件，必须右手在前，左手在后；用砂布打光工件，要用手夹等工具，以防铰伤。

（9）一切在用工具、量具、刃具应放于附近的安全位置，做到整齐有序。

（10）车床未停稳时，禁止在车头上取工件或测量工件。

（11）车床工作时，禁止打开或卸下防护装置。

（12）临近下班，应清扫和擦拭车床，并将尾座和溜板箱退到床身的最右端。

4.2 普通车床的使用

4.2.1 普通车床的加工范围

在车床上使用不同的车刀或其他刀具，可以加工各种回转表面，如内外圆柱面、内外圆锥面、螺纹、沟槽、端面和成形面等。

车削一般分粗车和精车（包括半精车）两类。粗车力求在不降低切速的条件下，采用大的切削深度和大进给量以提高车削效率，但加工精度只能达 IT11，表面粗糙度为 $R_a20\sim10\mu m$；半精车和精车尽量采用高转速及较小的进给量和切削深度，加工精度可达 IT10～IT7，表面粗糙度为 $R_a10\sim0.16\mu m$。在高精度车床上用精细修研的金刚石车刀高速精车有色金属工件，可使加工精度达到 IT7～IT5，表面粗糙度为 $R_a0.04\sim0.01\mu m$，这种车削称为镜面车削。如果在金刚石车刀的切削刃上修研出 $0.1\sim0.2\mu m$ 的凹、凸形，则车削的表面会产生凹凸极微而排列整齐的条纹，在光的衍射作用下呈现锦缎般的光泽（可作为装饰性表面），这种车削称为虹面车削。

车削常用来加工单一轴线的零件，如直轴和一般盘、套类零件等。若改变工件的安装位置或将车床适当改装，还可以加工多轴线的零件（如曲轴、偏心轮等）或盘形凸轮。单件小批生产中，轴、盘、套等类零件多选用适应性广的卧式车床或数控车床进行加工；直径大而长度短（长径比0.3～0.8）的大型零件，多用立式车床加工。成批生产外形较复杂，具有内孔及螺纹的中小型轴、套类零件时，应选用转塔车床进行加工。大批、大量生产形状不太复杂的小型零件，如螺钉、螺母、管接头、轴套类时，多选用半自动和自动车床进行加工。半自动和自动车床的生产率很高，但精度较低。

4.2.2 普通车床的操作

1. 开车前的检查

（1）根据机床润滑图表加注润滑油脂。

（2）检查各部电气设施，手柄，传动部位，确认防护、限位装置齐全可靠、灵活。

（3）各挡住应在零位，皮带松紧应符合要求。

（4）床面不准直接存放金属物件，以免损坏床面。

（5）被加工的工件表面应无泥沙，防止泥沙掉入拖板内磨坏导轨。

（6）夹工件前必须进行空车试运转，确认一切正常后，方能装上工件。

2. 操作过程

（1）上好工件，先启动润滑油泵，油压达到机床的规定时，方可开动机床。

（2）调整交换齿轮架及挂轮时，必须切断电源。调好后，所有螺栓必须紧固，扳手应及时取下，并脱开工件试运转。

（3）装卸工件后，应立即取下卡盘扳手和工件的浮动物件。

（4）机床的尾架、摇柄等按加工需要调整到适当位置，并紧固或夹紧。

（5）工件、刀具、夹具必须装卡牢固。浮动刀具必须将引刀部分伸入工件，方可启动机床。

（6）使用中心架或跟刀架时，必须调好中心，并有良好的润滑和支承接触面。

（7）加工长料时，主轴后面伸出的部分不宜过长，若过长应装上托料架，并挂危险标志。

（8）进刀时，刀要缓慢接近工件，避免碰击；拖板来回的速度要均匀。换刀时，刀具与工件必须保持适当距离。

（9）切削车刀必须紧固，车刀伸出长度一般不超过刀厚度的 2.5 倍。

（10）加工偏心件时，必须有适当的配重，使卡盘重心平衡，车速要适当。

（11）装卡超出机身以外的工件，必须有防护措施。

（12）对刀调整必须缓慢，当刀尖离工件加工部位 40～60mm 时，应改用手动进给，不准快速进给直接吃刀。

（13）用锉刀打光工件时，应将刀架退至安全位置，操作者应面向卡盘，右手在前，左手在后。表面有键槽、方孔的工件禁止用锉刀加工。

（14）用砂布打光工件外圆时，操作者按上条规定的姿势，两手拉着砂布两头进行打光。禁止用手指夹持砂布打磨内孔。

（15）自动走刀时，应将小刀架调到与底座平齐，以防底座碰到卡盘。

（16）切断大、重工件或材料时，应留有足够的加工余量。

3. 停车操作

（1）切断电源、卸下工件。

（2）各部手柄打到零位，清点工具，打扫清洁。

（3）检查各防护装置的情况。

4.2.3　普通车床的维护与调整

车床使用中相对运动部件的磨损会使加工精度降低、性能变差。因此，为满足零件加工精度、不同的切削方式与工艺操作的要求，使机床正常运转，就必须对机床进行维护和保养。机床维护和保养的主要目的是保证机床运转精度、保证机床输出额定切削功率、保证机床刚性和减少振动、保证机床能满足加工工艺和操作要求。

1. 装夹、校正工件时的注意事项

在装夹工件前，必须先把工件上的杂质清除掉，以免杂质嵌进拖板滑动面，加剧导轨磨损或"咬坏"导轨。

在装夹及校正一些尺寸较大、形状复杂而装夹面积又较小的工件时，应预先在工件下面的车床床面上安放一块木制的床盖板，同时用压板或活络顶针顶住工件，防止它掉下来砸坏车床。若发现工件的位置不正确或歪斜，切忌用力敲击，以免影响车床主轴的精度；必须先将夹爪、压板或顶针略微松开，再进行有步骤的校正。

2. 工具和车刀的安放

工具和车刀不要放在床面上，以免损坏导轨。如需要放的话，应先在床面上盖上床盖板，把工具和车刀放在床盖板上。

（1）在砂光工件时，工件下面的床面要用床盖板或纸盖住；砂光后，仔细擦净床面。

（2）在车铸铁工件时，应在溜板箱上装护轨罩盖，同时要擦去切屑能够飞溅到的一段床面上的润滑油。

（3）不使用车床时，必须做好清洁保养工作，防止切屑或杂质进入车床导轨滑动面，把导轨"咬坏"或加剧它的磨损。

（4）在使用冷却润滑液前，必须清除车床导轨上及冷却润滑液里的污垢；使用后，要把导轨上的冷却润滑液擦干，并加机油进行润滑保养。

4.3 项目：车削综合训练——轴类零件

1. 实训目的

通过车工实训，学习车削的理论知识，掌握实际操作技能。

（1）了解车削基本原理、车床的操作、安全知识。

（2）掌握车床的具体操作过程，具备及时规避可能发生的安全事故的能力。

2. 实训任务

教师对经典、常用的车削手法进行讲解、演示，学生动手操作进行练习。

（1）讲解文明安全生产的基础知识，介绍如何提前规避可能发生的安全事故。

（2）车床的开机，工件的装夹和加工，车床的关机。

3. 实例

（1）加工图纸

车削加工的图纸如图 4-13 所示。

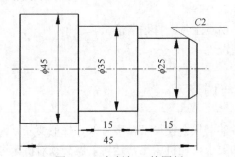

图 4-13　车削加工的图纸

（2）实训步骤

① 讲解理论知识，包括安全知识、车削原理、车床使用过程及车削精度控制方法。

② 演示操作过程。演示安全操作注意事项、车床的使用方法及车削精度控制方法。

③ 检查车削质量，对学生进行指导和评估。

（3）加工工序

① 将 $\phi 50$ 的棒料装到卡盘中，夹紧。

② 车端面。

③ 先粗车，后精车，将棒料外圆车至标准尺寸。

④ 先钻孔，后车内孔，将棒料内孔车至标准尺寸。

⑤ 将内孔倒角至标准尺寸。

⑥ 将工件长度切断至标准尺寸。

⑦ 将工件取下。

⑧ 将工件反向用软卡爪重新安装到卡盘中，夹紧。

⑨ 将内孔倒角车至标准尺寸。

⑩ 将工件取下。

5.1 | 普通铣床简介

5.1.1 普通铣床的类型

铣削加工

铣床是用铣刀对工件进行铣削加工的机床。按布局形式和适用范围，铣床的分类如下。

（1）升降台铣床。升降台铣床有万能式、卧式和立式等，主要用于加工中小型零件，应用最广。

（2）龙门铣床。龙门铣床包括龙门铣镗床、龙门铣刨床和双柱铣床，均用于加工大型零件。

（3）单柱铣床和单臂铣床。前者的水平铣头可沿立柱导轨移动，工作台做纵向进给；后者的立铣头可沿悬臂导轨水平移动，悬臂也可沿立柱导轨调整高度。两者均用于加工大型零件。

（4）工作台不升降铣床。工作台不升降铣床有矩形工作台式和圆工作台式两种。它是介于升降台铣床和龙门铣床之间的一种中等规格的铣床，其垂直方向的运动由铣头在立柱上升降来完成。

（5）仪表铣床。仪表铣床是一种小型的升降台铣床，用于加工仪器仪表和其他小型零件。

（6）工具铣床。工具铣床用于模具和工具制造，配有立铣头、万能角度工作台和插头等多种附件，还可进行钻削、镗削和插削等加工。

（7）其他铣床。其他铣床是为加工相应的工件而制造的专用铣床，如键槽铣床、凸轮铣床、曲轴铣床、轧辊轴颈铣床和方钢锭铣床等。

5.1.2 普通铣床的工作原理

铣床在工作时，工件装在工作台或分度头等附件上，铣刀旋转为主运动，辅以工作台或铣头的进给运动，工件即可获得所需的加工表面。由于是多刃断续切削，因此铣床的生产率较高。它可以对工件进行铣削、钻削和镗孔加工。

5.1.3 普通铣床的组成

铣床种类繁多，下面以卧式升降台铣床为例介绍铣床的组成。

卧式升降台铣床的主轴位置是水平的，所以习惯上称为卧铣。它由底座、床身、铣刀轴（刀杆）、悬梁、升降台、滑座及工作台等主要部分组成。卧式升降台铣床的组成如图 5-1 所示。

加工时，工件安装在工作台上，铣刀装在铣刀轴（刀杆）上。铣刀旋转做主运动，工件移动做进给运动。工件可随工作台做纵向运动；滑座沿升降台上部的导轨移动，可使工件做横向运动；升降台可沿床身导轨升降，做上下移动。悬梁的右端可安装支承座，用以支承铣刀轴的右端，以提高其刚度。

如果在卧式升降台铣床的工作台与滑座间增加一个回转盘，回转盘能在水平面内转动调整一定角度，则可变成万能卧式升降台铣床。由于回转盘调整到一定角度后，工作台可沿该方向进给，因此这种铣床除能完成卧式升降台铣床所能完成的各种加工外，还可铣削螺旋槽。

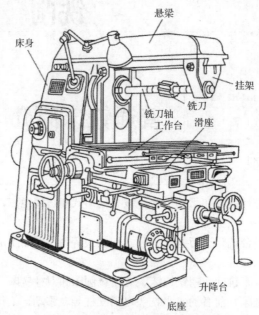

图 5-1　卧式升降台铣床的组成

　　如果卧式升降台铣床上安装一个万能铣头，则可变成万能回转头铣床。在床身顶部悬梁的位置，装有一滑座，滑座可横向调整位置；滑座前端装有万能铣头，它可在相互垂直的两个平面内各调整一定的角度。水平主轴可单独使用，也可与万能铣头同时使用（万能铣头由单独的电动机驱动）。这种铣床进一步扩大了万能卧式升降台铣床的加工范围。

5.1.4　普通铣床的刀具

　　铣刀用于在铣床上加工平面、台阶、沟槽、成形表面和切断工件等。
　　铣刀按用途和结构划分种类如下。
　　1.　按用途划分
　　（1）圆柱形铣刀：用于卧式升降台铣床上加工平面。刀齿分布在铣刀的圆周上，按齿形分为直齿和螺旋齿两种，按齿数分粗齿和细齿两种。螺旋齿粗齿铣刀齿数少，刀齿强度高，容屑空间大，适用于粗加工；细齿铣刀适用于精加工。
　　（2）面铣刀：用于立式铣床、端面铣床或龙门铣床上加工平面。刀齿分布在端面和圆周上，也有粗齿和细齿之分。其结构有整体式、镶齿式和可转位式三种。
　　（3）立铣刀：用于加工沟槽和台阶面等，刀齿一般分布在圆周和端面上，工作时不能沿轴向进给。当立铣刀上有通过中心的端齿时，可轴向进给。通常双刃立铣刀又称为键槽铣刀，可轴向进给。
　　（4）三面刃铣刀：用于加工各种沟槽和台阶面。其刀齿分布在两侧面和圆周上。
　　（5）角度铣刀：用于铣削一定角度的沟槽，有单角和双角两种。
　　（6）锯片铣刀：用于加工深槽和切断工件，其圆周上有较多的刀齿。为了减少铣切时的摩擦，刀齿两侧有 15'～1°的副偏角。
　　（7）除上述铣刀外，还有键槽铣刀、燕尾槽铣刀、T 形槽铣刀和各种成形铣刀等。
　　2.　按结构划分
　　（1）整体式铣刀：刀体和刀齿制成一体。

（2）整体焊齿式铣刀：刀齿用硬质合金或其他耐磨刀具材料制成，并钎焊在刀体上。

（3）镶齿式铣刀：刀齿用机械夹固的方法紧固在刀体上。这种可换的刀齿可以是整体刀具材料的刀头，也可以是焊接刀具材料的刀头。刀头装在刀体上刃磨的铣刀称为体内刃磨式铣刀；刀头装在夹具上单独刃磨的铣刀称为体外刃磨式铣刀。

（4）可转位式铣刀：这种结构广泛用于面铣刀、立铣刀和三面刃铣刀等。

5.1.5　安全操作知识

操作铣床时必须严格遵守安全规定，以保障操作者、设备的安全。

（1）必须熟悉铣床的结构、性能及传动系统、润滑、电气等基本知识和操作维护方法，不得超负荷使用铣床。

（2）开车前必须紧束工作服，戴好工作帽（女工应将长发塞入工作帽中），工作时严禁戴手套、围巾；检查各手柄位置是否适当；高速铣削时应戴眼镜；工作台面应加防护装置，以防铁屑伤人。

（3）操作者在开车前要检查转动部位的防护装置是否安全可靠；各工房内是否配有灭火器，并做到定期进行检查，有过期的及时更换；应会使用灭火器。

（4）使用自动走刀时，应注意不要使工作台走到极端。工作前应详细检查安全装置（如限位挡铁、限位开关）是否灵敏可靠，否则给予调整，以免发生事故。

（5）铣刀必须夹紧，刀片的套箍一定要清洗干净，以免在夹紧时将刀杆扭弯。

（6）更换刀杆时，应停车，并在刀杆的锥面上涂油，操纵变速机构至最低速度挡，然后将刀杆在横梁支架上定位，再锁紧螺母。

（7）变速时必须先停车，停车前必须先退刀。

（8）工作台与升降台移动之前，必须将固定螺丝松开；不需移动时，应将固定螺丝拧紧。

（9）装卸大件、大平口钳及分度头等需多人搬运的较重的物件时，动作要协调，注意安全以免重物伤人。

（10）装卸工件、测量、对刀、紧固心轴螺母及清扫机床时，必须停车。

（11）工件必须夹紧，垫铁必须垫平，以免发生事故。

（12）开车时不得用手试摸加工面和刀具，在清除铁屑时，应用刷子，不得用嘴吹或用手拿，不准用压缩空气吹。

（13）工作台上压紧附件、零件所用的螺钉，必须与工作台梯形槽相吻合，防止损坏工作台梯形槽。

（14）工作台上不得放置工具或其他无关物件，操作者应注意不要使刀具与工作台撞击。

5.2

普通铣床的使用

5.2.1　普通铣床的加工范围

铣床是一种用途广泛的机床，在铣床上可以加工平面（水平面、垂直面）、沟槽（键槽、T形槽、燕尾槽等）、分齿零件（齿轮、花键轴、链轮）、螺旋形表面（螺纹、螺旋槽）及各种曲面。此外，铣床还可用于对回转体表面、内孔进行加工及切断工件等。

5.2.2　普通铣床的操作

卧式升降台铣床应用较广，下面以卧式升降台铣床为例介绍铣床的操作。

（1）将机床电源开关打开，正反转开关转到正转位置上。

（2）校正机床主轴的垂直度及虎钳平行度，并把虎钳牢固地锁紧在工作平台上。

（3）将两个高度合适的垫块放在虎钳上（垫块高度取决于工件高出虎钳的高度，并且虎钳夹持部分要超过工件厚度一半以上），将工件放在垫块上，转动虎钳手柄将工件平稳地固定在虎钳上。

（4）选择合适的套筒夹，把寻边器装在机床主轴刀杆头内，将高低速转换开关转至 H 挡，主轴转动开关打到转动位置。转动主轴变速开关，将转速调整为 500～550r/min，对工件进行寻边（根据图纸要求把工件分中或者寻单边）。

（5）以分中寻边方式进行加工时，转速调好后打开紧急停止开关，按下电源开关，再将主轴转动开关打开，寻边器由主轴带动转起来，开始寻边，用手摇动左右、前后移动杆，先寻 A、B 边，寻好后 Y 轴归零；再寻 BC 边，寻好后 X 轴归零；转过来寻 CD 边，寻好后分中 Y 轴；最后寻 DA 边，再分中 X 轴，这样分中寻边就完成了。（0，0）一般与模具中心线重合，如果不重合，将其移至模具中心线归零。注意，在分中时应多次寻一条边，寻好后再寻下一边，以保证寻边更加准确。

（6）根据工件的材质和开槽的大小选择合适的铣刀，装夹在主轴夹头内。装夹刀具凸出长度应尽量减小，但不可夹持刀具刃口。刀具装夹时需夹紧。

（7）根据刀具的大小及工件的材质选择适当的转速，先在工件顶面碰刀，将铣刀直径的 1/4 对于工件上，然后用手慢慢均匀上下移动摇杆（用力不可过猛，以免损坏刀具或工件）；待碰刀后将 Z 轴归零，然后下降约 1～2mm；接着用手摇至上次归零的 0.05～0.08mm 处，再缓慢进刀；待刚好碰到工件时，再次将 Z 轴归零，Z 轴碰刀完成。

（8）进行开槽。按下主轴转动开关，根据铣刀大小、工件材质和开槽深度进行铣削工作，注意深度不能一次性到位，应分两次或两次以上进行阶段加工（包括侧壁加工）。注意，预留余量给磨床加工，一般留单边 0.15mm，然后根据图纸要求进行其他孔穴的加工。

（9）在铣削过程中，注意刀具是否有异常现象，如果有异常情况应立即停机，进行修磨或更换刀具。不可继续使用已磨损或破损的刀具。

（10）在加工过程中，选择适当的切削液，以减少刀具磨损。

5.2.3　普通铣床的维护与调整

1. 班前保养

（1）开车前检查各油池是否缺油，并按照润滑图使用清洁的机油进行加油。

（2）检查电源开关外观和作用是否良好，接地装置是否完整。

（3）检查各部件螺钉、手柄、手球及油杯等有无松动和丢失，如发现应及时拧紧和补齐。

（4）检查传动皮带状况。

（5）检查电器安全装置是否良好。

2. 班中保养

（1）观察电动机、电器的灵敏性、可靠性，注意温升、声响及振动等情况。

（2）观察各传动部件的温升、声响及振动等情况。

（3）检查床身和升降台内的柱塞油泵的工作情况，当机床运转而指示器内没有油流出时，应及时进行修理。

（4）如果发现工作台纵向丝杠轴向间隙及传动间隙明显扩大，应按要求进行调整。

（5）主轴轴承的调整。

（6）工作台快速移动离合器的调整。

（7）传动皮带松紧程度的调整。

3. 班后保养

工作后必须检查、清扫设备，做好日常保养工作，将各操作手柄（开关）置于空挡（零位），断开电源开关，达到整齐、清洁、安全。

日常保养内容如下。

（1）每 3 个月清洗床身内部、升降台内部和工作台底座的润滑油池；用汽油清洗润滑油泵的油网，每年不少于两次。

（2）每两个月用二硫化铝油剂润滑一次升降丝杠。

（3）机床各部间隙的调整。

① 主轴润滑的调整：必须保证每分钟有油通过。

② 工作台纵向丝杠传动间隙的调整，每 3 个月调整一次或根据实际使用情况进行调整。其要求是传动间隙充分减小，丝杠传动间隙不超过 1/40 转，同时在全长上都不得有卡住现象。

③ 工作台纵向丝杠轴向间隙的调整：目的是消除丝杠和螺母之间的传动间隙，同时还要使丝杠在轴线方向与工作台之间的配合间隙达到最小。

④ 主轴轴承径向间隙的调整：根据实际使用情况进行调整。

（4）工作台快速移动离合器的调整要求。

① 摩擦离合器脱开时，摩擦片之间的总和间隙不应少于 2～3mm。

② 摩擦离合器闭合时，摩擦片应紧密地压紧，并且电磁铁的铁芯要完全拉紧，如果电磁铁的铁芯配合得正确，在拉紧状态下电磁铁不会有响声。

5.3 项目：铣削综合训练——沟槽类零件

1. 实训目的

通过铣削实训，学习铣削的理论知识，掌握实际操作技能。

（1）了解铣削基本原理、铣床的操作、安全知识。

（2）掌握铣床的具体操作过程，具备及时规避可能发生的安全事故的能力。

2. 实训任务

教师对经典、常用的铣削手法进行讲解、演示，学生动手操作进行练习。

（1）讲解文明安全生产的基础知识，介绍如何提前规避可能发生的安全事故。

（2）铣床的开机，工件的装夹和加工，铣床的关机。

3. 实例

（1）加工图纸

铣削加工的图纸如图 5-2 所示。

（2）实训步骤

① 讲解理论知识，包括安全知识、铣削原理、铣床使用过程、铣削精度控制方法。

② 演示操作过程。演示安全操作注意事项、铣床的使用方法、铣削精度控制方法。

③ 检查铣削质量，对学生进行指导和评估。

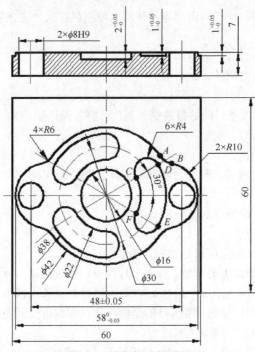

图 5-2　铣削加工的图纸

（3）加工工序

① 把虎钳牢固地锁紧在工作平台上。

② 将高度合适的垫块放在虎钳上，将工件放在垫块上，转动虎钳手柄将工件平稳地固定在虎钳上。

③ 对工件进行寻边。

④ 装夹铣刀。

⑤ 在工件表面碰刀。

⑥ 进行开槽，将开槽深度铣削至标准尺寸。

⑦ 将孔穴加工至标准尺寸。

⑧ 取下工件。

⑨ 取下虎钳。

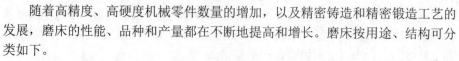

6.1 | 普通磨床简介

6.1.1 普通磨床的类型

磨削加工

磨床是利用磨具对工件表面进行磨削加工的机床。

随着高精度、高硬度机械零件数量的增加，以及精密铸造和精密锻造工艺的发展，磨床的性能、品种和产量都在不断地提高和增长。磨床按用途、结构可分类如下。

（1）外圆磨床。外圆磨床是普通型的基型系列，如图 6-1 所示。它是主要用于磨削圆柱形和圆锥形外表面的磨床。

图 6-1　外圆磨床

（2）内圆磨床。内圆磨床是普通型的基型系列，如图 6-2 所示。它是主要用于磨削圆柱形和圆锥形内表面的磨床。除外圆磨床和内圆磨床外，还有兼具内外圆磨的磨床。

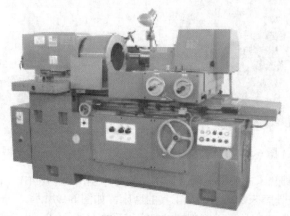

图 6-2　内圆磨床

（3）坐标磨床。坐标磨床是具有精密坐标定位装置的内圆磨床，如图 6-3 所示。

（4）无心磨床。其工件采用无心夹持，一般支承在导轮和托架之间，由导轮驱动工件旋转。无心磨床是主要用于磨削圆柱形表面的磨床，如轴承等。无心磨床如图 6-4 所示。

图 6-3　坐标磨床

图 6-4　无心磨床

（5）平面磨床。平面磨床是主要用于磨削工件平面的磨床。其中，手摇磨床适用于较小尺寸及较高精度工件加工，可加工包括弧面、平面、槽等的各种异形工件；大水磨适用于较大工件的加工，与手摇磨床相比，加工精度不高。平面磨床如图 6-5 所示。

图 6-5　平面磨床

（6）砂带磨床。砂带磨床是用快速运动的砂带进行磨削的磨床。

（7）珩磨机。珩磨机主要用于加工各种圆柱形孔（包括光孔、轴向或径向间断表面孔、通孔、盲孔和多台阶孔），还能加工圆锥孔、椭圆形孔、余摆线孔。珩磨机如图 6-6 所示。

（8）研磨机。研磨机是用于研磨工件平面或圆柱形内外表面的磨床，如图 6-7 所示。

图 6-6　珩磨机

图 6-7　研磨机

（9）导轨磨床。导轨磨床主要用于磨削机床导轨面，如图 6-8 所示。

（10）工具磨床。工具磨床是用于磨削工具的磨床，如图 6-9 所示。

（11）多用磨床。多用磨床是用于磨削圆柱、圆锥形内外表面或平面，并能用随动装置及附件磨削多种工件的磨床，如图 6-10 所示。

图 6-8　导轨磨床

图 6-9　工具磨床

图 6-10　多用磨床

（12）专用磨床。专用磨床是对某类零件进行磨削的专用机床。按其加工对象又可分为花键轴磨床、曲轴磨床、凸轮磨床、齿轮磨床、螺纹磨床、曲线磨床等。

（13）端面磨床。端面磨床是用于磨削齿轮端面的磨床，如图 6-11 所示。

图 6-11　端面磨床

6.1.2　普通磨床的工作原理

普通磨床利用高速旋转的砂轮等磨具对工件表面进行切削加工。它可以加工各种工件的内外圆柱面、圆锥面和平面，以及螺纹、齿轮和花键等特殊、复杂的成形表面。

由于磨粒的硬度很高，磨具具有自锐性，因此磨削可以用于加工各种材料（如淬硬钢、高强度合金钢、硬质合金、玻璃、陶瓷和大理石等高硬度金属和非金属材料）。

6.1.3　普通磨床的组成

不同种类的磨床，其组成部分也不尽相同。一般来说，磨床的主要组成部分包括头架、尾架、工作台、砂轮架、内圆磨具、床身等。

6.1.4　普通磨床的刀具

大多数磨床使用高速旋转的砂轮进行磨削加工；少数的磨床使用油石、砂带等其他磨具和游离磨料进行加工，如珩磨机、超精加工机床、砂带磨床、研磨机和抛光机等。

6.1.5　安全操作知识

磨床砂轮的转速很高，砂轮又比较硬、脆，经不起较重的撞击，偶然的操作不当撞碎砂轮都会造成非常严重的后果。因此，磨削加工的安全操作显得特别重要。

（1）必须采用可靠的安全防护装置。

（2）操作要精神集中，保证操作安全。

（3）采取适当的防护措施，防止操作者吸入磨削时飞溅出的微细砂屑及金属屑。

（4）开车前应认真地对机床进行全面检查，包括对操纵机构、电气设备及磁力吸盘等卡具的检查。检查后再润滑，润滑后进行试车，确认一切良好方可使用。

（5）装卡工件时要注意卡正、卡紧。在磨削过程中，工件松脱会造成工件飞出伤人或撞碎砂轮等严重后果。

（6）开始工作时，应用手调方式，使砂轮慢慢与工件接近，开始进给量要小，不可用力过猛，防止碰撞砂轮。

（7）需要用挡铁控制工作台往复运动时，要根据工件磨削长度准确调整，将挡铁紧牢。

（8）更换砂轮时，必须先进行外观检查，观察是否有外伤，再用木槌或木棒敲击，声音清脆说明无裂纹。安装砂轮时，必须按规定的方法和要求装配，静平衡调试后再进行安装、试车，一切正常后方可使用。

（9）操作人员在工作中要戴好防护眼镜，防止磨削时飞溅出的微细砂屑及金属屑伤害操作者的眼睛。

（10）修整砂轮时防止撞击。

（11）测量工件、调整或擦拭机床都要在停机后进行。

（12）用磁力吸盘时，要将盘面、工件擦净、靠紧、吸牢，必要时可加挡铁，防止工件移位或飞出。

（13）要注意装好砂轮防护罩或机床挡板。

（14）不要站在高速旋转砂轮的正面。

6.2
普通磨床的使用

6.2.1　普通磨床的加工范围

磨床能加工硬度较高的材料，如淬硬钢、硬质合金等；也能加工脆性材料，如玻璃、花岗石等。磨床能进行高精度和表面粗糙度很小的磨削，也能进行高效率的磨削，如强力磨削等。

6.2.2　普通磨床的操作

（1）安放工件：砂轮升高到一定高度；将磁力吸盘擦拭干净；加适当高度的挡铁；磁力吸盘吸

牢工件。

（2）砂轮启动后观察 1～2min，确认砂轮转动平稳。

（3）砂轮接近工件，快要接触工件时改用手摇。

（4）手动升降磨头，横向移动工作台，调整挡位开关。

（5）将工件磨削至标准尺寸。

（6）取下工件。

（7）停机、断电，用专门工具清扫工作台表面的铁屑，做好场地卫生。

6.2.3　普通磨床的维护与调整

（1）下班前对磨床的工作台及周边进行整理；观察磨床四周，查看是否漏油及漏水。

（2）每周定点查看磨床导轨润滑情况，如太大或太小可根据油量调整指示牌调整；拆下砂轮法兰对主轴鼻端表面、法兰内圆锥面做防锈处理，防止时间太长，主轴与法兰锈死。

（3）15～20 天对磨床冷却水箱进行一次清理；3～6 个月内更换机床导轨润滑油，更换导轨时清洗润滑油池及油泵的过滤网；每年更换液压油，并清洗油箱及过滤网。

（4）磨床闲置二三天以上时，应把工作台面清理干净、擦干，上防锈油（以防台面生锈）。

6.3 其他磨削方法

6.3.1　砂轮机

砂轮机是用来刃磨各种刀具、工具的常用设备，也用于对普通小零件进行磨削、去毛刺及清理等工作。其主要由基座、砂轮、电动机或其他动力源、托架、防护罩和给水器等组成。砂轮机可分为手持式砂轮机、立式砂轮机、悬挂式砂轮机、台式砂轮机等。砂轮机如图 6-12 所示。

砂轮机中的砂轮又称为固结磨具，由结合剂将普通磨料固结成一定形状（多数为圆形，中央有通孔），并具有一定强度。其一般由磨料、结合剂和气孔构成，这三部分常称为固结磨具的三要素。按照结合剂的不同分类，常见的有陶瓷砂轮、树脂砂轮、橡胶砂轮。砂轮是磨具中用量最大、使用最广的一种。砂轮机可对金属或非金属工件的外圆、内圆、平面和各种成形面等进行粗磨、半精磨和精磨以及开槽和切断等。砂轮如图 6-13 所示。

图 6-12　砂轮机

图 6-13　砂轮

砂轮机的使用注意事项如下。

（1）根据要加工器件的材质和加工精度要求，选择砂轮的粗细。较软的金属材料（如铜和铝），应使用较粗的砂轮；加工精度要求较高的器件，要使用较细的砂轮。

（2）根据要加工的形状，选择相应的砂轮面。

（3）所用砂轮不得有裂痕、缺损等，安装一定要稳固。在使用过程中应时刻注意，一旦发现砂轮有裂痕、缺损等，立刻停止使用并更换；砂轮活动时，应立刻停机紧固。

（4）磨削时，操作人员应戴防护眼镜，以防止飞溅的微细砂屑及金属屑对人体的伤害。

（5）施加在被磨削器件上的压力应适当，压力过大将产生过热而使加工面退火，严重时被加工器件将报废，同时造成砂轮寿命缩短。

（6）对于宽度小于砂轮磨削面的器件来说，在磨削过程中不要始终在砂轮的一个部位进行磨削，应在砂轮磨削面上以一定的周期左右平移，目的是使砂轮磨削面保持相对平整，便于以后的加工。

（7）为了防止被磨削的器件加工面过热退火，可随时将磨削部位浸入水中冷却。

（8）定期测量电动机的绝缘电阻（应保证不低于 5MΩ）。应使用带漏电保护装置的断路器与电源连接。

6.3.2　研磨

研磨是利用涂敷或压嵌在研具上的磨料颗粒，通过研具与工件在一定压力下的相对运动对加工表面进行精整加工（如切削加工）。研磨可用于加工各种金属和非金属材料，加工的表面形状有平面、内外圆柱面和圆锥面、凸凹球面、螺纹、齿面及其他成形面，加工精度可达 IT5～IT1，表面粗糙度 R_a 可达 0.63～0.01μm。研磨机如图 6-14 所示。

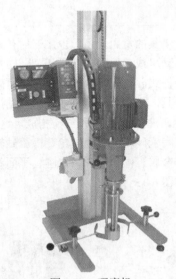

图 6-14　研磨机

研磨方法一般可分为湿研、干研、半干研三类。

湿研又称敷砂研磨，把液态研磨剂连续加注或涂敷在研磨表面，磨料在工件与研具间不断滑动和滚动，形成切削运动。湿研一般用于粗研磨，所用微粉磨料粒度粗于 W7。

干研又称嵌砂研磨，把磨料均匀地压嵌在研具表面，研磨时只需在研具表面涂少量的硬脂酸、混合脂等辅助材料即可。干研常用于精研磨，所用微粉磨料粒度细于 W7。

半干研类似湿研，所用研磨剂是糊状研磨膏。

研磨既可用手工操作，也可在研磨机上进行。工件在研磨前须先用其他加工方法获得较高的预加工精度，所留研磨余量一般为 5～30μm。

研具既是将工件研磨成形的工具，又是研磨剂的载体。其硬度应低于工件的硬度，又要有一定的耐磨性，常用灰铸铁制成。湿研研具的金相组织以铁素体为主。干研研具则以均匀细小的珠光体为基体。研磨 M5 以下的螺纹和形状复杂的小型工件时，常用软钢研具；研磨小孔和软金属材料时，大多采用黄铜、紫铜研具。研具应有足够的刚度，其工作表面要有较高的几何精度。在研磨过程中，研具也受到切削和磨损。如操作得当，它的精度也可得到提高，使工件的加工精度能高于研具的原始精度。

正确处理好研磨的运动轨迹是提高研磨质量的重要条件。在平面研磨中，一般要求如下。

（1）工件相对研具的运动，要尽量保证工件上各点的研磨行程长度相近。

（2）工件运动轨迹均匀地遍及整个研具表面，以利于研具均匀磨损。

（3）运动轨迹的曲率变化要小，以保证工件运动平稳。

（4）工件上任一点的运动轨迹尽量避免过早出现周期性重复。

6.3.3 超精加工

超精加工是利用装在振动头上的细磨粒油石对工件进行微量切削的一种磨料精密加工方法。超精加工一般安排在精磨工序后进行，其加工余量仅几微米，适于加工曲轴、轧辊、轴承环和各种精密零件的外圆、内圆、平面、沟道表面和球面等。超精加工应用范围日趋广泛，在高新技术领域、军用工业以及民用工业中都有广泛应用。

与普通磨削加工比较，超精加工能在几秒至几十秒内，把工件的表面粗糙度由 0.63～0.16μm 改善到 0.08～0.01μm，并能有效地去除普通磨削产生的振痕、波纹、螺旋线等缺陷，以及极易磨损的凸峰和变质层，从而大大提高工件的使用寿命。超精加工常用的油石的磨料粒度为 W0.5～W28，粒度越细加工表面越光洁。

6.4 项目：磨削综合训练——平面精磨类零件

1. 实训目的

通过磨削实训，学习磨削的理论知识，掌握实际操作技能。

（1）了解磨削基本原理、磨床的操作、安全知识。

（2）掌握磨床的具体操作过程，具备及时规避可能发生的安全事故的能力。

2. 实训任务

教师对经典、常用的磨削手法进行讲解、演示，学生动手操作进行练习。

（1）讲解文明安全生产的基础知识，介绍如何提前规避可能发生的安全事故。

（2）磨床的开机，工件的装夹和加工，磨床的关机。

3. 实例

（1）加工图纸

磨削加工的图纸如图 6-15 所示。

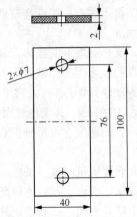

图 6-15　磨削加工的图纸

（2）实训步骤

① 讲解理论知识，包括安全知识、磨削原理、磨床使用过程及磨削精度控制方法。

② 演示操作过程。演示安全操作注意事项、磨床的使用方法、磨削精度控制方法。

③ 检查磨削质量，对学生进行指导和评估。

（3）加工工序

① 安装工件（可用强电磁力吸附在工作台上）。

② 调整磨床的进给速度。

③ 调整砂轮上下位置，使之接近工件。

④ 砂轮开启、切削液开启，试切对刀，让工件运动直至冒出火花，对刀结束。

⑤ 进行磨削加工，将工件加工至标准尺寸。

⑥ 关切削液、工作台、砂轮，取下工件。

7.1 焊接与焊接实训

7.1.1 焊接概述

焊接是通过加热、加压或两者并用（可能还使用填充材料），使分离的金属牢固地连接在一起的加工方法。钎焊焊接具有节省金属、降低劳动强度、减轻结构质量、提高产品质量（强度大、气密性好）等优点。

焊接在造船、航空、机械制造等工业部门获得了非常广泛的应用。

焊接从工艺上主要分为以下三类。

（1）熔焊。熔焊是在焊接过程中将工件接口加热至熔化状态，不加压力完成焊接的方法。

（2）压焊。压焊是在加压条件下，使两工件在固态下实现原子间结合的方法，又称固态焊接。

（3）钎焊。钎焊是在低于母材熔点而高于钎料熔点的温度下，对钎料与母材一起加热，钎料熔化后通过毛细作用，扩散并填满接头间隙而形成牢固接头的焊接方法。

焊接技术主要应用在金属母材上，常用的有电弧焊、氩弧焊、二氧化碳气体保护焊、氧乙炔焊、激光焊接、电渣压力焊等。塑料等非金属材料也可进行焊接。

7.1.2 焊接实训

焊接实训可以使学生了解、学习、掌握焊接理论知识及实际操作技能。教师对焊接技术进行讲解、演示，然后学生动手操作进行练习。

通过这种实训方法，学生能快速掌握常用的焊接操作技法及基础知识。

（1）熟悉焊接方法的种类，熟悉钢材、铸铁、铝及铝合金、铜及铜合金等金属材料的焊接方法。

（2）熟悉焊接的有关设备，熟悉焊接材料及选用原则。

（3）初步掌握手工电弧焊、气焊等焊接方法。

7.2 手工电弧焊

7.2.1 手工电弧焊的原理、特点和应用

手工电弧焊

手工电弧焊是利用电弧燃烧的热量来熔化母材和焊条的一种手工操作的焊接方法。

1. 原理

把焊钳和焊件用导线分别接到弧焊机输出端（弧焊电源两极），并用焊钳夹持焊条。焊接时，先在焊件和焊条之间引出电弧（焊条和焊件作为两个电极，在两极间发生长时间的放电现象叫电弧），

利用电弧的高温（约 8000℃）将焊条和焊件熔化，形成金属熔池。手工操纵焊条并引导电弧沿焊接方向前移，不断形成新的金属熔池，被熔化的金属迅速冷却，凝固成焊缝，使两部分金属材料牢固地连接在一起。焊条电弧焊焊接回路如图 7-1 所示。

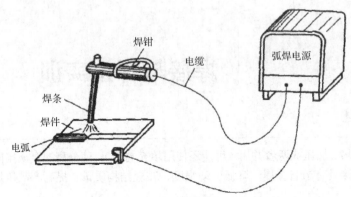

图 7-1　焊条电弧焊焊接回路

2. 特点

由于电弧温度很高、热量集中、加热速度快，因此焊件变形小，生产效率高，焊接时操作简单，易于自动化，成本低。

3. 应用范围

由于上述特点，手工电弧焊在工业上使用非常广泛。手工电弧焊可焊接铸铁、不锈钢、铜、铝等金属材料，尤其适合于厚度较大、熔点较高的材料。

7.2.2　手工电弧焊所用的设备、工具与电焊条

1. 弧焊机

常用手弧焊机分为直流弧焊机和交流弧焊机两类。

（1）直流弧焊机

直流弧焊机有两种：一种是旋转式直流弧焊机，它是由一台电动机带一直流发电机组成，一般通过改变电刷位置进行电流粗调节、利用变阻器改变激磁线圈的电流实现电流细调节，改变焊机的电压来调节焊接电流的大小；另一种是整流式直流弧焊机（焊接整流器），它是在交流弧焊机上加整流器，将交流电变为直流电。目前，多用硅二极管（或可控硅）整流电源来作为直流焊接电源，其特点是耗电省、噪声低、体积小、质量轻。直流弧焊机有正接法和反接法。由于直流电焊接时正极的温度比负极温度高，根据不同工件的需要，可用不同的接法。正接法为正极接焊件、负极接焊钳；反之为反接法。一般情况下焊件需要热量比焊条多，常用正接法；焊接薄件、有色金属、不锈钢时一般采用反接法。直流弧焊机的优点是电弧稳定，操作较方便，热量分配平衡；缺点是设备较复杂，维修较麻烦，有时会产生磁偏吹现象。

（2）交流弧焊机

交流弧焊机是专供焊接的特殊降压变压器。其结构简单，由一台变压器和电抗器组成。变压器的初级线圈接 380V 或 220V 的交流电，次级线圈比初级为少，其输出电压为 60～80V；电抗器线圈串联在次级线圈的电路中，作用是防止短路电流过大而烧坏焊机。电流大小的粗调节是改变焊机输出端的接线位置，改变接线位置的电流调节范围为 50～180A 或 160～450A。电流大小的细调节是用后面的手柄顺时针旋转，使活动铁芯移进主铁芯，增加磁分路使电流减小；反之，铁芯退出，则

电流增大。交流弧焊机使用较多，它没有正反接法之分。

（3）弧焊机的特殊要求

① 弧焊机的空载电压（引弧电压）既要易于引燃电弧，又要保证操作者的安全。一般电焊机空载电压为 60～80V。

② 弧焊机的短路电流不应太大，一般不超过焊接电流的 50%，同时要求在焊接过程中电流的变动范围要小。

③ 焊接过程稳定，随着电弧长度的变化，弧焊机的电压应迅速改变。当电弧长度增加或减少时，电弧电压也应升高或降低。一般弧焊机的电弧电压（工作电压）为 25～40V。

④ 弧焊机应具有适当的功率和良好的调节焊接电流的性能，以便根据不同要求和焊接条件选用需要的焊接电流。

2. 工具

手工电弧焊的主要工具有电焊钳、电缆、面罩、电焊手套、工作服、绝缘鞋等。

3. 电焊条

电焊条是由焊芯和药皮两部分组成的。

（1）电焊条的规格是指焊条的直径和长度，如表 7-1 所示。

表 7-1　　　　　　　　　　　　　　　　　　　　电焊条的规格

焊条直径/mm	2.0	2.5	3.2	4.0	5.0	5.8
焊条长度/mm	250	250	350	350	400	400
				400		
	300	300	400	450	450	450

（2）焊芯的作用

① 传导焊接电流，产生电弧。

② 作为填充金属与熔化的母材熔合形成焊缝。焊芯金属占整个焊缝金属的 50%～70%，所以焊芯质量好坏将直接影响焊缝质量。

（3）药皮的作用如下。

① 使电弧容易引燃和保持电弧燃烧的稳定性。

② 在电弧的高温作用下，产生大量气体，并形成熔渣，以保护熔化金属不被氧化烧损；同时，药皮中一些有益的合金元素可改善焊缝质量。

7.2.3　手工电弧焊的工艺过程及规范

手工电弧焊的接头形式有对接、搭接、角接和 T 形接四种，如图 7-2 所示。按照焊缝的空间位置不同，电焊操作可分为平焊、横焊、立焊和仰焊四种，如图 7-3 所示。

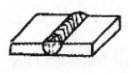 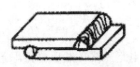 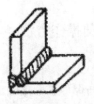 

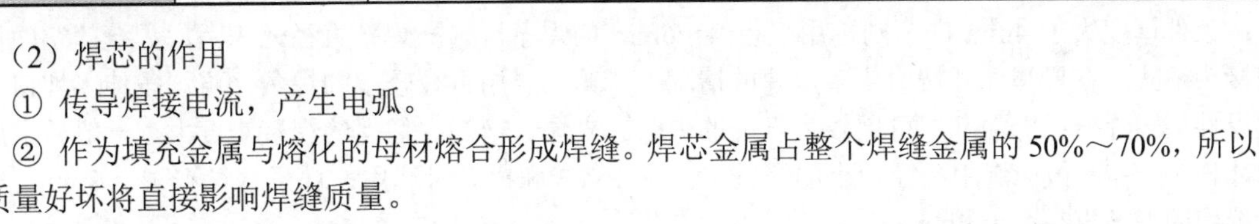

（a）对接　　　　　　　（b）搭接　　　　　　　（c）角接　　　　　　（d）T 形接

图 7-2　焊接接头形式

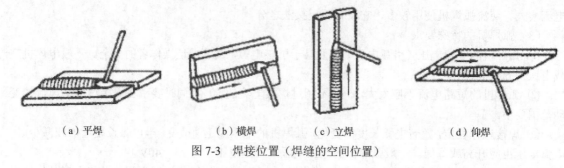

（a）平焊　　　　　　（b）横焊　　　（c）立焊　　　　　　（d）仰焊

图 7-3　焊接位置（焊缝的空间位置）

1. 焊前准备

（1）修坡口。为了保证焊件材料厚度超过 8mm 的焊件能充分焊透和得到优良的焊接质量，通常会在焊件边缘修坡口，常见的坡口形式有 V 形、K 形、X 形、U 形等。薄焊件则不必开坡口。

（2）焊件表面清理。在焊接过程中，焊件上粘有的氧化物、油、锈、水等可能会渗入焊缝，降低焊接质量，所以必须将焊接部位清理干净。常用的清理方法有喷砂、化学药剂清理以及用钢丝刷刷掉焊件表面杂质。

（3）焊件的装配和预点焊。焊接零件或构件按照焊接结构的要求放置在一定的位置；然后，可预先间隔地焊上几段焊缝，固定位置；必要时还必须用型架和夹具，控制和减小焊接变形。

2. 手工电弧焊工艺规范

要得到优良的焊接质量，必须制定焊接规范。手工电弧焊的焊接规范主要指焊条直径和焊接电流的选择。另外，电弧长度、焊条角度、焊接速度也要根据情况进行选择。

（1）焊条直径的选择

焊条直径主要根据焊件的厚度选择。焊件厚度在 4mm 以下的，采用直径小于或等于 4mm 的焊条；工件厚度大于 4mm 的，则选用直径 4～6mm 的焊条。选择焊条直径还需考虑焊缝的空间位置和接头形式。在厚焊件开坡口要多层焊的情况下，第一层用直径较小的焊条，将焊条伸入坡口，保证焊件根部焊透；上面几层可用较大直径的焊条。立焊、横焊、仰焊的焊接难度大，一般要求熔池的体积小一些，故应选用直径较小的焊条。一般，立焊和横焊时选用的焊条直径不大于 5mm，仰焊时选用的焊条直径小于 4mm。

（2）焊接电流的选择

焊接电流的大小对焊接质量和生产率有较大影响。电流过小时，电弧稳定，但易造成未焊透及夹渣等缺陷，而且生产率低；电流过大时，则易产生咬边和焊穿等缺陷，同时增加金属飞溅。

焊接电流一般按焊条直径根据下式估算。

$$I=（35～55）d$$

式中 I 为焊接电流，单位 A；d 为焊条直径，单位 mm。

上式计算出的焊接电流只供参考，实际使用时还应根据具体情况灵活掌握。选择焊接电流还需考虑焊缝空间位置、接头形式、焊接层次等因素。立焊、横焊时电流减小 10%～15%，而仰焊电流要减小 15%～20%。

7.2.4　手工电弧焊的操作方法

1. 引弧

引弧是把焊条末端与焊件表面接触，使电路短路，然后再将焊条拉开一段距离（小于 5mm），电弧即被引燃。具体操作时有两种方法：接触法（碰击法）和摩擦法（擦划法），如图 7-4 所示。

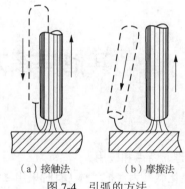

（a）接触法　　　　　　（b）摩擦法

图 7-4　引弧的方法

引弧的操作要领如下。

（1）焊条提起要快，否则易产生粘条。粘条时，只需将焊条左右摇动即可脱离。为了防止粘条和顺利地引燃电弧，应该采取轻击、快提、提起短（小于 5mm）的方法。摩擦法不易粘条，适于初学者采用。

（2）若焊条与焊件接触面不能起弧，往往是焊条端部有药皮妨碍导电。这时应将这些绝缘物清除，以利导电。

2.　平焊的操作要领

水平位置的堆焊是最简单的基本操作。开始练习时，主要掌握好"三度"，即电弧长度、焊条角度和焊接速度。

（1）电弧长度。焊接时焊条送进不及时，电弧就会拉长，影响质量，电弧的合理长度约等于焊条直径。

（2）焊条角度。焊条与焊缝两侧焊件平面的夹角应当相等，如平板对两边的角度均应等于 90°；而焊条与焊缝末端的夹角为 70°～80°。这样就可以使焊件深处熔深、熔透。电弧吹力还有小部分朝已焊方向吹，阻碍熔渣向未焊部分流，防止形成夹渣而影响焊缝质量。初学操作时，必须特别注意在焊条从长变短的过程中，焊条的角度容易随之改变。

（3）焊接速度。起弧以后熔池形成，焊条要均匀地沿焊缝向前运动，运动速度（焊接速度）应均匀而适当。太快和太慢都会降低焊缝的外观质量和内部质量。焊速适当时，焊道的熔宽均等于焊条直径的 2～3 倍，表面平整，波纹细密；焊速太快时，焊道窄而高，波纹粗糙，熔化不良；焊速太慢时，熔宽过大，焊件易被烧穿。

7.2.5　手工电弧焊的安全规则

（1）弧焊机在使用之前，应检查弧焊机接地是否良好。

（2）焊接时必须穿好工作服，戴好工作帽和电焊手套，使用面罩，并且工作鞋和电焊手套必须保持干燥。

（3）切勿用手接触刚焊过的高温焊件和焊条，应使用钳子夹持高温焊件。

（4）焊接时为了防止其他人员受弧光伤害，工作场地应使用屏风。

（5）焊接导线切勿放在电弧附近或高温焊件上，以免烧坏绝缘层。焊钳或弧焊机出现故障时，应切断电源进行检查。

（6）敲击、清理焊渣时，注意防止高温焊渣飞入眼内或烫伤皮肤。

（7）焊接工作结束，应切断电流。焊钳不要放在工作台上。

7.3 | 其他焊接方式

7.3.1 二氧化碳气体保护焊

1. 二氧化碳气体保护焊的原理、特点和应用

二氧化碳气体保护焊是以二氧化碳气为保护气体（有时采用二氧化碳+氩气的混合气体）进行焊接的方法，如图 7-5 所示。

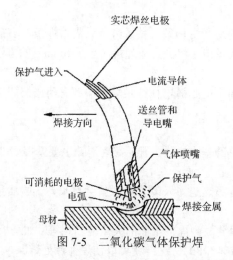

图 7-5　二氧化碳气体保护焊

二氧化碳气体保护焊焊接时，在焊丝与焊件之间产生电弧。焊丝自动送进，被电弧熔化形成熔滴并进入熔池；二氧化碳气体经喷嘴喷出，包围电弧和熔池，起隔离空气和保护焊接金属的作用。同时，二氧化碳还参与冶金反应，其在高温下的氧化性有助于减少焊缝中的氢。

二氧化碳气体保护焊特点如下。

（1）焊接成本低。其成本只有埋弧焊、焊条电弧焊的 40%～50%。

（2）生产效率高。其生产效率是焊条电弧焊的 1～4 倍。

（3）操作简便。明弧，不限焊件厚度；可进行全位置焊接，而且可以向下焊接。

（4）焊缝抗裂性能高。焊缝低氢且含氮量也较少。

（5）焊后变形较小。角变形为千分之五，不平度只有千分之三。

（6）焊渣飞溅小。采用超低碳合金焊丝或药芯焊丝，或在二氧化碳中加入氩气，都可以降低焊渣飞溅。

二氧化碳气体保护焊操作简单，适合自动化焊接、全位置焊接等场合。在焊接时不能有风，适合室内作业。由于它成本低、二氧化碳气体易生产，因此广泛应用于各类企业。

2. 二氧化碳气体保护焊所用的设备、工具与焊丝

二氧化碳气体保护焊设备主要组成部分有焊接电源、送丝机构、焊枪、供气系统（包括气瓶、预热器、干燥器、减压器、流量计、气阀、胶管等）和控制系统，如图 7-6 所示。

（1）焊接电源：提供焊接使用的电流和电压。

（2）送丝机构：将焊丝盘中的焊丝送到焊枪出口处。

（3）焊枪：输出二氧化碳气体和导电的焊丝。

图 7-6 二氧化碳气体保护焊设备

（4）供气系统：将二氧化碳液体气瓶内的二氧化碳液体转为气体，使其经过降压进入管路，以一定的流量从喷嘴中射出。

（5）控制系统：

① 控制焊接启动和停止；

② 调节电弧电压和焊接电流；

③ 控制和调节收弧电流和收弧电压；

④ 焊前检查气体的输送和焊丝的给送。

辅助用具有面罩、电焊手套、工作服、绝缘鞋、焊烟净化器、焊烟除尘器等。

焊丝按直径可分为细丝（0.8～1.2 mm）、中丝（1.2～1.4 mm）、粗丝（1.4～1.6mm）。

焊丝按种类可分为药芯和实心焊丝两种。

3. 二氧化碳气体保护焊的工艺过程及规范

焊丝的直径通常根据焊件的厚薄、施焊的位置和效率等要求来选择。焊接薄板或中厚板的全位置焊缝时，多采用直径为 1.6mm 以下的焊丝（称为细丝二氧化碳气体保护焊）。焊丝直径的选择如表 7-2 所示。

表 7-2 　　　　　　　　　　　　　　焊丝的直径选择

焊丝直径/mm	熔滴过渡形式	可焊板厚/mm	施焊位置
0.5～0.8	短路过渡	0.4～3	各种位置
	细颗粒过渡	2～4	平焊、横角
1.0～1.2	短路过渡	2～8	各种位置
	细颗粒过渡	2～12	平焊、横角
1.6	短路过渡	2～12	平焊、横角
	细颗粒过渡	>8	平焊、横角
2.0～2.5	细颗粒过渡	>10	平焊、横角

焊接电流的大小主要取决于送丝速度。送丝的速度越快，焊接的电流就越大。焊接电流对焊缝的熔深的影响最大。当焊接电流为 60～250A，即以短路过渡形式焊接时，焊缝熔深一般为 1～2mm；只有电流在 300A 以上时，熔深才明显增大。

短路过渡时，电弧电压可用下式计算：

$$U=0.04I+16\pm2（V）$$

当电流在 200A 以上时，电弧电压可用下式计算：

$$U=0.04I+20\pm2\text{（V）}$$

半自动焊接时熟练的焊工的焊接速度为 18～36m/h，自动焊时焊接速度可高达 150m/h。

一般情况下，焊丝的伸出长度约为焊丝直径的 10 倍，并随焊接电流的增加而增加。

正常焊接时，200A 以下薄板焊接，二氧化碳的流量为 10～25L/min；200A 以上厚板焊接，二氧化碳的流量为 15～25L/min；粗丝大规模自动焊时，二氧化碳的流量为 25～50L/min。

电流一般为 150～350A，常用 200～300A。

电压一般为 22～40V，常用 26～32V。

干伸长度：焊丝从导电嘴前端伸出的长度一般为焊丝直径的 10～15 倍，即 10～15mm。

焊接速度：每分钟焊接的焊缝长度，单焊道时为 300～500mm/min，个别达到 25000mm/min（如截齿焊丝 LQ605）；摆动焊接时为 120～200mm/min。

4. 二氧化碳气体保护焊的操作方法

操作前应按规定穿戴好个人防护用品，包括工作帽和手套，防止弧光伤害，防止烫伤。焊接前应仔细检查气瓶送气管有无损坏、堵塞，连接是否严密。检查焊件与地线、焊枪、送丝机、气瓶、气压表、气管等的连接是否正确、可靠。如果面板上有大小电流挡，电压 5 挡以下用小电流挡。

工作时将绕有焊丝的焊丝盘装到送丝盘轴上，根据焊丝直径调节送丝轮和导电阻，并将焊丝手动送入送丝软管，压好送丝轮。打开焊机电源，将"电压调节"开关打到所需挡位，电流调节到合适位置；对于直径为 0.8～1.0mm 焊丝，送丝速度大致在 3～6m/min。根据实际需要选择焊接方式：焊接连续的长缝时，将"点焊""断续焊"两旋钮逆时针旋至尽头；自动补焊缝时，将"点焊"旋钮打开，并按需要调节焊接时间；自动断续焊时，打开"点焊""断续焊"的旋钮，匹配相应的焊接循环时间和焊接时间。打开气瓶阀门，调节气体流量，一般选择 3～5L/min，同时应检查气路是否漏气。按"下枪"开关，观察送丝、送气是否正常。手持焊枪，使喷嘴高出工件 10mm 左右，与焊缝垂直方向成 10°～20°角，可以先用焊丝对准焊缝。按"下枪"开关，电弧引燃后，沿焊缝方向均匀移动焊枪，并根据实际情况调整焊接规范。

焊接操作结束后，关上气瓶阀门，松开送丝机的压丝手柄，按"下枪"开关放掉气压表中的余气，最后关掉焊机电源和总电源。确认场地安全无火种后，整理场地，保持场地整洁。

5. 二氧化碳气体保护焊的安全规则

（1）作业前，二氧化碳气体应预热 15min。开气时，操作人员必须站在瓶嘴的侧面。

（2）作业前，应检查并确认焊丝的进给机构、电线的连接部分、二氧化碳气体的供应系统及冷却水循环系统合乎要求。焊枪冷却水系统不得漏水。

（3）二氧化碳气体瓶宜放阴凉处（其最高温度不得超过 30℃），并应放置牢靠，不得靠近热源。

（4）二氧化碳气体预热器端的电压不得大于 36V。作业完成后，应切断电源。

（5）焊接操作人员及配合人员必须按规定穿戴劳动防护用品并采取防止触电、高空坠落、瓦斯中毒和火灾等事故的安全措施。

（6）现场使用的焊机，应设有防雨、防潮、防晒的机棚，并应装设相应的消防器材。

（7）高空焊接或切割时，必须系好安全带，焊接周围和下方应采取防火措施，并应有专人监护。

（8）当需施焊受压容器、密封容器、油桶、管道、沾有可燃气体和溶液的焊件时，应先消除容器及管道内压力，消除可燃气体和溶液，然后冲洗有毒、有害、易燃物质；对存有残余油脂的容器，应先用蒸汽、碱水冲洗，并打开盖口，确认容器清洗干净后，再灌满清水方可进行焊接。在容器内焊接应采取防止触电、中毒和窒息的措施。焊、割密封容器时应留出气孔，必要时在进、出气口处装设通风设备；容器内照明电压不得超过 12V，焊工与焊件间应绝缘；容器处应设专人监护。严禁在已喷涂过油漆或塑料的容器内进行焊接。

（9）严禁对承压状态的压力容器及管道、带电设备、承载结构的受力部位，以及装有易燃、易爆物品的容器进行焊接和切割。

（10）焊接铜、铝、锌、锡等有色金属焊件时，应通风良好，焊接人员应戴防毒面具、呼吸滤清器或采取其他防毒措施。

（11）当清理焊缝、焊渣时，应戴防护眼镜，头部应避开焊渣飞溅的方向。

（12）雨天不得露天焊接。在潮湿地带作业时，操作人员应站在铺有绝缘物品的地方，并应穿绝缘鞋。

7.3.2 氩弧焊

1. 氩弧焊的原理、特点和应用

氩弧焊是在普通电弧焊的基础上，利用氩气对金属焊材进行保护，通过大电流使焊材在被焊基材上熔化成液态形成熔池，使被焊金属和焊材达到冶金结合的一种焊接技术。

在主回路、辅助电源、驱动电路、保护电路等方面，氩弧焊与手工电弧焊的工作原理是相同的。区别是通氩气作为保护气体，将空气隔离在焊区之外，防止焊区的氧化。氩弧焊的原理如图7-7所示。

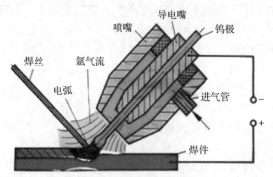

图 7-7　氩弧焊的原理

氩弧焊的优点是效率高、电流密度大、热量集中、熔敷率高、焊接速度快、容易引弧；但由于其弧光强烈、烟气大，因此需加强防护。

氩弧焊在高温熔融焊接中不断送上氩气，使焊材不能和空气中的氧气接触，从而防止焊材的氧化，因此可以焊接不锈钢、铁类金属。

2. 氩弧焊所用的设备、工具与焊丝

氩弧焊设备包括焊接电源（一般为逆变直流、逆变直流脉冲、逆变交流脉冲）、氩气瓶、焊把、冷却系统（常常与电源整合）、行走机构、变位机构等，如图7-8所示。

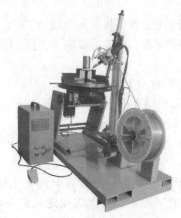

图 7-8　氩弧焊设备

辅助用具有面罩、电焊手套、工作服、绝缘鞋、通风设备等。

常用的氩弧焊丝直径为 0.8mm、1.0mm、1.2mm、1.5mm、1.6mm、2.0mm、2.4mm、2.5mm、3.2mm。

3. 氩弧焊的工艺过程及规范

焊接前，管口应做 30° 的坡口，管端内外 15mm 范围内应打磨出金属本色。管道对口间隙为 1~3mm。实际对口间隙过大时，需先在管道坡口一侧堆焊过渡层。搭建临时避风设施，严格控制焊接作业处的风速（风速超过一定范围，极易产生气孔）。

熄弧与焊条电弧焊不同，如熄弧过快，则易产生弧坑裂纹。操作时要将熔池引向边缘或母材较厚处，然后逐渐缩小熔池，慢慢熄弧，最后关闭保护气体。

焊丝的选用，应查询相关资料。

4. 氩弧焊的操作方法

（1）作业前

① 检查焊机电源线、引出线及各接点连接是否牢固，二次接地线严禁接在焊机壳体上。

② 焊机接地线及焊接工作回路线不准搭接在易燃易爆的物品上，不准搭接在管道和电力、仪表保护套以及设备上。

③ 移动式焊机拆接线均由电工进行。

（2）作业中

① 不准强制送电。

② 电门箱内禁止存放一切物件，焊机不准随意借他人使用。

③ 焊枪严禁敲击，严禁用枪带拖拉焊机，以防意外发生。

（3）作业后

① 切断电源和气源，对焊机进行清洁后方可离开工作岗位。

② 焊机移动必须先停电，拆下电源线再移动，严禁带电移动焊机。

③ 作业结束后应清扫场地，妥善保管焊机。

5. 氩弧焊的安全规则

（1）通风措施

氩弧焊工作现场要有良好的通风装置，以排除有害气体及烟尘。除厂房通风外，可在焊接工作量大、焊机集中的地方安装几台轴流风机向外排风。

此外，还可采用局部通风的措施将电弧周围的有害气体抽走，如采用明弧排烟罩、排烟焊枪、轻便小风机等。

（2）防射线措施

尽可能采用放射剂量极低的铈钨极。钍钨极和铈钨极加工时，应采用密封式或抽风式砂轮磨削，操作者应佩戴口罩、手套等个人防护用品，加工后要洗净手脸。钍钨极和铈钨极应放在铝盒内保存。

（3）防高频措施

为了防备和削弱高频电磁场的影响，采取的措施如下。

① 焊件良好接地，焊枪电缆和地线要用金属编织线屏蔽。

② 适当降低频率。

③ 尽量不要使用高频振荡器作为稳弧装置，缩减高频电作用时间。

（4）其他个人防护措施

氩弧焊时，由于臭氧和紫外线作用强烈，宜穿戴非棉布工作服（如耐酸呢、柞丝绸等）。在容器内焊接又不能采用局部通风的情况下，可以采用送风式头盔、送风口罩或防毒口罩等个人防护措施。

7.3.3 埋弧焊

1. 埋弧焊的原理、特点和应用

埋弧焊（含埋弧堆焊及电渣堆焊等）是一种电弧在焊剂层下燃烧进行焊接的方法。埋弧焊有自动埋弧焊和半自动埋弧焊两种方式，如图 7-9 所示。

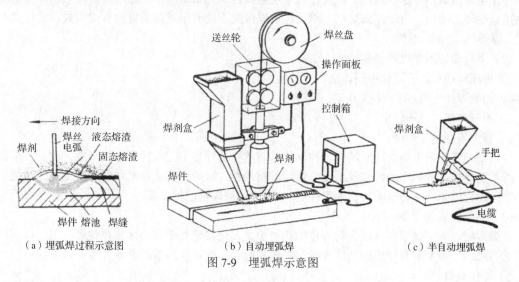

（a）埋弧焊过程示意图　　　　（b）自动埋弧焊　　　　（c）半自动埋弧焊

图 7-9　埋弧焊示意图

焊接电弧在焊丝与焊件之间燃烧，电弧热将焊丝端部及电弧附近的母材和焊剂熔化。熔化的金属形成熔池，熔融的焊剂成为溶渣。熔池受熔渣和焊剂蒸气的保护，不与空气接触。电弧向前移动时，电弧力将熔池中的液体金属推向熔池后方。在随后的冷却过程中，这部分液体金属凝固成焊缝。

埋弧焊具有焊接质量稳定、生产效率高、劳动条件好等优点。

（1）焊缝质量稳定

熔渣隔绝空气的保护效果好，焊接参数可以通过自动调节保持稳定，对焊工技术水平要求不高。焊缝成分稳定，力学性能比较好。

（2）生产效率高

由于焊丝导电长度缩短、电流强度和电流密度提高，因此，电弧的熔深和焊丝熔敷效率都大大提高。由于焊剂和熔渣的隔热作用，电弧上基本没有热辐射散失，焊渣飞溅也少，虽然用于熔化焊剂的热量损耗有所增大，但总的热效率仍然大大提高。

（3）劳动条件好

除降低手工焊操作的劳动强度、烟尘很少外，埋弧焊还具有无弧光辐射的独特优点。

埋弧焊主要用于焊接各种钢板结构。可焊接的钢材包括碳素结构钢、不锈钢、耐热钢及其复合钢材等。埋弧焊在船舶、锅炉、化工容器、桥梁、起重机械、冶金机械制造和核电设备中应用最为广泛。此外，埋弧焊堆焊耐磨、耐蚀合金或焊接镍基合金、铜合金也是较理想的。

2. 埋弧焊所用的设备、工具与焊接材料

埋弧焊机分为自动埋弧焊机和半自动埋弧焊机两大类。

（1）自动埋弧焊机的主要功能

① 连续不断地向焊接区送进焊丝。

② 传输焊接电流。

③ 使电弧沿接缝移动。

④ 控制电弧的主要参数。

⑤ 控制焊接的启动与停止。

⑥ 向焊接区铺施焊剂。

⑦ 焊接前调节焊丝端位置。

常用的自动埋弧焊机有等速送丝和变速送丝两种。它们一般都由机头、控制箱、导轨（或支架）以及焊接电源组成。等速送丝自动埋弧焊机采用电弧自身调节系统；变速送丝自动埋弧焊机采用电弧电压自动调节系统。自动埋弧焊机按照工作需要做成不同的形式，常见的有焊车式、悬挂式、机床式、悬臂式、门架式等。

（2）半自动埋弧焊机的主要功能

① 将焊丝通过软管连续不断地送入电弧区。

② 传输焊接电流。

③ 控制焊接启动和停止。

④ 向焊接区铺施焊剂。

半自动埋弧焊机主要由送丝机构、控制箱、带软管的焊接手把及焊接电源组成。软管式半自动埋弧焊机兼有自动埋弧焊的优点及手工电弧焊的机动性。在难以实现自动焊的焊件上（如焊缝中心线不规则、焊缝短、施焊空间狭小的工件等），可用这种焊机进行焊接。

（3）埋弧焊辅助设备

埋弧焊时，为了调整焊接机头与焊件的相对位置，使接缝处于最佳的施焊位置，或为达到预期的工艺目的，一般都需有相应的辅助设备与焊机相配合。埋弧焊的辅助设备大致有以下几种。

① 焊接夹具

使用焊接夹具的目的在于将焊件准确定位并夹紧，以便于焊接。这样可以减少或免于定位焊缝，并且可以减少焊接变形。有时为了达到其他工艺目的，焊接夹具会与其他辅助设备联用，如单面焊双面成形装置等。

② 焊件变位设备

这种设备的主要功能是使焊件旋转、倾斜、翻转，以便把待焊的接缝置于最佳的焊接位置，达到提高生产效率、改善焊接质量、降低劳动强度的目的。焊件变位设备的形式、结构及尺寸因焊接工件而异。埋弧焊中常用的焊件变位设备有滚轮架、翻转机等。

③ 焊机变位设备

这种设备的主要功能是将焊接机头准确送到待焊位置，焊接时可在该位置操作；或是以一定速度沿规定的轨迹移动焊接机头进行焊接。这种设备也称为焊接操作机。它们大多与焊件变位设备、焊接滚轮架等配合使用，完成各种焊件的焊接。焊机变位设备的基本形式有平台式、悬臂式、伸缩式、龙门式等几种。

④ 焊缝成形设备

埋弧焊的电弧功率较大，钢板对接时为防止熔化金属的流失和烧穿并促使焊缝背面成形，往往需要在焊缝背面加衬垫。最常用的焊缝成形设备除铜垫板外，还有焊剂垫。焊剂垫有用于纵缝和用于环缝两种基本形式。

⑤ 焊剂回收输送设备

该设备用来在焊接中自动回收并输送焊剂，以提高焊接自动化的程度。采用压缩空气的吸压式焊剂回收输送器可以安装在小车上使用。

（4）埋弧焊的焊接材料

① 焊丝

埋弧焊所用焊丝有实芯焊丝和药芯焊丝两类。目前在生产中普遍使用的是实芯焊丝。焊丝的品种随所焊金属种类的增加而增加。目前已有碳素结构钢、合金结构钢、高合金钢和各种有色金属焊丝以及堆焊用的特殊合金焊丝。

焊丝直径的选择依用途而定。

② 焊剂

埋弧焊使用的焊剂是颗粒状可熔化的物质，其作用相当于焊条的药皮。

3. 埋弧焊的工艺过程及规范

（1）焊前准备工作

埋弧焊在焊接前必须做好准备工作，包括焊件的坡口加工、待焊部位的表面清理、焊件的装配以及焊丝表面的清理等。

① 坡口加工

坡口加工要求按 DLT869-2004 执行，以保证焊缝根部不出现未焊透或夹渣，并减少填充金属量。坡口的加工可使用刨边机、机械化或半机械化气割机、碳弧气刨等。

② 待焊部位的表面清理

焊件清理主要是去除锈蚀、油污及水，防止气孔的产生。一般用喷砂、喷丸方法或手工清除，必要时用火焰烘烤待焊部位。在焊前应将坡口及坡口两侧各 20mm 区域内及待焊部位的表面铁锈、氧化皮、油污等清理干净。

③ 焊件的装配

装配焊件时要保证间隙均匀、高低平整、错边量小。定位焊缝长度一般大于 30mm，并且定位焊缝质量与主焊缝质量要求一致。必要时采用专用工装、卡具。

装配直缝焊件时，在焊缝两端要加装引弧板和引出板，待焊后再割掉。其目的是使焊接接头的始端和末端获得正常尺寸的焊缝截面，而且还可除去引弧和收尾容易出现的缺陷。

④ 焊丝表面的清理

由于埋弧焊用的焊丝和焊剂对焊缝金属的成分、组织和性能影响极大，因此焊接前必须清除焊丝表面的氧化皮、铁锈及油污等。焊剂保存时要注意防潮，使用前必须按规定的温度烘干。

（2）焊接参数

埋弧焊的焊接参数主要有焊接电流、电弧电压、焊接速度、焊丝直径和伸出长度、焊丝倾角等。

① 焊接电流

一般焊接条件下，焊缝熔深与焊接电流成正比。

随着焊接电流的增大，熔深和焊缝的余高都有显著增加，而焊缝的宽度变化不大。随着焊接电流的减小，熔深和余高都减小。

② 电弧电压

随着电弧电压增大，焊接宽度明显增加；而熔深和焊缝的余高则有所下降。但是电弧电压太大时，不仅使熔深变小、难以焊透，而且会导致焊缝成形差、脱渣困难，甚至产生咬边等缺陷。所以在增大电弧电压的同时，还应适当增大焊接电流。

③ 焊接速度

当其他焊接参数不变而焊接速度增加时，焊接热输入量相应减小，从而使焊缝的熔深也减小。焊接速度太大，会造成未焊透等缺陷。为保证焊接质量必须保证一定的焊接热输入量，即为了提高生产效率而提高焊接速度的同时，应相应提高焊接电流和电弧电压。

④ 焊丝直径与伸出长度

当其他焊接参数不变而焊丝直径增加时，弧柱直径随之增加，即电流密度减小，会造成焊缝宽度增加，熔深减小；反之，则熔深增加及焊缝宽度减小。

当其他焊接参数不变而焊丝长度增加时，电阻也随之增大，伸出部分焊丝所受到的预热作用增加，焊丝熔化速度加快，导致熔深变浅，焊缝的余高增加，因此焊丝伸出长度不宜过长。

⑤ 焊丝倾角

焊丝的倾斜方向分为前倾和后倾。倾角的方向和大小不同，电弧对熔池的力和热作用也不同。当焊丝后倾一定角度时，由于电弧指向焊接方向，使熔池前面的焊件受到了预热作用，电弧对熔池的液态金属排出作用减弱，而导致焊缝宽而熔深变浅；反之，焊缝宽度较小而熔深较大，但易使焊缝边缘产生未熔合和咬边，并且使焊缝成形变差。

⑥ 其他焊接参数

其他参数包括坡口形状、根部间隙、焊件厚度和焊件散热条件。

4. 埋弧焊的操作方法

开机前，首先对焊机整体进行外观检查，查有无碰损，各旋钮、开关转动是否正常，所接电源与本机要求是否相符，接地是否可行。后面板空气开关应置在"OFF"处。以上各项确定无误后方可将后面板上空气开关置在"ON"处，即开机。

通电开机后，先将电源/焊接小车七芯远控电缆插头、焊接小车行走插头、送丝控制插头分别插好拧紧。再将焊机后面板上的空气开关扳至上方，接通电源。此时，查看风机是否转动，焊接小车、电源部分信号是否都亮。检查焊接小车各功能是否正常，如符合要求，则焊机正常。

（1）焊接准备工作

① 将控制箱、焊机及小车等的壳体或机体可靠接地。

② 将各插头与对应的插座牢固相接。

③ 将焊机输出正极接焊接小车、负极接焊件，接头部分必须夹紧，否则会影响焊接效果。

④ 清除焊机行走轨道上可能造成焊头与焊件短路的金属，以免因短路而中断正常焊接。

⑤ 按正常程序装丝，调整好导电嘴与焊件之间的距离（一般为 20～35mm），并将焊丝略微压紧。

⑥ 根据焊件的厚薄，并参照焊接规范选择焊接电流、焊接电压。

⑦ 预调焊接小车行走速度。调节压丝轮送丝，并观察焊丝伸缩是否正常。点动"送丝"按钮使焊丝接近焊件起弧点进行擦划起弧或接触工件进行定点起弧。

⑧ 先装入焊剂，再打开焊剂漏斗开关放出焊剂。

（2）焊接方法

① 按下"焊接"按钮，焊丝缓慢送下，同时焊接小车开始行走，焊丝与焊件接触，并自动引燃电弧，进入正常送丝状态。

② 焊机开始工作后，不可触及电缆接头、焊丝、导电嘴、焊丝盘及其支架、送丝轮、齿轮箱、送丝电动机支架等带电体，以免触电。

③ 焊接时，焊剂漏斗口距离焊件应有足够高度，以免焊剂层堆高不足而造成电弧穿顶形成明弧。

④ 需要结束焊接时，按下"停止"按钮，焊机停止工作。

⑤ 焊机使用完毕后，应切断焊机主电源。

5. 埋弧焊的安全规则

（1）自动埋弧焊机的小车轮子和导线应绝缘良好，工作过程中应理顺导线，防止扭转及被熔渣烧坏。

（2）控制箱和焊机外壳应可靠接地和防止漏电。接线板罩壳必须盖好。

（3）焊接过程中应注意防止焊剂突然停止供给而发生强烈弧光裸露灼伤眼睛。所以，焊工作业时应佩戴普通防护眼镜。

（4）半自动埋弧焊的焊把应有固定放置处，以防短路。

（5）自动埋弧焊熔剂含有氧化锰等对人体有害的物质。焊接时虽不像手工电弧焊那样产生可见烟雾，但将产生一定量的有害气体和蒸气。所以，工作地点最好有局部的抽气通风设备。

7.4 项目：电弧焊焊接训练

1. 实训目的

通过焊接实训，学习焊接的理论知识，掌握实际操作技能。

（1）了解焊接基本原理，熟悉常见的焊接方式。

（2）认识焊接设备、工具并正确使用。

（3）掌握焊工焊接工艺，按图纸要求完成焊接工作。

（4）培养工程实践动手操作能力。

2. 实训任务

教师对经典、常用的焊接手法进行讲解、演示，学生动手操作进行练习。

（1）手工电弧焊的引弧方法：接触法。

（2）手工电弧焊分类：平焊、横焊、立焊、仰焊。

3. 实例

（1）方法

引弧的操作方法如图 7-4 所示。

（2）实训步骤

① 讲解理论知识，具体包括安全知识，弧焊电源、焊条、劳保用品，焊接工艺参数，引弧方法。

② 演示操作过程，包括安全操作注意事项，弧焊电源、焊条、劳保用品的使用方法，引弧操作的过程。引弧操作的过程包括焊件准备、焊机准备、夹持焊条、擦划引弧、焊条下送、电弧直线移动。

③ 检查焊接质量，对学生进行指导和评估。

（3）加工工序

① 操作人员穿戴劳保服装、用品。

② 安装引弧板。

③ 焊机开机。

④ 打开 VRD 开关。

⑤ 调节焊接电流、热引弧电流、推力电流等。

⑥ 练习引弧。

⑦ 焊机关机。

⑧ 取下引弧板。

⑨ 清理现场。

第8章 | 数控车床

8.1 | 数控车床简介

8.1.1 数控车床的类型

数控车床概述

车削加工是机械加工中应用最为广泛的方法之一，主要用于回转体零件的加工。数控车床的加工工艺类型主要包括钻中心孔、车外圆、车端面、钻孔、镗孔、铰孔、切槽、车螺纹、滚花、车锥面、车成形面。此外，借助于标准夹具（如四爪单动卡盘）或专用夹具，车床还可完成非回转体零件上的回转表面加工。

根据被加工零件的类型及尺寸不同，车削加工所用的车床有卧式、立式等多种类型。按被加工表面不同，所用的车刀有外圆车刀、端面车刀、镗孔刀、螺纹车刀、切断刀等不同类型。此外，恰当地选择和使用夹具，不仅可以可靠地保证加工质量，提高生产效率，还可以有效地拓展车削加工工艺范围。

数控车床分为立式数控车床和卧式数控车床两种。

1. 立式数控车床

立式数控车床用于回转直径较大的盘类零件的车削加工。

2. 卧式数控车床

卧式数控车床用于盘类零件加工。相对于立式数控车床来说，卧式数控车床的结构形式较多、加工功能丰富、使用的范围较广。

卧式数控车床按功能可分为经济型数控车床、普通数控车床和车削加工中心。

（1）经济型数控车床

经济型数控车床采用的是步进电动机和单片机，是通过对普通车床的车削进给系统进行改善形成的简易型数控车床，成本较低；但其自动化程度和功能都比较差，加工的精度也不高，适用于要求不太高的回转类零件的车削加工。

（2）普通数控车床

普通数控车床是根据车削加工要求在结构上进行了专门设计并配备通用数控系统而形成的数控车床。其数控系统功能强，自动化程度和加工精度也比较高，适用于一般回转类零件的车削加工。这种数控车床加工可以同时控制两个坐标轴，即 X 轴和 Z 轴。

（3）车削加工中心

车削加工中心在普通数控车床的基础上增加 C 轴和动力头，更高级的机床还带有刀库，可控制 X、Z 和 C 三个坐标轴，联动控制可以是 $(X，Z)$、$(Z，C)$ 或 $(X，C)$。由于增加了 C 轴和铣削动力头，这种数控车床的加工功能大大增强，除可以进行一般车削外，还可以进行径向和轴向铣削、曲面铣削，以及中心线不在零件回转中心的孔和径向孔的钻削等加工。

8.1.2 数控车床的工作原理

普通车床靠手工操作机床来完成各种切削加工，而数控车床将编制好的加工程序输入数控系统，由数控系统通过控制车床 X、Z 坐标轴的伺服电动机控制车床运动部件的动作顺序、移动量和进给速度，再配以主轴的转速和转向，最终加工出各种形状不同的轴类和盘类回转体零件。

8.1.3　数控车床的组成

数控车床由数控系统和机床本体组成。数控系统包括控制电源、伺服控制器、主机、主轴编码器、显示器等；机床本体包括床身、电动机、主轴箱、电动回转刀架、进给传动系统、冷却系统、润滑系统、安全保护系统等。

8.1.4　数控车床的刀具

1. 数控车刀的功能

数控车床能兼做粗精加工。为了使粗加工能以较大的切削深度、较大的进给速度加工，要求粗车刀具强度高、耐用度好。精车首先是要保证精度，因此要求刀具精度高、耐用度好。为减少换刀时间和方便对刀，尽可能地多采用机夹刀。

2. 数控车刀的类型

数控车削的车刀一般分为三类，即尖形车刀、圆弧形车刀和成形车刀，如图 8-1 所示。

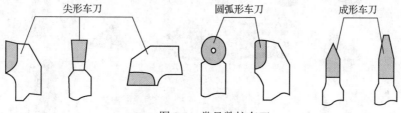

图 8-1　常见数控车刀

（1）尖形车刀

以直线切削刃为特征的车刀一般称为尖形车刀。这类车刀的刀尖（同时也为其刀位点）由直线形的主、副切削刃构成，如直角内、外圆车刀，左、右端面车刀，切槽（断）车刀，刀尖倒棱很小的各种外圆和内孔车刀。用这类车刀加工零件时，其零件的轮廓形状主要由一个独立的刀尖或一条直线形主切削刃位移后得到，与另两类车刀加工得到零件轮廓形状的原理是截然不同的。

（2）圆弧形车刀

圆弧形车刀是较为特殊的数控加工用车刀。其特征是：构成主切削刃的刀刃形状为一圆度误差或线轮廓度误差很小的圆弧，该圆弧刃上的每一点都是圆弧形车刀的刀尖，因此刀位点不在圆弧上，而在该圆弧的圆心上。车刀圆弧半径理论上与被加工零件的形状无关，并可按需要灵活确定或测定后确认。某些尖形车刀（如螺纹车刀）的刀尖具有一定的圆弧形状时，也可以作为这类车刀使用。圆弧车刀可以用于车削内、外表面，特别适宜于车削各种光滑连接（凹形）的成形面。

（3）成形车刀

成形车刀俗称样板车刀，其加工零件的轮廓形状完全由车刀刀刃的形状和尺寸决定。数控车削加工中，常见的成形车刀有小半径圆弧车刀、非矩形车槽刀和螺纹车刀等。在数控加工中，应尽量少用或不用成形车刀。当确定有必要选用时，应在工艺准备文件或加工单上进行详细说明。

（4）模块化和标准化刀具

为了适应数控机床自动化加工的需要（如刀具的对刀或预调、自动换刀、自动检测及管理工作等），并不断提高产品的加工质量和生产效率，节省刀具费用，应多使用模块化和标准化刀具。各种数控车床车刀和刀片分别如图 8-2 和图 8-3 所示。

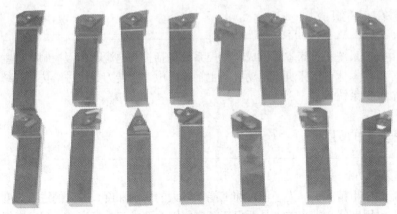

图 8-2　各种数控车床车刀

图 8-3　各种数控车刀刀片形状

8.1.5　数控车床安全操作知识

为了正确合理地使用数控车床，保证机床正常运转，必须制定比较完整的数控车床操作规程，通常应当做到如下几点。

（1）机床通电后，检查各开关、按钮和键是否正常、灵活，机床有无异常现象。

（2）检查电压、气压、油压是否正常，有手动润滑的部位先要进行手动润滑。

（3）各坐标轴手动回零（机床参考点），若某轴在回零前已在零位，必须先将该轴移动离零点至有效距离后，再进行手动回零。

（4）在进行零件加工时，工作台上不能有工具或任何异物。

（5）机床空运转达 15min 以上，使机床达到热平衡状态。

（6）程序输入后，应认真核对，保证无误。核对内容包括代码、指令、地址、数值、正负号、小数点及语法。

（7）正确测量和计算工件坐标系，并对所得结果进行验证和验算。

（8）将工件坐标系输入偏置页面，并对坐标、坐标值、正负号、小数点进行认真核对。

（9）未装工件以前，空运行一次程序，看程序能否顺利执行，刀具长度选取和夹具安装是否合理，有无超程现象。

（10）将刀具补偿值（刀长、半径）输入偏置页面后，要对刀补号、正负号、小数点进行认真核对。

（11）装夹工件，注意卡盘是否妨碍刀具运动，检查零件毛坯和尺寸超常现象。

（12）检查各刀头的安装方向是否合乎程序要求。

（13）查看各杆前后部位的形状和尺寸是否合乎加工工艺要求，会不会碰撞工件。

（14）镗刀头尾部露出刀杆直径部分，必须小于刀尖露出刀杆直径部分。

（15）检查每把刀柄在刀架上是否压紧。

（16）无论是首次加工的零件，还是周期性重复加工的零件，首件都必须对照图样工艺、程序和刀具调整卡，进行逐段程序的试切。

（17）单段试切时，快速倍率开关必须打到最低挡。

（18）每把刀首次使用时，必须先验证它的实际长度与所给刀具补偿值（简称刀补值）是否相符。

（19）在程序运行中，要重点观察数控系统上的几种显示。

① 坐标显示：可了解目前刀具运动点在机床坐标系及工件坐标系中的位置，了解程序段落的位移量、还剩余多少位移量等。

② 工作寄存器和缓冲寄存器显示：可看出正在执行程序段各状态指令和下一个程序段的内容。

③ 主程序和子程序：可了解正在执行程序段的具体内容。

（20）试切进刀时，在刀具运行至距工件表面 5～10mm 处时，必须在进给保持下验证 Z 轴剩余坐标值和 X 轴坐标值与图样是否一致。

（21）对一些有试刀要求的刀具，采用渐近的方法。如镗孔，可先试镗一小段，检测合格后，再镗到整个长度。

（22）试切和加工中，刃磨刀具和更换刀具后，一定要重新对刀并修改好刀补值和刀补号。

（23）程序检索时应注意光标所指位置是否合理、准确，并观察刀具与机床运动方向坐标是否正确。

（24）程序修改后，对修改部分一定要仔细计算和认真核对。

（25）手摇进给和手动连续进给操作时，必须检查各种开关所处位置是否正确，弄清正负方向，认准按键，然后再进行操作。

（26）整个零件加工完成后，应核对刀具号、刀补值，使程序、偏置页面、调整卡及工艺中的刀具号、刀补值完全一致。

（27）加工完成后，清扫机床。

（28）将各坐标轴停在参考点位置。

8.2 数控车床仿真软件

本书以大连机床厂 FANUC 0i 系统数控车床为例，以南京斯沃数控仿真软件为平台。所操作的机床为普通数控车床，有两个进给坐标，分别为横向 Z 坐标和纵向 X 坐标。

软件启动步骤：双击 SWCNC.exe 图标，弹出软件启动界面（见图 8-4），选择单机版，单击下拉按钮，选择 FANUC 0i-T 数控系统，单击右下方的"运行"按钮，进入该系统仿真界面。在右下角单击下拉按钮，选择大连机床厂 FANUC 0i MATE-TD 机床，弹出图 8-5 所示的仿真界面。

数控车床仿真软件
基本操作

数控机床控制系统面板由数控系统人机界面和机床厂商操作面板组成。FANUC 0i-T 数控系统人机界面如图 8-5 右上部所示。该界面主要用于数控系统的程序和机床控制过程中其他数据的输入、显示、编辑、修改等。FANUC 0i 机床厂商操作面板如图 8-5 右下部所示，主要用于机床的各种控制操作。

图 8-4　软件启动界面

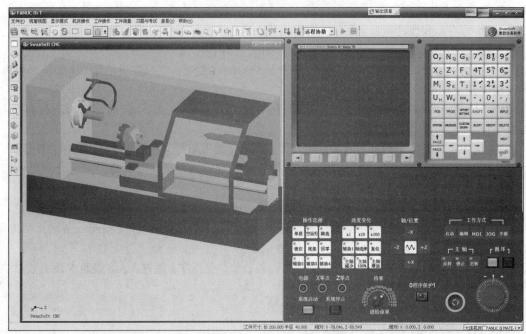

图 8-5　大连机床厂 FANUC 0i MATE-TD 机床仿真界面

8.3 数控车床控制系统面板

以大连机床厂 FANUC 0i 系统数控车床控制系统面板为例进行介绍，如图 8-6 所示。

1. 数字/字母键

数字/字母键用于输入数据到输入区域，系统自动判别取字母还是取数字。

字母和数字键通过 SHIFT 键切换输入，如 O—P、7—A。

2. 编辑键

ALTER（替换）键：用输入的数据替换光标所在位置的数据。

DELTE（删除）键：删除光标所在位置的数据，或者删除一个程序，或者删除全部程序。

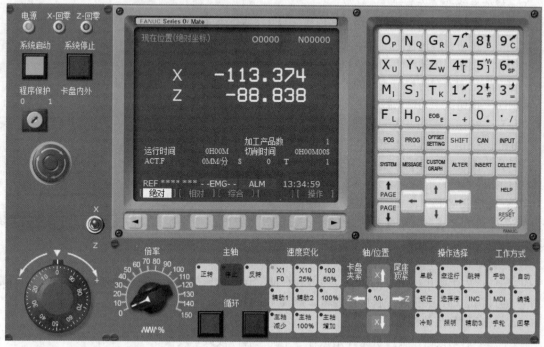

INSERT（插入）键：把输入区之中的数据插入到当前光标之后的位置。

CAN（取消）键：消除输入区内的数据。

EOB E（回车换行）键：结束一行程序的输入并且换行。

SHIFT（上挡）键：切换数字/字母输入。

图 8-6　大连机床厂 FANUC 0i 系统数控车床控制系统面板

3. 页面切换键

PROG 键：切换到程序显示与编辑页面。

POS 键：切换到位置显示页面。位置显示有三种方式，用翻页键选择。

OFSET SET 键：切换到参数输入页面。按第一次进入坐标系设置页面，按第二次进入刀具补偿参数页面。进入不同的页面以后，用翻页键切换。

4. 信息键

SYSTM 键：显示系统参数页面。

MESGE 键：显示信息页面，如"报警"。

CUSTM GRAPH 键：显示图形参数设置页面。

HELP 键：显示系统帮助页。

RESET 键：复位。

5. 翻页键

PAGE ↑ 键：向上翻页。

PAGE ↓ 键：向下翻页。

6. 光标移动

↑ 键：向上移动光标。

↓ 键：向下移动光标。

← 键：向左移动光标。

→ 键：向右移动光标。

7. 输入键

INPUT 键：把输入区内的数据输入参数页面。

8. 红色圆形急停按钮

紧急情况下按下该按钮，可使机床停止工作，以挽回损失，减少事故。

9. 操作选择和工作方式

"空运行"按钮：通常在编辑加工程序后，试运行程序时使用。

"跳转"按钮：跳过任选段或附加任选程序段，仅对自动方式有效。

"编辑"按钮：用于编写程序、修改程序和检索程序。

"自动"按钮：在防护门关好的前提下，按循环启动按钮，机床就按加工程序运行。

"MDI"按钮：手动输入数据。

"手动"按钮：手动方式运行。

"手轮"按钮：选择手摇模式。

"锁住"按钮：机床锁住后可以在不移动机床的情况下监测位置显示的变化。该功能通常用于加工程序的指令和位移的检查。

10. 速度变化（×1、×10、×100）

在手轮进给方式下，通过手轮进给轴开关选择需要的轴。旋转手摇脉冲发生器，可以控制微量移动。

11. 程序保护

程序保护用于防止程序、偏移值、参数和存储的设定数据被错误地存储、修改或清除。编辑方式下，通过钥匙将开关接通，就可以编辑、修改加工程序。

12. 绿色循环启动按钮

按下循环启动按钮，数控机床开始执行一个加工程序段或单段指令。

13. 倍率

倍率即自动走刀的线速度（代码 F 后的值）的比率。当进给倍率旋钮 指向"0"时，车刀停止，速度为 0；倍率为 100%时，为 1 倍线速度。

8.4 数控车床的编程

8.4.1　FANUC数控车床的程序格式

```
O**
N**
G**
X** (U**)   Z** (W**)
R**
F**
S**
T**
M**
```

**：代表数字。

O：程序名以 O 开头。

N：程序顺序号以 N 开头。

G：准备功能，指令动作方式，范围 00～99。

X、Z：绝对坐标，一般 X 代表直径。

U、W：相对坐标，还表示加工余量等。

R：圆弧半径，还表示退刀量等。

F：进给量、螺纹导程。

S：主轴功能，指定主轴转速。

T：刀具功能，指定刀具和刀补。

M：辅助功能。

8.4.2 数控车床常用的指令介绍

1. 准备功能

表 8-1 所示为各种 G 代码含义。

表 8-1   准备功能

代码	功能	代码	功能
G00	快速定位	G71	纵向粗加工复循环
G01	直线插补	G72	端面粗加工复循环
G02	圆弧插补（逆圆）	G73	成形加工复循环
G03	圆弧插补（顺圆）	G76	螺纹加工复循环
G04	暂停	G90	外径/内径加工固定循环
G20	英制输入	G92	螺纹加工固定循环
G21	公制输入	G94	端面加工固定循环
G32	螺纹加工	G96	主轴恒线速
G40	取消刀尖半径补偿	G97	取消主轴恒线速
G41	刀尖半径左补偿	G98	每分钟进给
G42	刀尖半径右补偿	G99	每转进给
G70	精加工复循环	G50	设定工件坐标系或设置最高转速

（1）.快速定位指令 G00

指令格式：

```
G00  X（U）__Z（W）__;
```

本指令是将刀具按机床的限速快速移动到所需位置，一般作为空行程运动。（指令中 X/U 均表示直径。）

例如：

```
G00 X100 Z100;
```

（2）直线插补指令 G01

指令格式：

```
G01  X（U）__Z（W）__F__;
```

本指令是将刀具以 F 指定的进给量沿直线移动到所需位置，通常作为切削加工指令，在车床上用于加工外圆、端面、锥面等。

例如：

```
G01  X100 Z100 F0.2;
```

该指令表示将刀具以 0.2mm/r 的速度从当前位置移动到 X100 Z100 位置上。

（3）圆弧插补指令 G02、G03

指令格式：

```
G02 X(U)__Z(W)__R__F__;
G03 X(U)__Z(W)__R__F__;
```

本指令是将刀具以 F 指定的进给量沿半径为 R 的圆弧移动到所需位置，用于加工圆弧面。（本机床 G02 为逆时针，G03 为顺时针。）

例如：

```
G03 X60 Z0 R30 F0.1;
```

（4）螺纹加工指令 G32

指令格式：

```
G32 X(U)__Z(W)__F__;
```

其中，F 为螺纹导程。

（5）循环指令 G70、G71、G72、G73、G92

① 精加工复循环 G70

指令格式：

```
G70 P__Q__;
```

在 G71、G72、G73 指令粗加工后使用，表示精加工 P～Q 的程序段，执行程序段中的 F、S、T。

② 纵向粗加工复循环 G71

指令格式：

```
G71 U__R__;
G71 P__Q__U__W__F__S__T__;
```

U：切削深度（半径）。

R：退刀量。

P：加工路径的开始程序顺序号。

Q：加工路径的结束程序顺序号。

U：X 向的加工余量（直径）。

W：Z 向的加工余量。

路径程式中的 F、S、T 指令只在精加工中有效。粗加工的 F、S、T 以粗加工复循环的指令来指定或先前指定。（P 所指定的程序段中不能指定 Z 坐标。）

例如：

```
G71 U3 R2;
G71 P10 Q50 U2 W1 F0.2 S400 T0101;
```

该指令表示用 1 号刀具粗加工棒料毛坯成图 8-7 所示轮廓，从点 A 到点 B 为加工路径，X 向 Z 向各留 1mm 余量。

③ 端面粗加工复循环 G72

指令格式：

```
G72 U__R__;
G72 P__Q__U__W__F__;
```

功能同指令 G71，只是加工方向为 X 向。

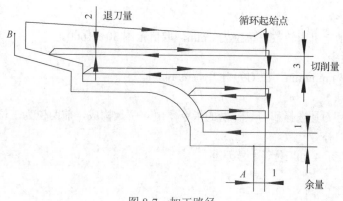

图 8-7　加工路径

④ 成形加工复循环 G73

指令格式：

```
G73 U__W__R__;
G73 P__Q__U__W__F__;
```

U：X 方向上总的退刀量。

W：Z 方向上总的退刀量。

R：切削次数。

P：加工路径的开始程序顺序号。

Q：加工路径的结束程序顺序号。

U：X 向的加工余量（直径）。

W：Z 向的加工余量。

G73 指令适合加工成形毛坯，它还可以向 X 的负方向循环切削。

⑤ 螺纹加工固定循环 G92

指令格式：

```
G92 X（U）__Z（W）__R__F__;
```

此循环为螺纹加工，在加工时根据实际情况需多次进刀，通过调整 X 的值来调整切削深度（X 表示加工后的螺纹底径），R 代表起始 X 值到终止 X 值的变化量，F 为螺距。

2．辅助功能

辅助功能如表 8-2 所示。

表 8-2　　　　　　　　　　　　　　辅助功能

代码	功能
M00	程序停止
M01	选择性停止
M03	主轴正转
M04	主轴反转
M05	主轴停止
M08	冷却开
M09	冷却关
M30	程序结束
M98	调用子程序
M99	返回主程序

3. 主轴转速指令

主轴转速指令指定机床转数，单位为 r/min，取值范围 30～1600。

4. 进给速度指令

在 G98 下单位为 mm/min，在 G99 下单位为 mm/r。

5. 刀具指令

刀具指令是进行刀具选择和刀具补偿的指令，由 4 位数构成，前两位为工位号，后两位为刀补号。通常工位号与刀补号一致。

例如，T0101 表示 1 号工位，1 号刀补。

8.5 项目一：数控车削加工阶梯轴

1. 实训目的

（1）熟悉数控车床功能代码，能够手工编制车削加工程序。

（2）了解数控车床的基本原理及控制面板的使用。

2. 实训任务

（1）准确地在刀架上装刀，熟练地进行对刀及刀偏置值的设置。

（2）独立完成程序的编制，并准确地输入程序。

（3）分析尺寸产生波动的主要原因，并提出部分解决问题的措施。

3. 实例

（1）零件图

阶梯轴类零件如图 8-8 所示，毛坯为 $\phi46$ 的 45 号钢，编写数控加工程序并在数控车床上加工。

（2）确定加工工艺

由图 8-8 所示可知，加工采用先粗车后精车的加工方法，而且采用一次性装夹，不需要掉头加工，采用的刀具为 1 号刀粗/精加工外圆车刀、2 号刀切断刀。

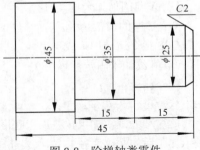

图 8-8 阶梯轴类零件

（3）确定切削量

粗加工主轴转速为 500r/min，精加工主轴转速为 800r/min；粗加工背吃刀量为 2mm，精加工背吃刀量为 0.5mm；粗加工进给速度为 0.2mm/r，精加工进给速度为 0.1mm/r。

（4）数控程序

```
O1111;
N10 T0101;                              （选择 1 号外圆车刀）
N15 M03 S500;                           （主轴正转，转速 500r/min）
N20 G00 X47 Z5;                         （快速定位到工件加工初始安全位置）
N25 G71 U2 R1;                          （粗加工开始）
N30 G71 P35 Q70 U0.5 W0.1 F0.2;
N35 G00 X21 S800 F0.1;                  （精加工开始）
N40 G01 Z0;
N45 X25 Z-2;
N50 Z-15;
N55 X35;
N60 Z-30;
```

```
N65 X45;
N70 Z-45;
N80 G70 P35 Q70;                    （精加工循环）
N85 G00 X100 Z100;
N90 T0202;                          （换 2 号切断刀）
N95 M03 S400;
N100 G00 X48 Z-50;
N105 G01 X0 F0.1;
N110 G00 X100;                      （加工结束，快速退刀）
N115 Z100;
N120 M30;                           （程序结束，并返回程序开始处）
```

（5）注意事项

① 准确地输入加工程序，并对程序进行校验。

② 装夹好工件，伸出 50mm 左右。

③ 对刀并确定对刀点位置。

④ 确定无误后启动程序进行零件加工。

⑤ 测量工件，对结果进行分析。

8.6 项目二：数控车削加工锤柄

1. 实训目的

（1）熟悉数控车床功能代码，能够手工编制中等复杂程度零件的加工程序。

（2）了解数控车床的基本原理及控制面板的使用。

2. 实训任务

（1）准确地在刀架上装刀，熟练地进行对刀及刀偏置值的设置。

锤子手柄的仿真加工

数控车床安全操作规程和实践

（2）独立完成程序的编制，并准确地输入程序。

（3）分析尺寸产生波动的主要原因，并提出部分解决问题的措施。

3. 实例

（1）零件图

锤柄如图 8-9 所示，毛坯为 $\phi16$ 的 45 号钢，编写数控加工程序并在数控车床上加工。

图 8-9 锤柄

（2）前期准备

① 启动数控仿真软件。

② 启动数控系统，单击急停开关 ⬤。

③ 单击"回零"按钮，单击 ⬆ 按钮，单击 ➡ 按钮。

④ 启动车床主轴。单击"工作方式"中的 [MDI] 按钮，单击键盘中的 [PROG] 键，输入"M03S500"，单击 [EOB] 键，单击 [INSERT] 键，单击绿色循环启动按钮，则主轴正转。

⑤ 换刀架，装夹刀具。

⑥ 装夹工件。

⑦ 简化视图：隐藏车床床身。调整视图：俯视。

（3）1 号刀对刀、检验对刀

① Z 向对刀：试切→[OFFSET SETTING]→补正→形状→输入"Z0"→单击"测量"。

② X 向对刀：试切→主轴停→测量直径→[OFFSET SETTING]→输入"X 测量值"→单击"测量"。

③ 检验对刀：

```
T0101;
M03 S500;
G01 X15.6 Z10 F0.5;（注：15.6 要改为自己测量的直径）
M05;
```

（4）编程、仿真（锤柄）

① [复位]→[PROG]→输入"O1234"→[INSERT]，编写第一个程序，运行程序自动加工。

```
O1234;
N010 M03 S600;
N020 T0101;
N030 G00 X17 Z2;
N040 G71 U0.6 R1;
N050 G71 P60 Q100 U0.8 W0.05 F0.14;
N060 G00 X0;（循环调用的起始行）
N070 G01 Z0 F0.1;
N080 G03 X14 Z-7 R7;
N090 G01 Z-102;
N100 G01 X16;（循环调用的末尾行）
N110 G00 X100 Z100;
N120 M03 S750;
N130 T0101;
N140 G00 X17 Z2;
N150 G70 P60 Q100;
N160 G00 X100 Z100;
N170 M30;
```

② 工件掉头，对刀，检验对刀。

[复位]→[PROG]→输入"O1235"→[INSERT]，编写第二个程序，运行程序自动加工。

```
O1235;
N010 M03 S600;
N020 T0101;
N030 G00  X17 Z2;
N040 G71  U0.6 R1;
N050 G71  P60 Q120 U0.8 W0.05 F0.14;
N060 G00 X7;（循环调用的起始行）
N070 G01 Z0 F0.1;
N080 X9.7  Z-1.5 ;
N090 Z-19 ;
N100  X11;
```

```
N110  X14.2  Z-100；
N120  G01 X16；（循环调用的末尾行）
N130  G00 X100  Z100；
N140  M03 S1000；
N150  T0101；
N160  G00  X17  Z2；
N170  G70  P60  Q120；
N180  G00  X100  Z100；
N190  M30；
```

③ 换螺纹刀：

```
T0202；
```

④ 螺纹刀对刀，检验对刀：

```
T0202；
M03 S500；
G01 X9.7 Z10 F0.5；
M05；
```

[复位]→[PROG]→输入"O1236"→[INSERT]，编写第三个程序，运行程序自动加工。

```
O1236；
N010 M03 S600；
N020 T0202；
N030 G00 X12 Z2；
N040 G92 X9.7 Z-18 F1.5；
N050 X9.4；
N060 X9.1；
N070 X8.8；
N080 X8.6；
N090 X8.5；
N100 X8.4；
N110 X8.3；
N120 X8.2；
N130 X8.1；
N140 X8；
N150 X7.95；
N160 G00 X100 Z100；
N170 M30；
```

8.7 项目三：数控车削加工综合零件

1. 实训目的

（1）熟悉数控车床功能代码，能够手工编制综合零件的加工程序。

（2）了解数控车床的基本原理及控制面板的使用。

2. 实训任务

（1）准确地在刀架上装刀，熟练地进行对刀及刀偏置值的设置。

（2）独立完成程序的编制，并准确地输入程序。

（3）分析尺寸产生波动的主要原因，并提出部分解决问题的措施。

3. 实例

（1）零件图

综合零件如图 8-10 所示，毛坯为 $\phi 35$ 的 45 号钢，编写数控加工程序并在数控车床上加工。

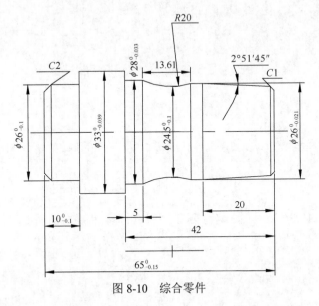

图 8-10　综合零件

（2）加工步骤

① 按先粗车（留 0.5mm 精车余量）再精车编制加工程序。

1 号刀为直角外圆车刀，副偏角 17°；2 号刀为高速钢切槽刀，刀宽 3mm，以左刀尖为刀位点。

```
O0001
N0000   G0 X100 Z100;
N0010   T0101 M03 S600;
N0020   G0 X35 Z2;
N0030   G90 X33.5 Z-65 F150;
N0040   X30.5   Z-42;
N0050   X28.5   Z-42;
N0060   G0 X26.5;
N0070   G1 Z-23.39 F150;
N0080   G2 X28.5 W-13.61 R20 F100;
N0090   G0 X30 Z0;
N0100   G1 X24.5 F100;
N0110   G1 X26.5 Z-20;
N0120   G0 Z0;
N0130   G1 X22.1 F100;
N0140   X24.1 Z-1 F80;
N0150   X26 Z-20;
N0160   Z-23.39;
N0170   G2 X28 W-13.61 R20;
N0180   G1 Z-42;
N0190   X33;
N0200   Z-65;
N0210   G0 X100 Z100;
```

```
N0230    T0202   S500;
N0240    G0   X35   Z-58;
N0250    G75   R0.5;
N0260    G75   X26.1   Z-65   P5000   Q2900   F30;
N0270    G1   X25.96   F50;
N0280    Z-62.9   F15;
N0290    X22   Z-64.9;
N0300    X1;
N0310    G0   X100;
N0320    Z100;
N0330    M30;
```

② 准确地输入加工程序，并对程序进行校验。

③ 装夹好工件，伸出 90mm 左右。

④ 对刀并确定对刀点位置。

⑤ 确定无误后启动程序进行零件加工。

⑥ 测量工件，并对结果进行分析。

（3）注意事项

① 在连续车削光滑表面时，不宜进行暂停操作，以免使光滑表面上出现滞留刀痕而影响工作表面精度。

② 圆弧形车刀的圆弧半径在有效弧长范围内必须准确并处处相等，否则不能保证圆弧轮廓度和精度。

第9章 | 数控加工中心

9.1
数控加工中心简介

9.1.1 数控加工中心的类型

数控加工中心是从数控铣床发展而来的，与数控铣床的最大区别在于数控加工中心具有自动更换刀具的能力。通过在刀库中安装不同用途的刀具，数控加工中心利用自动换刀装置改变主轴上的加工刀具，实现多种加工功能。

数控加工中心操作实训

数控加工中心是适用于加工复杂零件的高效率自动化机床，它是由机械设备与数控系统组成的。数控加工中心是目前世界上产量最高、应用最广泛的数控机床之一。它的综合加工能力较强，工件一次装夹后能完成较多的加工内容，加工精度较高。对于中等加工难度的批量工件而言，其效率是普通设备的 5～10 倍。它能完成许多普通设备不能完成的加工，适用于形状较复杂、精度要求高的单件加工或中小批量多品种生产。它把铣削、镗削、钻削、攻螺纹和切削螺纹等功能集中在一台设备上，具有多种工艺手段。数控加工中心按照主轴加工时的空间位置不同分为卧式数控加工中心和立式数控加工中心；按工艺用途不同分为镗铣数控加工中心、复合数控加工中心；按功能不同分为单工作台、双工作台和多工作台数控加工中心，单轴、双轴、三轴及可换主轴箱的数控加工中心等。

9.1.2 数控加工中心的工作原理

数控加工中心是一种功能较全的数控加工机床。数控加工中心设置有刀库，刀库中存放着不同数量的各种刀具或检具，在加工过程中由程序自动选用和更换，这是它与数控铣床、数控镗床的主要区别。对于必须采用工装和专机设备来保证产品质量和效率的工件来说，这会为新产品的研制和改型换代节省大量的时间和费用。

9.1.3 数控加工中心的组成

从总体来看，数控加工中心主要由以下几大部分组成。

（1）基础结构。基础结构由床身、立柱、工作台等组成，它们不仅要承受数控加工中心的静载荷，还要承受切削加工时产生的动载荷，所以数控加工中心的基础部件必须有足够的刚度。

（2）主轴部件。主轴部件由主轴箱、主轴电动机、主轴、主轴轴承等组成。

（3）数控系统。单台数控加工中心的数控部分由 CNC 装置、可编程控制器、伺服驱动装置以及电动机等部分组成。

（4）自动换刀系统。自动换刀系统是数控加工中心区别于其他数控机床的典型装置，它解决了多工序连续加工中工序与工序间的刀具自动储存、选择、搬运和交换问题。

（5）自动托盘交换系统。有的数控加工中心为了实现进一步的无人化运行或进一步缩短非切削时间，采用多个自动交换工作台储备工件。

数控加工中心的组成如图 9-1 所示。

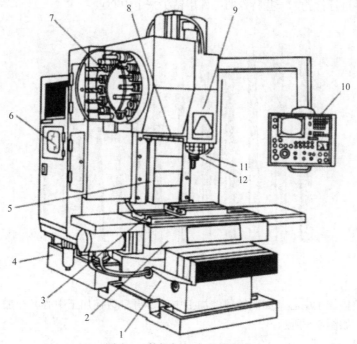

图 9-1　数控加工中心的组成

1—床身；2—滑座；3—工作台；4—润滑油箱；5—立柱；6—数控柜；7—刀库；8—机械手；9—主轴箱；10—操纵面板；
11—控制柜；12—主轴

9.1.4　数控加工中心的刀具

不论是模具的加工还是工件的批量生产，可以说数控加工中心所有的操作工序都离不开刀具的参与。数控加工中心的用途是多种多样的，仅仅从工序上区分就可以分为钻、铣、镗、扩、铰、刚性攻丝等，不同的操作环境下需要应用不同的刀具。下面介绍几种刀具在数控加工中心不同加工环境下的应用情况。

（1）白钢刀

白钢刀是数控系统中常用的数控刀具，又称为平刀。它主要用于加工一些对表面要求不高的产品或对产品的粗加工，价格比较便宜，但比较容易磨损。

（2）铝用铣刀

铝用铣刀的材质为钨钢，可以用于切削铝材，如图 9-2 所示。它适用于表面光滑的工件加工。

（3）镀层钨钢铣刀

镀层钨钢铣刀主要切削钢、铸铁等硬度较高的材料，如图 9-3 所示。该刀具本身抗热性、抗磨性良好，价格较高。

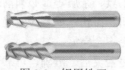

图 9-2　铝用铣刀

图 9-3　镀层钨钢铣刀

（4）钻头

数控加工中心对钻头的使用也是非常频繁的，标准麻花钻常常被使用。钻头如图 9-4 所示。钻头用于对常规工件进行打孔，一些特殊的工件用钻头来定中心点。

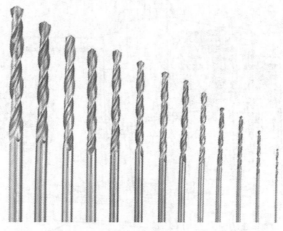

图 9-4　钻头

（5）数控球头刀

多轴联动的数控加工中心（如四轴数控加工中心、五轴数控加工中心）在加工曲面产品时，常使用数控球头刀，如图 9-5 所示。

（6）数控镗刀

在精密孔加工中，推荐用数控镗刀来镗精孔，如图 9-6 所示。其刻度一般可调，主要用来加工要求相对较高的孔。

图 9-5　数控球头刀

图 9-6　数控镗刀

9.1.5　数控加工中心安全操作知识

操作者必须熟悉机床的结构、性能及传动系统、润滑部位、电气数控系统，以及使用维护方法。操作者经过考核合格后，方可进行操作。

1. 工作前

（1）检查润滑系统储油部位的油量是否符合规定。

（2）必须束紧服装、套袖，戴好工作帽、防护眼镜，严禁戴围巾、手套，穿裙子、凉鞋、高跟鞋上岗操作。工作时应检查各手柄位置的正确性，应使变换手柄保持在定位位置上。

（3）检查机身、导轨以及各主要滑动面，如其上有工具、杂质等，必须清理、擦拭干净。

（4）检查工作台、导轨及主要滑动面有无新的拉、研、碰伤，如有应做好记录。

（5）检查安全防护、制动（止动）和换向等装置是否齐全完好。

（6）检查操作阀门、开关等是否处于非工作位置，是否灵活、准确、可靠。

（7）检查刀具是否处于非工作位置，检查刀具及刀片是否松动；检查操作面板是否有异常。

（8）检查电器配电箱是否关闭牢靠，电气设备接地是否良好。

2．工作中

（1）坚守岗位，精心操作，不做与工作无关的事，因事离开机床时要停车。

（2）按工艺规定进行加工，不准任意加大进刀量、铣削速度。不准超规范、超负荷、超重使用设备。

（3）刀具、工件应装夹正确、紧固牢靠，装卸时不得碰伤设备。

（4）不准在设备主轴锥孔安装与其锥度或孔径不符、表面有刻痕或不清洁的顶针、刀套等。

（5）对加工的工件要进行动作检查和防止刀具干涉的检查，按"空运转"的顺序进行。

（6）刀具应及时更换。

（7）铣削刀具未离开工件，不准停车。

（8）不准擅自拆卸机床上的安全防护装置，缺少安全防护装置的设备不准工作。

（9）开车时，工作台上不得放置工具或其他无关物件，操作者应注意不要使刀具与工作台撞击。

（10）经常清除设备上的木粉、油污，保持导轨面、滑动面、转动面、定位基准面清洁。

（11）密切注意设备运转情况、润滑情况，如发现动作失灵、振动、发热、爬行、噪声、异味、碰伤等异常现象，应立即停车检查，排除故障后，方可继续工作。

（12）设备发生事故时应立即按急停按钮，保持事故现场，报告维修部门分析处理。

（13）工作中严禁用手清理木粉，一定要用专用工具清理木粉，以免发生事故。

（14）自动运行前，确认刀具补偿值和工件原点的设定。

（15）铣刀必须夹紧。

（16）加工要在各轴与主轴的扭矩和功率范围内进行。

（17）装卸及测量工件时，把刀具移到安全位置，且主轴应停转。要确认工件在卡紧状态下加工。

（18）使用快速进给时，应注意工作台面情况，以免发生事故。

（19）装卸较重部件需多人搬运时，动作要协调，应注意安全，以免发生事故。

（20）每次开机后，必须首先进行机床回参考点的操作。

（21）装卸工作、测量对刀、紧固心轴螺母及清扫设备时，必须停车。

（22）部件必须夹紧，垫块必须垫平，以免松动发生事故。

（23）程序第一次运行时，必须用手轮试切，避免因程序的错误编写造成撞刀事故，撞坏机床。

（24）不准使用钝的刀具和过大的吃刀深度、进刀速度进行加工。

（25）开车时不得用手摸加工面和刀具，在清除切屑时，应用刷子，不得用嘴吹或用棉纱擦。

（26）操作者在工作中不许离开工作岗位，如确需离开，无论时间长短，都应停车，以免发生事故。

（27）在手动方式下操作机床，要防止主轴和刀具与设备或夹具相撞。使用控制面板时，只允许单人操作，其他人不得触摸按键。

（28）运行程序自动加工前，必须进行设备空运行。空运行时必须将 Z 向提高一个安全高度。

（29）自动加工中出现紧急情况时，立即按下复位或急停按钮。当显示屏出现报警信息，要先查明报警原因，采取相应措施，取消报警后，再进行操作。

（30）设备开动前必须关好机床防护门，机床开动后不得随意打开防护门。

3．工作后

（1）将机械操作阀门、开关等扳到非工作位置上。

（2）停止设备运转，切断电源、气源。

（3）清除切屑，清扫工作现场，认真擦净机床。导轨面、转动及滑动面、定位基准面、工作台面等处加油保养。严禁使用带有切屑的脏棉纱擦拭机床，以免拉伤机床导轨面。

9.2 数控加工中心仿真软件

本书以大连机床厂 FANUC 0i 系统数控加工中心为例,以南京斯沃数控仿真软件为平台。

软件启动步骤:双击 SWCNC.exe 图标,弹出软件启动界面(见图 9-7),选择网络版,单击下拉按钮,选择 FANUC 0i M 数控系统,单击右下方的"运行"按钮,进入该系统仿真界面。在右下角点下拉按钮,选择大连机床厂 FANUC 0i MD 机床,弹出图 9-8 所示的仿真界面。

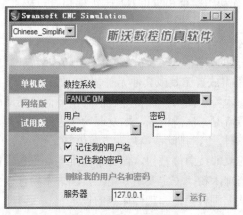

图 9-7 软件启动界面

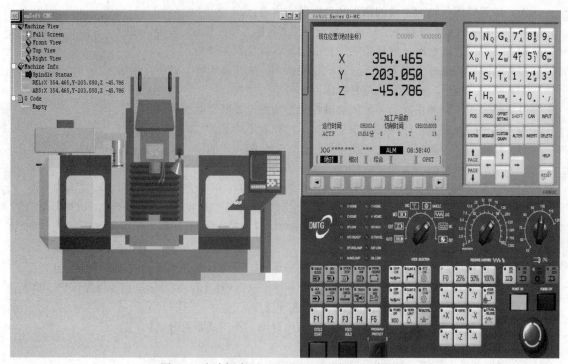

图 9-8 大连机床厂 FANUC 0i MD 机床仿真界面

数控机床控制系统面板由数控系统人机界面和机床厂商操作面板组成。FANUC 0i MD 数控系统人机界面如图 9-8 右上部所示。该界面主要用于数控系统的程序和机床控制过程中其他数据的输入、显示、编辑、修改等。FANUC 0i 机床厂商操作面板如图 9-8 右下部所示，主要用于机床的各种控制操作。

FANUC 数控系统 CNC 操作面板如图 9-9 所示，各键功能如表 9-1 所示。

图 9-9　FANUC 数控系统 CNC 操作面板

表 9-1　　　　　　　　　　　FANUC 数控系统 CNC 操作面板各键功能

键	名称	功能说明
0～9	地址、数字键	输入字母、数字和符号
SHIFT	上挡键	切换字符
EOB	段结束符键	每条语句结束后加 ";"
POS	加工操作区域键	显示加工状态
PROG	程序操作区域键	显示程序界面
OFS/SET	参数操作区域键	显示参数和设置界面
SYSTEM	系统参数键	设置系统参数
MESSAGE	报警参数键	显示报警参数
CSTM/GR	图像显示键	显示当前走刀路线
INSERT	插入键	手动编程时插入字符
ALTER	替换键	编程时替换字符
CAN	回退键	编程时回退清除字符
DELETE	删除键	删除程序及字符
INPUT	输入键	输入各种参数
RESET	复位键	复位数控系统
HELP	帮助键	获得帮助信息
⬆PAGE ⬇PAGE	翻页键	程序编辑时进行翻页
光标移动键	光标移动键	移动光标

FANUC 数控系统机床厂商操作面板如图 9-10 所示，模式选择说明如表 9-2 所示。

图 9-10　FANUC 数控系统机床厂商操作面板

表 9-2　　　　　　FANUC 数控系统机床厂商操作面板模式选择说明

模式图标	名称	功能说明
	自动	进入自动加工
	编辑	进入程序编辑
	MDI	进入 MDI，手动输入程序
	DNC	可输入/输出程序（在线加工）
	手轮	进入手轮模式，可用手轮操作机床
	JOG	进入手动状态
	增量	进入增量模式
	回原点模式	机床进入回原点模式

9.3 | 对刀方法

数控编程一般基于工件坐标系，对刀过程一般就是建立工件坐标系与机床坐标系之间联系的过程。下面具体说明立式数控加工中心的对刀方法，以工件中心为对刀点。

如图 9-11 所示，零件加工外轮廓 X 方向、Y 方向以工件中心为基准，对刀步骤如下。

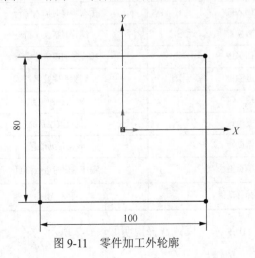

图 9-11　零件加工外轮廓

图 9-12　寻边器

首先利用"机械回零"使刀具返回参考点。在主轴上安装寻边器（见图 9-12），然后使主轴正转，转速为 300～400r/min。

1. X、Y 方向对刀

用寻边器先轻微接触 X 正方向至同轴为止，打开 POS 界面，将当前相对坐标系清零，抬起主轴；将寻边器移到工件 X 负方向，将主轴向下，寻边器轻微接触 X 负方向至同轴为止，记录此时坐标值，然后将主轴移到记录的坐标值的 1/2 处，按 X 键，然后清零。按同样方法将刀具 Y 方向相对坐标系移到坐标系的 1/2 处，按 Y 键，然后清零。

打开工件坐标系，按"OFS/SET"键显示界面（见图 9-13），将光标移到 G54 位置，在键盘上输入"X0"，然后单击屏幕下方"测量"按钮完成刀具 X 轴坐标的测量。按照同样方法测量出 Y 轴坐标中点的位置。

2. Z 方向对刀

考虑到对刀的工艺性，一般将工件的上表面作为工件坐标系的 Z 方向零点。Z 方向对刀主要有试切对刀法、Z 向测量仪对刀法等几种方法。

（1）试切对刀法

试切对刀法简单，但是会在工件上留下切痕，对刀精度低，适用于粗加工对刀。其对刀方法如下：主轴装上铣刀，主轴正转，用手轮使刀具刀尖轻微接触工件上表面，打开建立工件坐标系的界面（见图 9-13），在 G54 Z 轴位置输入"0"，然后单击"测量"按钮，Z 轴对刀完成。

（2）Z 向测量仪对刀法

Z 向测量仪对刀精度高，特别是在数控加工中心进行多把刀对刀的时候效率较高。对刀操作如下。

① 主轴装上铣刀，主轴不允许转。

② 移动刀具到 Z 向测量仪上方，用手轮移动刀具至刀尖接触到 Z 向测量仪上表面，此时测量仪灯亮，如图 9-14 所示。

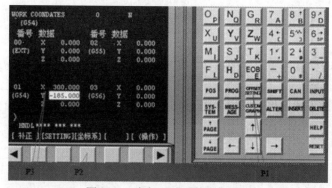

图 9-13　建立 G54 工件坐标系

图 9-14　Z 向测量仪对刀

③ 如对刀仪高度 50mm，打开建立工件坐标系界面，在 G54 Z 轴坐标中输入"50.0"，然后单击"测量"按钮，Z 向对刀结束。

9.4　数控加工中心的编程

数控加工中心的编程有模态指令和非模态指令之分。

非模态指令：只在书写了该代码的程序段中有效，下一段程序中无效。

模态指令：一组可相互注销的指令，这些指令在被同一组的另一个指令注销前一直有效。

1. 程序字（指令）

数控加工程序是分行书写的，程序的每一行称为一个程序段。整个程序由多个程序段组成。每个程序段由若干个指令组成（如 G01、X0），指令是数控程序中的基本信息单元，代表机床的一个位置或一个动作。

2. 常用地址

每个指令由英文字母和数字组成，其中英文字母称为地址。各种地址码代表不同功能，加工程序中使用的地址码及其功能如下。

程序名（O）：给程序指定程序名。

程序顺序号（N）：程序段的顺序号。

准备功能（G）：指定移动方式。

尺寸字（X Y）：坐标轴移动指令。

进给功能（F）：指定每分钟进给速度。

辅助功能（M）：机床上的开关控制。

主轴功能（S）：指定主轴转速。

准备功能：G00—G99。

辅助功能：M00—M99。

（1）程序名（O0000—O9999）

程序名是数控程序的名称，用英文字母 O 加四位数字构成。在程序的开头要指定程序名，每个程序都需要程序名，用来识别存储的程序，在程序目录中检查、调用所需程序。

（2）程序顺序号（N0000—N9999）

程序顺序号由地址 N 和后面的 4 位数字组成，可组成 O～9999 程序段的顺序号，程序顺序号放在程序段的开头，可以按任意顺序指定，并且任何号都可以跳过，但是一般情况下为方便起见，会按加工步骤的顺序指定程序顺序号。

（3）G 指令（准备功能指令）

G 指令常用功能代码如下。

G00：快速移动。令刀具相对于工件以各轴预先设定的速度，从当前的位置快速移动到程序段指令的定位点。

G01：直线切削进给。令刀具以联动的方式，按规定的合成进给速度，从当前位置按线性路线移动到程序指定的终点。

G02：顺时针圆弧插补指令。

G03：逆时针圆弧插补指令。

G90：绝对编程。

G91：增量编程。

G54：工件坐标系原点。

（4）M 指令（辅助功能指令）

M 指令常用功能代码如下。

M00：程序停止。令正在运行的程序在本段停止运行，不执行下段，同时现场的模态信息全部被保存下来，相当于程序暂停。使用 M00 停止程序运行后，按下操作面板上的循环启动按钮，可继续执行下一段。

M01：选择停止。与 M00 相似，不同的是要使该指令有效，必须先按下操作面板上的选择性停止按钮，当程序运行到 M01 时程序即停止；若不按下该按钮，则 M01 指令不起作用，程序继续执行。

M02：程序结束。该指令表示加工程序全部结束，它使主轴、进给、切削液都停止，机床复位。该指令必须编在程序的最后。

M03：主轴正转。

M04：主轴反转。

M05：主轴停止。

M30：程序结束。该指令在执行完程序段的所有指令后，使主轴、进给停止，冷却液停止，使程序段执行顺序指针返回程序的开头位置，以便继续执行同一程序，为加工下一个工件做好准备。因此，该指令必须编在最后一个程序段中。

（5）程序举例

按图 9-15 所示轨迹要求，编写加工程序。

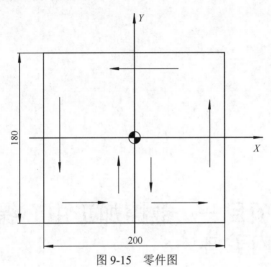

图 9-15　零件图

```
o××××                              (建立程序名)
N1 G90 G54 G00 X0 Y0 S500 M03;     (建立 G54 坐标系, 主轴正转, 转速 500r/mm)
N2 Z50.0;                          (Z 向下刀到参考高度)
N3 Z5.0;                           (Z 向下刀到安全高度)
N4 G1 Z-5.0 F50;                   (Z 向下刀到工件指定深度)
N5 G01 X0 Y-90.0 F100;             (开始加工)
N6 X100.0 Y-90.0;
N7 X100.0 Y90.0;
N8 X-100.0 Y90.0;
N9 X-100.0 Y-90.0;
N10 X0 Y-90.0;
N11 X0 Y0;
N12 G00 Z100.0;                    (刀具抬到安全高度)
N13 M5;                            (主轴停止)
N14 M30;                           (程序停止)
```

（6）打孔指令

X＿＿Y＿＿：在定位平面上加工孔的位置坐标。

Z＿＿：孔底位置。

R＿＿：加工循环中刀具快速进给到工件表面上方的点 R 位置。

Q＿＿：在 G73、G83 逐孔往复进给切削中，每次的切削深度。

F__: 进给速度。

（7）钻孔循环指令（G81、G83）

格式：

```
G81 X__Y__Z__R__F__;
G83 X__Y__Z__R__Q__F__;
```

例如：

```
G90 G54 G00 X0 Y0 M3 S800;
G99 G81 Z-5.0 R5.0 F80;
⋮
G98…;
G80;
M05;
M30;
G90 G54 G00 X0 Y0 M3 S800;
G99 G83 Z-40.0 R5.0 Q5.0F80;
⋮
G98…;
G80;
M05;
M30;
```

9.5 项目一：数控加工中心综合训练——内轮廓

1. 实训目的

（1）熟悉数控加工中心功能代码，能够手工编制简单零件的加工程序。

（2）了解数控加工中心的基本原理及控制面板的使用。

2. 实训任务

（1）准确地在刀架上装刀，熟练地进行对刀及刀偏值的设置。

（2）独立完成程序的编制，并准确地输入程序。

（3）分析尺寸产生波动的主要原因，并提出部分解决问题的措施。

3. 实例

（1）零件图

毛坯为 70mm×70mm×18mm 板材，六面已粗加工过。要求数控铣出图 9-16 所示的槽，工件材料为 45 号钢。

（2）工艺步骤

① 根据图样要求、毛坯及前道工序加工情况，确定工艺方案及加工路线。

以已加工过的底面为定位基准，用通用台虎钳夹紧工件前后两侧面，台虎钳固定于铣床工作台上。

第一步：铣刀先走两个圆轨迹，再用左刀具半径补偿加工 50mm×50mm 四角倒圆的正方形。

第二步：每次切深为 2mm，分两次加工完。

② 选择机床设备。

根据零件图，选用经济型数控铣床即可达到要求，故选用 XKN7125 型数控立式铣床。

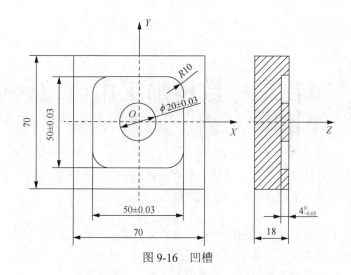

图 9-16 凹槽

③ 选择刀具。

采用 $\phi 10$ mm 的平底立铣刀，定义为 T01，并把该刀具的直径输入刀具参数表。

④ 确定切削用量。

切削用量的具体数值应根据该机床性能、相关手册并结合实际经验确定，详见加工程序。

⑤ 确定工件坐标系和对刀点。

在 *XOY* 平面内确定以工件中心为工件原点，*Z* 方向以工件表面为工件原点，建立工件坐标系。采用手动对刀方法（操作与前面介绍的立式数控加工中心对刀方法相同），把点 *O* 作为对刀点。

⑥ 编写程序。

按该机床规定的指令代码和程序段格式，把加工零件的全部工艺过程编写成程序清单。

考虑到加工图 9-16 所示的槽，深为 4mm，每次切深为 2mm，分两次加工完，为编程方便，同时减少指令条数，可采用子程序。该工件的加工程序如下（该程序用于 XKN7125 型数控立式铣床）。

```
N0010  G00  Z2  S800  T1  M03;
N0020  X15  Y0  M08;
N0030  G20  N01  P1.-2;                 （调一次子程序，槽深为 2mm）
N0040  G20  N01  P1.-4;                 （再调一次子程序，槽深为 4mm）
N0050  G01  Z2  M09;
N0060  G00  X0  Y0  Z150;
N0070  M02;                             （主程序结束）
N0010  G22  N01;                        （程序开始）
N0020  G01  ZP1  F80;
N0030  G03  X15  Y0  I-15  J0;
N0040  G01  X20;
N0050  G03  X20  Y0  I-20  J0;
N0060  G41  G01  X25  Y15;              （左刀补铣四角倒圆的正方形）
N0070  G03  X15  Y25  I-10  J0;
N0080  G01  X-15;
N0090  G03  X-25  Y15  I0  J-10;
N0100  G01  Y-15;
N0110  G03  X-15  Y-25  I10  J0;
N0120  G01  X15;
N0130  G03  X25  Y-15  I0  J10;
N0140  G01  Y0;
N0150  G40  G01  X15  Y0;               （左刀补取消）
```

9.6 项目二：数控加工中心综合训练——外轮廓

1. 实训目的

（1）熟悉数控车床功能代码，能够手工编制中等复杂程度零件的加工程序。

（2）了解数控车床的基本原理及控制面板的使用。

2. 实训任务

（1）准确地在刀架上装刀，熟练地进行对刀及刀偏置值的设置。

（2）独立完成程序的编制，并准确地输入程序。

（3）分析尺寸产生波动的主要原因，并提出部分解决问题的措施。

3. 实例

（1）零件图

毛坯为 120mm×60mm×10mm 板材，5mm 深的外轮廓已粗加工过，周边留 2mm 余量，要求加工出图 9-17 所示的外轮廓及 ϕ20mm 的孔。工件材料为铝。

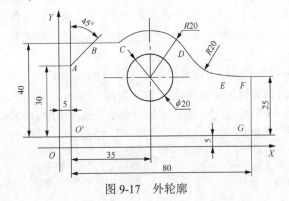

图 9-17　外轮廓

（2）工艺步骤

① 根据图样要求、毛坯及前道工序加工情况，确定工艺方案及加工路线。

以底面为定位基准，两侧用压板压紧，固定于铣床工作台上。钻孔 ϕ20mm。

按 *O'ABCDEFG* 路线铣削轮廓。

② 选择机床设备。

根据零件图，选用经济型数控铣床即可达到要求，故选用数控加工中心。

③ 选择刀具。

采用 ϕ20mm 的钻头定义为 T02，ϕ5mm 的平底立铣刀定义为 T01，并把这两个刀具的直径输入刀具参数表。

④ 确定切削用量。

切削用量的具体数值应根据该机床性能、相关手册并结合实际经验确定，详见加工程序。

⑤ 确定工件坐标系和对刀点。

在 *XOY* 平面内确定以点 *O* 为工件原点，*Z* 方向以工件表面为工件原点，建立工件坐标系。采用手动对刀方法，把点 *O* 作为对刀点。

⑥ 编写程序。

按该机床规定的指令代码和程序段格式，把加工零件的全部工艺过程编写成程序清单。该工件的加工程序如下。

加工 ϕ20mm 孔程序（手工安装好 ϕ20mm 钻头）：

```
O1337
N0010  G92 X5  Y5  Z5;                      （设置对刀点）
N0020  G91;                                  （相对坐标编程）
N0030  G17 G00  X40  Y30;                    （在 XOY 平面内加工）
N0040  G98 G81 X40  Y30  Z-5  R15  F150;     （钻孔循环）
N0050  G00 X5  Y5  Z50;
N0060  M05;
N0070  M02;
```

铣轮廓程序（手工安装好 ϕ5mm 立铣刀，不考虑刀具长度补偿）：

```
O1338
N0010   G92   X5   Y5   Z50;
N0020   G90 G41 G00  X-20  Y-10  Z-5  D01;
N0030   G01   X5   Y-10  F150;
N0040   G01   Y35  F150;
N0050   G91;
N0060   G01   X10  Y10  F150;
N0070   G01   X11.8  Y0;
N0080   G02   X30.5  Y-5  R20;
N0090   G03   X17.3  Y-10  R20;
N0100   G01   X10.4  Y0;
N0110   G03   X0  Y-25;
N0120   G01   X-90  Y0;
N0130   G90 G00  X5  Y5  Z10;
N0140   G40;
N0150   M05;
N0160   M30;
```

9.7 项目三：数控加工中心综合训练——综合件

1. 实训目的

（1）熟悉数控加工中心功能代码，能够手工编制复杂零件的加工程序。

（2）了解数控加工中心的基本原理及控制面板的使用。

2. 实训任务

（1）根据零件图制定加工工艺。

（2）根据工艺正确选择夹具、刀具。

（3）正确编制加工程序。

（4）用同一程序完成粗、精加工（通过不同的刀具半径完成）。

3. 实例

（1）零件图

毛坯为预先处理好的 96mm×96mm×50mm 的铝制材料。其中，五边形外接圆直径为 80mm，如图 9-18 所示。

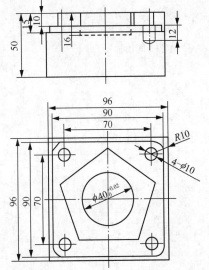
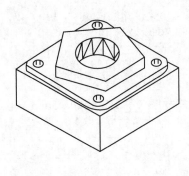

图 9-18 零件图

（2）工艺步骤

① 本例中毛坯较规矩，可选择平口钳为夹具。使毛坯上表面高出钳口 17～20mm，用木槌或橡胶锤敲击工件，同时夹紧钳口。

② 采用以下刀具进行加工：1 号刀为 φ20 四刃立铣刀（横刃过中心），用于加工外轮廓；2 号刀为 φ20 键槽铣刀，用于加工 φ40 孔；3 号刀为 φ3 中心钻，用于打孔定位；4 号刀为 φ10 钻头，钻 φ10 孔。

③ 设定工件坐标系。根据工艺分析可将工件坐标系原点设定在工件的中心，然后对刀。

④ 先加工 90mm×90mm×15mm 的凸台，再加工五边形，然后加工 φ40 孔，最后加工 φ10 孔。程序编制如下。

```
O0001
G91 G28 Z0;                            (机床回换刀点)
T1 M6;                                 (换 1 号刀 φ20mm)
G90 G54 G00 X-60.0 Y-60.0 M03 S500;    (主轴转速 500r/min)
G43 H1 Z50.0;                          (1 号刀具长度补偿)
Z5.0;
G1 Z-15.0 F60;
G41 X-45.0 D01;                        (建立 1 号刀具半径补偿，铣削 90mm×90mm×15mm)
Y35.0;
G02 X-35.0 Y45.0 R10.0;
G01 X35.0;
G02 X45.0 Y35.0 R10.0;
G01 Y-35.0;
G02 X35.0 Y-45.0 R10.0;
G01 X-35.0;
G02 X-45.0 Y-35.0 R10.0;
```

```
G01 Y0;
X－60.0;
G40 Y－60.0;                                  （铣削 90mm×90mm×15mm 完毕）
G01 Z－10.0;                                  （刀具抬到五边形深度）
G41 Y－32.361 D01;                            （建立 2 号刀具半径补偿，铣削五边形）
X23.511;
X38.042 Y12.361;
X0 Y40.0;
X－38.042 Y12.361;
X－23.511 Y32.361;
Y－60.0;
G40 X－60.0;
G00 Z100.0;
M05;                                         （五边形铣削完毕，M05 刀具主轴停转）
G91 G28 Z0;                                  （机床回换刀点）
T2 M6;                                       （换 2 号键槽铣刀，加工 φ40mm 圆孔）
G90 G54 G0 X0 Y0 M3 S500;
G43 H2 Z50.0;                                （2 号刀具长度补偿）
Z5.0;
G1 Z－8.0 F50;                               （由于孔较深分两次进刀）
G41 X20.0 Y0 D02;                            （建立 2 号刀具半径补偿）
G03 I－20.0;
G01 G40 X0 Y0;
G1 Z－16.0;
G41 X20.0 Y0 D02;
G03 I－20.0;
G01 G40 X0 Y0;
G00 Z100.0;
M05;                                         （φ40mm 孔铣削完毕，主轴停止）
G91 G28 Z0;                                  （机床回换刀点）
T3 M6;                                       （换 3 号中心钻）
G90 G54 G0 X0 Y0 M3 S3000;                   （主轴转速 3000r/min）
G43 H3 Z50.0;                                （3 号刀具长度补偿）
G99 G81 X－35.0 Y－35.0 Z－3.0 R5.0 F100;    （钻孔循环）
Y35.0;
X35.0;
G98 Y－35.0;
G80;
G00 Z100.0;
M05;                                         （中心孔加工完毕）
G91 G28 Z0;                                  （机床回换刀点）
T4 M6;                                       （换 4 号钻头，钻 φ10mm 孔）
G90 G54 G0 X0 Y0 M3 S800;
G43 H4 Z50.0;                                （4 号刀具长度补偿）
G99 G83 X－35.0 Y－35.0 Z－25.0 Q5.0 R5.0 F100;  （由于孔较深，选用逐孔循环 G83 指令）
Y35.0;
X35.0;
G98 Y－35.0;
```

```
G80;
G00 Z100.0;
M05;                                    （主轴停止）
M30;                                    （零件加工完毕，程序停止）
```

⑤ 注意事项。编写程序时，有些比较简单的轨迹不一定要用刀具半径补偿功能。手工编程相对比较麻烦，在可能的情况下，尽量使用 CAM 软件进行自动编程。

10.1

CAD/CAM 系统简介

10.1.1 基于CAD/CAM的数控自动编程的基本步骤

基于 CAD/CAM 的数控自动编程的基本步骤如图 10-1 所示。

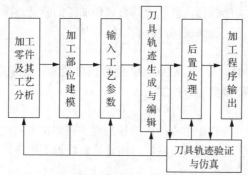

图 10-1 基于 CAD/CAM 的数控自动编程的基本步骤

1. 加工零件及其工艺分析

加工零件及其工艺分析是数控编程的基础，因此，与手工编程、APT（Automatically Programmed Tool）语言编程一样，基于 CAD/CAM 的数控编程首先也要进行这项工作。在计算机辅助工艺过程设计（Computer Aided Process Planning，CAPP）技术尚不完善的情况下，该项工作还需人工完成。随着 CAPP 技术及计算机集成制造技术（Computer Intergrated Manufacture System，CIMS）的发展与完善，这项工作终将交给计算机去完成。

加工零件及其工艺分析的主要任务有：零件几何尺寸、公差及精度要求的核准，确定加工方法、工夹量具及刀具，确定编程原点及编程坐标系，确定走刀路线及工艺参数。

2. 加工部位建模

加工部位建模是利用 CAD/CAM 集成数控编程软件的图形绘制、编辑修改、曲线曲面及实体造型等功能，将零件被加工部位的几何形状准确绘制在计算机中，同时在计算机内部以一定的数据结构对该图形加以记录。加工部位建模实质上是人将零件加工部位的相关信息提供给计算机的一种手段，它是自动编程系统进行自动编程的依据和基础。随着建模技术及 CIMS 的发展，将来的数控编程软件将可以直接从 CAD 模块获得相关信息，而无须再对加工部位进行建模。

3. 输入工艺参数

本步骤利用编程系统的相关菜单与对话框等，将第一步分析出的一些与工艺有关的参数输入系统。所需输入的工艺参数有：刀具类型、尺寸与材料、切削用量（主轴转速、进给速度、切削深度及加工余量）、毛坯信息（尺寸、材料等）、其他信息（安全平面、线性逼近误差、刀具轨迹间的残留高度、进退刀方式、走刀方式、冷却方式等）。当然，对于某一加工方式而言，可能只需要其中的部分工艺参数。随着 CAPP 技术的发展，这些工艺参数可以直接由 CAPP 系统来给出，工艺参数的输入这一步也就可以省掉了。

4. 刀具轨迹生成与编辑

完成上述操作后，编程系统将根据这些参数进行分析判断，自动完成有关基点、节点的计算，并对这些数据进行编排形成刀位数据，存入指定的刀位文件。

刀具轨迹生成后，具备刀具轨迹显示及交互编辑功能的系统可以将刀具轨迹显示出来。如果有不太合适的地方，可以在人工交互方式下对刀具轨迹进行适当的编辑与修改。

5. 刀位轨迹验证与仿真

生成刀位轨迹数据后，可以利用系统的验证与仿真模块检查其正确性与合理性。刀具轨迹验证是指使用计算机图形显示器把加工过程中的零件模型、刀具轨迹、刀具外形一起显示出来，以模拟零件的加工过程，检查刀具轨迹是否正确，加工过程是否发生过切，所选择的刀具、走刀路线、进退刀方式是否合理，刀具与约束面是否发生干涉与碰撞。仿真是指在计算机上，采用真实感图形显示技术，把加工过程中的零件模型、机床模型、夹具模型及刀具模型动态显示出来，模拟零件的实际加工过程。仿真过程的真实感较强，基本上具有试切加工的验证效果（对刀具受力变形、刀具强度及韧性不够等问题，仍然无法达到试切验证的目标）。

6. 后置处理

与 APT 语言自动编程一样，基于 CAD/CAM 的数控自动编程也需要进行后置处理，以便将刀位数据文件转换为数控系统所能接受的数控加工程序。

7. 加工程序输出

可以利用打印机把经后置处理而生成的数控加工程序打印出来，供人工阅读。有标准通信接口的机床控制系统还可以与编程计算机直接联机，由计算机将加工程序直接送给机床控制系统。

10.1.2　CAXA制造工程师数控编程系统简介

20 世纪 90 年代以前，市场上销售的 CAD/CAM 软件基本上来自国外。90 年代以后，国内在 CAD/CAM 技术研究和软件开发方面进行了卓有成效的工作，尤其是以 PC 为平台的软件系统，其功能已与国外同类软件相当，并在操作性、本地化服务方面具有优势。

一个好的数控编程系统，不仅仅能绘图、做轨迹、出加工代码，还能汇集先进加工工艺，记录、继承和发展先进加工经验。

北航海尔软件公司经过多年的不懈努力，推出了 CAXA 制造工程师数控编程系统。这套系统集 CAD、CAM 于一体，功能强大、易学易用、工艺性好、代码质量高。

CAXA 制造工程师的用户界面是全中文界面，和其他 Windows 风格的软件一样，各种应用功能通过菜单和工具条驱动；操作提示栏指导用户进行操作并提示当前状态和所处位置；状态树记录了历史操作和相互关系；绘图区显示各种功能操作的结果；同时，绘图区和状态树为用户提供了数据的交互功能。CAXA 制造工程师操作界面如图 10-2 所示。

1. 窗口布置

窗口最大的部分是绘图区，用于绘制图形和修改图形。

菜单栏位于屏幕的顶部。

工具条位于菜单栏的下方。

立即菜单位于屏幕的左边。

操作提示栏位于屏幕的底部。

2. 主菜单

主菜单如图 10-3 所示。

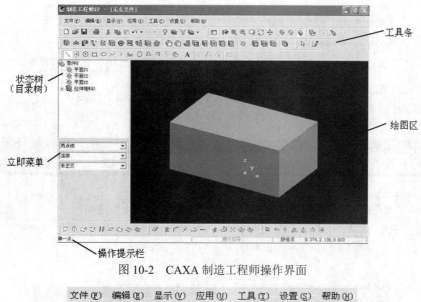

图 10-2　CAXA 制造工程师操作界面

文件 (F)　编辑 (E)　显示 (V)　应用 (U)　工具 (T)　设置 (S)　帮助 (H)

图 10-3　主菜单

3. 弹出菜单

通过按空格键弹出的菜单是当前命令下的子命令。不同命令状态下有不同的子命令组。表 10-1 列出了弹出菜单的功能。

表 10-1　　　　　　　　　　　　　　弹出菜单的功能

弹出菜单	说　明
点工具	确定当前选取点的方式，包括缺省点、屏幕点、中点、端点、圆心、垂足点、切点、最近点、控制点、刀位点和存在点等
矢量工具	确定矢量选取方向，包括直线方向、x 轴正方向、x 轴负方向、y 轴正方向、y 轴负方向、z 轴正方向、z 轴负方向和端点切矢等
选择集拾取工具	确定拾取集合的方式，包括拾取添加、拾取所有、拾取取消、取消尾项和取消所有等
轮廓拾取工具	确定轮廓的拾取方式，包括单个拾取、链拾取和限制链拾取等
岛拾取工具	确定岛的拾取方式，包括单个拾取、链拾取和限制链拾取等

4. 工具条

各类工具条如图 10-4～图 10-9 所示。

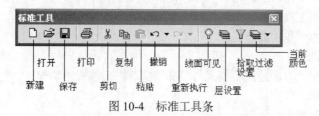

图 10-4　标准工具条

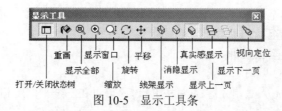

图 10-5　显示工具条

图 10-6　曲线工具条

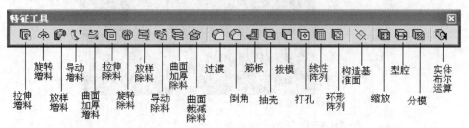

图 10-7　特征工具条

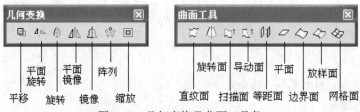

图 10-8　几何变换及曲面工具条

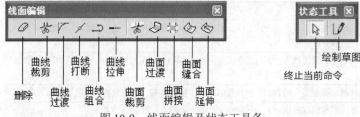

图 10-9　线面编辑及状态工具条

5. 键盘键与鼠标键

（1）回车键和数值键可以激活一个坐标输入条，在输入条中可以输入坐标值。如果坐标值以@开始，表示相对于前一个输入点的相对坐标；在某些情况下可以输入字符串。

（2）空格键弹出点工具菜单、矢量工具菜单等。

（3）以下为常用的一些功能热键。

F1：请求系统帮助。

F2：草图器。用于"草图绘制"模式与"非绘制草图"模式的切换。

F3：显示全部图形。

F4：重画（刷新）图形。

F5：将当前平面切换至 xOy 面。

F6：将当前平面切换至 yOz 面。

F7：将当前平面切换至 xOz 面。

F8：显示轴测图。

F9：切换作图平面（xy，xz，yz），重复按 F9 键，可以在三个平面中相互转换。

（4）鼠标左键可以用来激活菜单，确定位置点、拾取元素等；鼠标右键用来确定拾取、结束操作，终止命令。

10.2 零件的加工造型

10.2.1 曲线绘制

CAXA 制造工程师为曲线绘制提供了多项功能：直线、圆弧、圆、矩形、椭圆、样条、点、公式曲线、多边形、二次曲线、等距线、曲线投影、相关线、圆弧和文字等。用户可以利用这些功能，方便快捷地绘制各种各样复杂的图形。利用 CAXA 制造工程师编程加工时，主要应用曲线中的直线、矩形工具绘制零件的加工范围。

直线中的两点线就是在屏幕上按给定两点画一条直线段或按给定的连续条件画连续的直线段，如图 10-10 所示。

（1）单击 \ 按钮，在立即菜单中选择"两点线"。

（2）按状态栏提示，给出第一点和第二点，两点线生成。

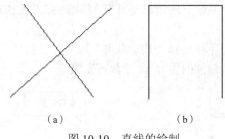

（a）　　　　　　　（b）

图 10-10　直线的绘制

矩形是图形构成的基本要素，为了适应各种情况下矩形的绘制，CAXA 制造工程师提供了两点矩形和中心_长_宽两种方式。

两点矩形就是给定对角线上两点绘制矩形，如图 10-11 所示。

（1）单击 □ 按钮，在立即菜单中选择"两点矩形"。

（2）给出起点和终点，矩形生成。

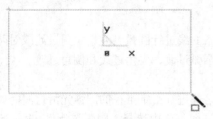

图 10-11　矩形的绘制（一）

中心_长_宽就是给定长度和宽度尺寸值来绘制矩形，如图 10-12 所示。

（1）单击 □ 按钮，在立即菜单中选择"中心_长_宽"，输入长度和宽度值。

（2）给出矩形中心（0，0），矩形生成。

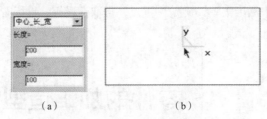

（a）   （b）

图 10-12　矩形的绘制（二）

10.2.2　曲线编辑

曲线编辑包括曲线裁剪、曲线过渡、曲线打断、曲线组合和曲线拉伸五种功能。

曲线编辑相关命令通过主菜单的下拉菜单和线面编辑工具条调取。线面编辑工具条如图 10-13 所示。

图 10-13　线面编辑工具条

1. 曲线裁剪

曲线裁剪中的快速裁剪是指系统对曲线修剪具有"指哪裁哪"的快速反应。曲线裁剪如图 10-14 所示。

（1）单击 按钮，在立即菜单中选择"快速裁剪"或"正常裁剪"（或"投影裁剪"）。

（2）拾取被裁剪线（选取被裁掉的段），快速裁剪完成。

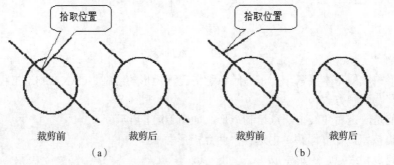

裁剪前   裁剪后   裁剪前   裁剪后
（a）   （b）

图 10-14　曲线裁剪

2. 曲线过渡

曲线过渡就是对指定的两条曲线进行圆弧过渡、尖角过渡或对两条直线倒角。

曲线过渡共有三种方式：圆弧过渡、尖角过渡和倒角过渡。

（1）圆弧过渡

圆弧过渡用于在两根曲线之间进行给定半径的圆弧光滑过渡，如图 10-15 所示。

第一步：单击 按钮，在立即菜单中选择"圆弧过渡"。输入半径，选择是否裁剪曲线 1 和曲线 2。

第二步：拾取曲线 1、曲线 2，圆弧过渡完成。

（2）尖角过渡

尖角过渡用于在给定的两根曲线之间进行过渡，过渡后在两曲线的交点处呈尖角。尖角过渡后，一根曲线被另一根曲线裁剪，如图 10-16 所示。

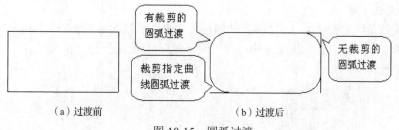

图 10-15　圆弧过渡

第一步：单击 按钮，在立即菜单中选择"尖角裁剪"。

第二步：拾取曲线 1、曲线 2，尖角过渡完成。

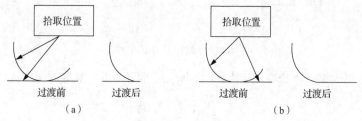

图 10-16　尖角过渡

（3）倒角过渡

倒角过渡用于在给定的两直线之间进行过渡，过渡后两直线之间有一条给定角度和长度的直线，如图 10-17 所示。

倒角过渡后，两直线可以被倒角线裁剪，也可以不被裁剪。

第一步：单击 按钮，在立即菜单中选择"倒角裁剪"。输入角度和距离值，选择是否裁剪曲线 1 和曲线 2。

第二步：拾取曲线 1、曲线 2，尖角过渡完成。

图 10-17　倒角过渡

10.2.3　几何变换

几何变换对于编辑图形和曲面有着极为重要的作用，可以极大地方便用户。几何变换是指对线、面进行变换（对造型实体无效），而且几何变换前后线、面的颜色、图层等属性不发生改变。几何变换共有七种功能：平移、平面旋转、旋转、平面镜像、镜像、阵列和缩放。几何变换工具条如图 10-18 所示。

平移就是对拾取到的曲线或曲面进行平移或复制。平移有两种方式：偏移量方式和两点方式。

图 10-18　几何变换工具条

1. 偏移量方式平移

偏移量方式就是给出在 x、y、z 三轴上的偏移量，来实现曲线或曲面的平移或复制。

（1）直接单击 ⬜ 按钮，在立即菜单中选择"偏移量"。复制或平移，输入 x、y、z 三轴上的偏移量，如图 10-19 所示。

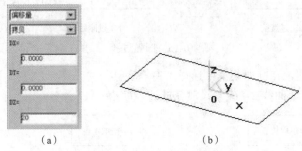

（a）　　　　　　　　　　　　（b）

图 10-19　偏移量方式平移

（2）操作提示栏中提示"拾取元素"，选择曲线或曲面，单击鼠标右键确认，平移完成，如图 10-20 所示。

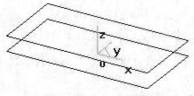

图 10-20　平移结果

2. 两点方式平移

两点方式就是给定平移元素的基点和目标点，来实现曲线或曲面的平移或复制。

（1）单击 ⬜ 按钮，在立即菜单中选取"两点"。复制或平移，正交或非正交，如图 10-21 所示。

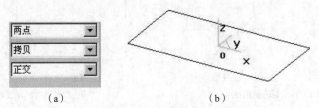

（a）　　　　　　　　　　　　（b）

图 10-21　两点方式平移

（2）拾取曲线或曲面，单击鼠标右键确认，输入基点，光标就可以拖动图形了，输入目标点，平移完成，如图 10-22 所示。

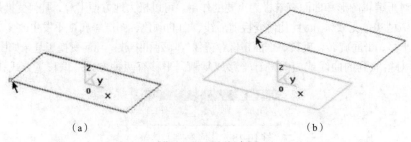

（a）　　　　　　　　　　　　（b）

图 10-22　平移过程

10.2.4 实体造型

CAXA 制造工程师提供基于实体的特征造型、自由曲面造型以及实体和曲面混合造型功能，可实现对任意复杂形状零件的造型设计。特征造型方式提供拉伸、旋转、导动、放样、过渡、倒角、打孔、抽壳、拔模、分模等功能，可创建参数化模型。下面主要介绍 CAXA 制造工程师的特征造型方法。

1. 拉伸

将草图平面内的一个轮廓曲线根据所选的拉伸类型做拉伸操作，用以生成一个增加或除去材料的特征。拉伸有拉伸增料和拉伸除料两种方式。

（1）操作过程

① 单击"造型"→"特征生成"→"增料"或"除料"→"拉伸"，或者直接单击 按钮或 按钮，弹出"拉伸"对话框，如图 10-23 所示。

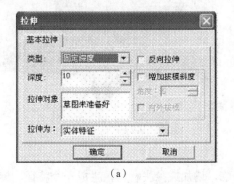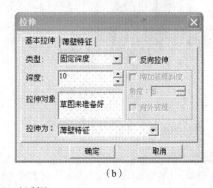

（a）　　　　　　　　　　　　　（b）

图 10-23 "拉伸"对话框

② 选取拉伸类型，填入深度，拾取草图，单击"确定"按钮完成操作。

（2）操作类型

拉伸特征分为实体特征和薄壁特征两种形式，如图 10-24 所示。实体特征是在封闭的草图内部生成实体。薄壁特征是以草图所形成的轮廓为外壁，内壁分别向内、外或两侧生成实体特征图。

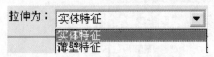

图 10-24 拉伸特征的两种特征形式

拉伸类型包括固定深度、双向拉伸和拉伸到面。固定深度是指按照给定的深度数值进行单向的拉伸。双向拉伸是指以草图为中心，向相反的两个方向进行拉伸，深度以草图为中心平分。拉伸到面是指拉伸位置以曲面为结束点。

（3）实例

① 利用固定深度拉伸方式，深度为 15，进行实体特征操作，拉伸出图 10-25 所示的五边体。

② 利用固定深度拉伸方式，深度为 15，拔模斜度 33，进行实体特征操作，拉伸出图 10-26 所示的五角星。

③ 利用固定深度拉伸方式，深度为 15，厚度为 10，进行薄壁特征操作，拉伸出图 10-27 所示形状。

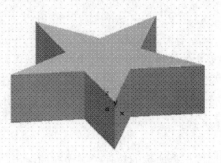

图 10-25　固定深度拉伸

图 10-26　拔模斜度拉伸

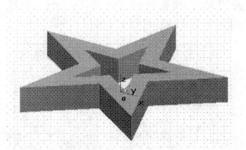

图 10-27　薄壁特征拉伸

2. 旋转

通过围绕一条空间直线旋转一个或多个封闭轮廓，增加或除去材料，生成一个特征。旋转有旋转增料和旋转除料两种方式。

（1）操作过程

① 单击"造型"→"特征生成"→"增料"或"除料"→"旋转"，或者直接单击  按钮或 按钮，弹出旋转对话框，如图 10-28 所示。

图 10-28　"旋转"对话框

图 10-29　旋转类型

② 选取旋转类型，填入角度，拾取草图或旋转轴线，单击"确定"按钮完成操作。

（2）操作类型

旋转类型包括单向旋转、对称旋转和双向旋转，如图 10-29 所示。单向旋转是指按照给定的角度值进行单向旋转。对称旋转是指以草图为中心，向相反的两个方向进行旋转，角度值以草图为中心平分。双向旋转是指以草图为起点，向两个方向进行旋转，角度值分别输入。

（3）实例

按照单向旋转方式，将图 10-30 所示的轮廓线围绕给定轴线旋转 360°，生成图 10-31 所示的实体。

3. 导动

导动是指某一截面线或轮廓线沿着另外一条轨迹线运动生成一个特征实体。截面线应为封闭的轮廓，截面线的运动形成了导动曲面。导动有导动增料和导动除料两种方式。

（1）操作过程

① 单击"造型"→"特征生成"→"增料"或"除料"→"导动"，或者直接单击  按钮或  按钮，弹出"导动"对话框，如图 10-32 所示。

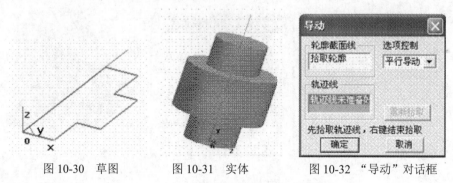

| 图 10-30 草图 | 图 10-31 实体 | 图 10-32 "导动"对话框 |

② 选取轮廓截面线，拾取轨迹线，单击"确定"按钮完成操作。

（2）操作类型

导动包括平行导动和固接导动两种方式，如图 10-33 所示。

平行导动是指截面线沿导动线趋势，始终平行它自身移动而生成的特征实体。

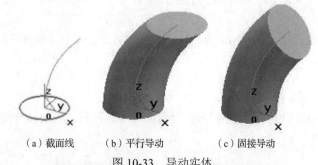

（a）截面线　　（b）平行导动　　（c）固接导动

图 10-33　导动实体

固接导动是指在导动过程中，截面线和导动线保持固接关系，即让截面线平面与导动线的切矢方向保持相对角度不变，而且截面线在自身相对坐标系中的位置保持不变，截面线沿导动线变化的趋势导动，生成特征实体。

4. 放样

放样是指根据多个截面线轮廓生成一个实体，截面线应为草图轮廓。放样有放样增料和放样除料两种方式。

（1）操作过程

① 单击"造型"→"特征生成"→"增料"或"除料"→"放样"，或者直接单击 按钮或 按钮，弹出"放样"对话框，如图 10-34 所示。

② 选取轮廓线，单击"确定"按钮完成操作。

轮廓是指需要放样的草图。

上和下是指调节拾取草图的顺序。

图 10-34　"放样"对话框

（2）操作事项

① 轮廓按照操作中的拾取顺序排列。

② 拾取轮廓时，要注意操作提示栏指示，拾取不同的边、不同的位置，会产生不同的结果。

（3）实例

按图 10-35 所示建立一个六棱体。运行命令，然后依次拾取各六边形草图轮廓。

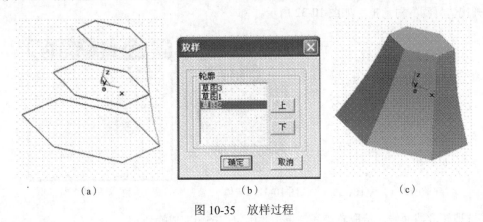

（a）　　　　　　　（b）　　　　　　　（c）

图 10-35　放样过程

5. 过渡

过渡是指以给定半径或半径规律在实体间做光滑过渡。

（1）操作过程

① 单击"造型"→"特征生成"→"过渡"，或者直接单击 按钮，弹出"过渡"对话框，如图 10-36 所示。

② 填入半径，确定过渡方式和结束方式，选择变化方式，拾取需要过渡的元素，单击"确定"按钮完成操作。

（2）操作类型

过渡方式有两种：等半径和变半径，如图 10-37 所示。

等半径是指整条边或面以固定的半径进行过渡。变半径是指边或面以渐变的半径进行过渡，需要分别指定各点的半径。

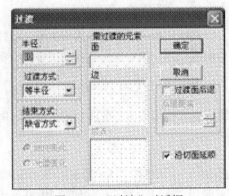

图 10-36　"过渡"对话框

结束方式有三种：缺省方式、保边方式和保面方式，如图 10-38 所示。

缺省方式是指以系统默认的保边或保面方式进行过渡。保边方式是指线面过渡，如图 10-38（a）所示。保面方式是指面面过渡，如图 10-38（c）所示。线性变化是指在变半径过渡时，过渡边界为直线。光滑变化是指在变半径过渡时，过渡边界为光滑的曲线。需要过渡的元素是指需要过渡的实体上的边或者面。

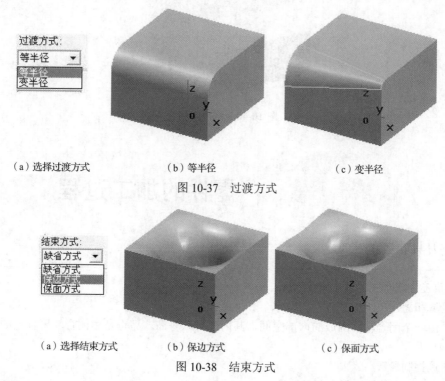

（a）选择过渡方式　　　　　（b）等半径　　　　　（c）变半径

图 10-37　过渡方式

（a）选择结束方式　　　　　（b）保边方式　　　　　（c）保面方式

图 10-38　结束方式

6. 倒角

倒角是指对实体的棱边进行光滑过渡。

（1）操作过程

① 单击"造型"→"特征生成"→"倒角"，或者直接单击 按钮，弹出"倒角"对话框，如图 10-39 所示。

② 填入距离和角度，拾取需要倒角的元素，单击"确定"按钮完成操作。

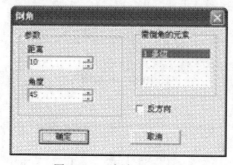

图 10-39　"倒角"对话框

（2）操作参数

在倒角操作中只有距离和角度两项需要进行参数设置。距离是指倒角的边尺寸，可以直接输入所需数值，也可以用按钮来调节。角度是指所倒角度的大小，可以直接输入所需数值，也可以用按钮来调节。需倒角的元素是指需要过渡的实体上的边。

倒角实例如图 10-40 所示。

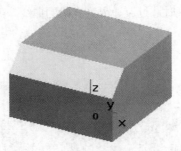

图 10-40　倒角实例

10.3 零件的加工过程

10.3.1　刀具轨迹的生成

1. 与轨迹生成有关的基本概念

（1）区域和岛

区域是由一个闭合轮廓围成的内部空间，其内部可以有岛。岛也是由闭合轮廓界定的。区域和岛如图 10-41 所示。

（2）轨迹控制参数

图 10-42 所示为数控铣削中各种速度。

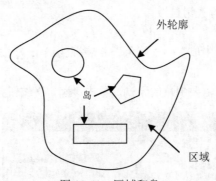

图 10-41　区域和岛

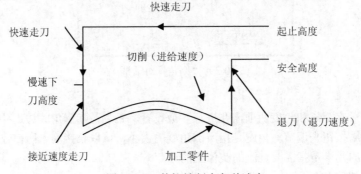

图 10-42　数控铣削中各种速度

（3）刀具参数

CAXA 制造工程师目前提供三种铣刀的参数：球刀（$r=R$）、端刀（$r=0$）和圆角刀（$r<R$），其中 R 为刀具的半径、r 为刀角半径。此外，刀具的参数还包括刀杆长度 L 和刀刃长度 l。

（4）刀具轨迹和刀位点

刀具轨迹是系统按给定工艺要求生成的，系统以图形方式显示轨迹。刀具轨迹由一系列有序的刀位点和连接这些刀位点的直线（直线插补）和圆弧（圆弧插补）组成。

（5）加工误差与步长

刀具轨迹相对于实际加工模型的偏差即为加工误差。用户可通过控制加工误差来控制加工的精度。在三轴加工中，还可以用给定步长的方式控制加工误差。步长用来控制刀具步进方向上每两个刀位点之间的距离。加工误差及步长如图 10-43 所示。

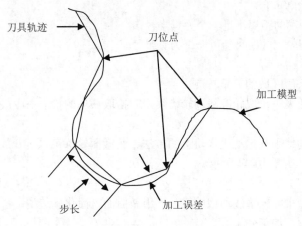

图 10-43　加工误差及步长

（6）行距、残留高度及刀次

行距指加工轨迹相邻两行刀具轨迹之间的距离。

在三轴加工中，行距造成两刀之间一些材料未被切削，这些材料距切削面的高度即为残留高度。在加工时，生成的刀位行数称为刀次。

（7）干涉

在切削被加工表面时，如果刀具切到了不应该切的部分，则称为出现干涉（或过切）现象。

（8）限制线

限制线指刀具轨迹不允许越过的线。在限制线加工中，刀具轨迹被限定在两系列限制线之间。

（9）限制面

限制面专门用来限制刀位轨迹，在参数线加工中会涉及。

2. **刀具库设置**

单击"应用"→"轨迹生成"→"刀具库管理"，系统弹出"刀具库管理"对话框，用来定义、确定刀具的有关数据。

3. **生成刀具轨迹前的参数设置**

（1）进退刀参数

选定合理的进退刀方式，可以避免刀的碰撞以及得到好的接口质量。进退刀方式主要有垂直、直线、圆弧和强制。

（2）下刀切入方式参数

下刀切入方式有垂直、螺旋、倾斜三种。

（3）清根参数

清根主要是把前面加工中因刀具原因没有切除掉的余量加工掉。

4．平面轮廓加工

平面轮廓加工主要用于加工封闭的和不封闭的轮廓。

其加工参数说明如下。

（1）拔模基准

当加工的零件带有拔模斜度时，零件顶层轮廓和底层轮廓的大小不一样。生成加工轨迹时，只需画出零件顶层或底层的一个轮廓形状即可，无须画出上下两个轮廓。拔模基准用来确定轮廓是零件的顶层还是底层轮廓。

（2）轮廓补偿

① ON：刀心线与轮廓重合。

② TO：刀心线到轮廓的距离不足一个刀具半径。

③ PAST：刀心线到轮廓的距离超过一个刀具半径。

5．平面区域加工

生成具有多个岛的平面区域的刀具轨迹。

操作步骤：填写参数表→拾取轮廓线→轮廓线走向拾取→岛的拾取→生成刀具轨迹。

6．导动加工

导动是轮廓线沿导动线平行运动生成轨迹的方法。其截面轮廓可以是开放的或封闭的，导动线必须是开放的。导动加工如图 10-44 所示。

其特点如下。

（1）做造型时，只做平面轮廓线和截面线，不用做曲面，简化了造型。

（2）它生成的代码短，加工效果好。

（3）生成轨迹的速度非常快。

（4）能够自动消除加工的刀具干涉现象。

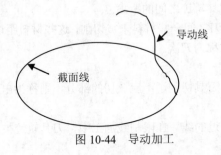

导动线

截面线

图 10-44　导动加工

注意

轮廓线必须在一个平面内，导动线所处的平面必须和轮廓线所处平面垂直。

7．参数线加工

参数线加工沿曲面的参数线方向产生三轴刀具轨迹，可以对单个或多个曲面进行加工，生成多个按曲面参数线行进的三轴刀具轨迹。

8．限制线加工

限制线加工生成多个曲面的三轴刀具轨迹，刀具轨迹被限制在两系列限制线之间，适用于多曲面的整体加工和局部加工。大刀加工完后，要用小刀加工局部区域残留量过多的部分时，用限制线加工就很方便。

9. 曲面轮廓加工

曲面轮廓加工生成沿一个轮廓加工曲面的刀具轨迹。

10. 曲面区域加工

曲面区域加工生成加工曲面上的封闭的刀具轨迹。

11. 投影加工

投影加工将已有的刀具轨迹投影到待加工曲面，生成该曲面的加工轨迹。

12. 曲线加工

曲线加工生成切削三维曲线的刀具轨迹。

13. 等高线粗加工

等高线粗加工生成大量去除毛坯材料的刀具轨迹。

其使用技巧如下。

（1）用户若选择环切，在粗加工凸模时，最好选"从外向里"选项；在加工凹模时，最好选择"从里向外"选项；若不能确定，则选择"从外向里"选项。这样能保证刀具从材料外进刀。

（2）粗加工最好用端刀。

（3）粗加工最好用往复切削。

（4）可以做局部粗加工，轮廓只画所要加工的部分。

14. 等高线精加工

等高线精加工属于两轴半加工，按等高距离下降一层层地做整体等高线加工，适用于曲面和实体较陡的面的加工，并可对等高线粗加工无法处理的部分（较平坦的部分）做补加工。本功能可对零件做精加工和半精加工。

15. 钻孔

钻孔生成钻孔的刀具轨迹。

16. 轨迹批处理

在生成刀具轨迹时，若选择"悬挂"，则系统当时并不计算刀具轨迹，只是将加工参数和拾取的几何体如实记录下来，在以后单击"轨迹生成批处理"时，系统才执行所有悬挂的计算。这样可以将运算量大的计算都悬挂起来，在工作人员休息时让系统做计算，大大节省了时间。

17. 生成加工工艺单

以 HTML 格式生成加工轨迹明细单，便于机床操作者对 G 代码程序的使用，也便于对 G 代码程序进行管理。

18. 加工轨迹仿真

加工轨迹仿真对两轴或三轴刀位轨迹进行具有真实感的切削加工仿真。

10.3.2　后置处理与加工代码

1. 后置设置

（1）增加机床。

（2）后置处理设置。

2. 生成 G 代码

按照当前机床类型的配置要求，把已经生成的刀具轨迹转化为 G 代码数据文件，即 CNC 程序。

3. 校核 G 代码

把生成的 G 代码文件反读入系统，生成刀具轨迹，以检查生成的 G 代码的正确性。

10.3.3　加工轨迹编辑

加工轨迹编辑是对已经生成的刀具轨迹和刀具轨迹中的刀位行或刀位点进行增加、删减等操作。系统提供包括刀位裁剪、刀位反向、插入刀位、删除刀位、两点间抬刀、清除抬刀、轨迹打断、轨迹连接、轨迹仿真、参数修改等功能。

10.4 项目：CAXA 制图并仿真加工

1.　实训目的

通过实际模型的造型设计，学习拉伸、旋转、过渡等实体特征及扫描面的生成方法。

2.　实训任务

（1）实体造型。

（2）生成刀具轨迹

（3）后置处理，生成加工代码。

3.　实例

（1）零件图

由图 10-45 可知，五角星的形状主要是由多个空间面组成的，因此在构造实体时首先应使用空间曲线构造实体的空间线架，然后利用直纹面生成曲面（可以逐个生成，也可以对生成的一个角的曲面做圆形均布阵列），最终生成所有的曲面。最后使用曲面裁剪实体的方法生成实体，完成造型。

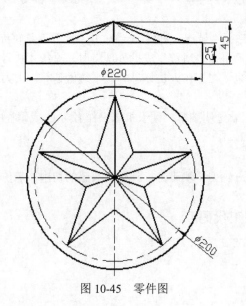

图 10-45　零件图

① 做正多边形。

② 使用平面剪裁生成五角星外平面。

③ 使用直纹面构造 10 个五角星侧面。

④ 拉伸增料生成实体特征。

⑤ 使用曲面裁剪生成五角星实体特征。

（2）加工前的准备工作

① 设定加工刀具

第一步：增加铣刀在状态树加工管理区内选择"刀具库"命令，弹出"刀具库管理"对话框。单击"增加刀具"按钮，在对话框中输入铣刀名称"D10，r3"，增加一个粗加工需要的铣刀；在对话框中输入铣刀名称"D10，r0"，增加一个精加工需要的铣刀。

刀具名称一般都以铣刀的直径和刀角半径来表示，并尽量和工厂中用刀的习惯一致。刀具名称一般表示形式为"D10，r3"，D 代表刀具直径，r 代表刀角半径。

第二步：设定增加的铣刀的参数。在"刀具库管理"对话框中输入正确的数值，刀具定义即可完成。其中，刀刃长度和刃杆长度与仿真有关而与实际加工无关，在实际加工中要正确选择吃刀量和吃刀深度，以免损坏刀具。

② 后置设置

用户可以添加当前使用的机床，给出机床名，定义适合自己机床的后置格式。系统默认的格式为 FANUC 系统的格式。

第一步：单击"加工"→"后置处理"→"后置设置"，弹出"后置设置"对话框。

第二步：增加机床设置。选择当前机床类型。

第三步：后置处理设置。选择"后置处理设置"标签，根据当前的机床设置各个参数。

③ 设定加工范围

此例的加工范围直接拾取实体造型上的圆柱体轮廓线即可。

（3）五角星常规加工

加工思路：等高线粗加工、等高线精加工、等高线补加工。

五角星的整体形状较为平坦，因此整体加工时应该选择等高线粗加工，精加工时应采用等高线精加工、等高线补加工。

① 等高线粗加工

第一步：单击主菜单中"加工"→"毛坯"，弹出"定义毛坯"对话框，采用"参照模型"方式定义毛坯。

第二步：单击主菜单中"加工"→"粗加工"→"等高线粗加工"，弹出"等高线粗加工"对话框。

第三步：设置"等高线粗加工参数""切削用量""进退刀参数""下刀方式"（安全高度设为 50）"铣刀参数""加工边界"（z 轴设定最大值为 30）。

第四步：单击"确定"按钮→拾取五角星→拾取圆柱体轮廓线→拾取轮廓搜索方向箭头→单击鼠标右键，生成的刀具轨迹如图 10-46 所示。

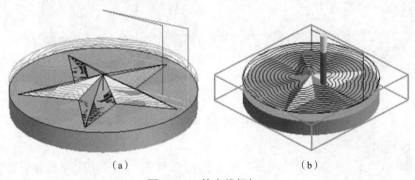

（a）   （b）

图 10-46　等高线粗加工

② 等高线精加工

第一步：单击主菜单中"加工"→"毛坯"，弹出"定义毛坯"对话框，采用"参照模型"方式定义毛坯。

第二步：单击主菜单中"加工项"→"精加工"→"等高线精加工"，弹出"等高线精加工"对话框。

第三步：设置"加工参数""切削用量""进退刀参数""下刀方式""铣刀参数""加工边界"。

第四步：单击"确定"按钮→拾取加工曲面→拾取加工边界→单击鼠标右键，生成的刀具轨迹如图 10-47 所示。

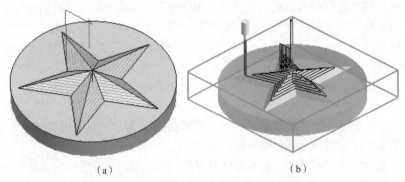

（a） （b）

图 10-47 等高线精加工

③ 等高线补加工

第一步：单击主菜单中"加工"→"毛坯"，弹出"定义毛坯"对话框，采用"参考模型"方式定义毛坯。

第二步：单击主菜单中"加工"→"补加工"→"等高线补加工"，弹出"等高线补加工"对话框。

第三步：设置"加工参数""切削用量""进退刀参数""下刀方式""铣刀参数"。

第四步：单击"确定"按钮→拾取加工对象→单击鼠标右键→拾取轮廓边界→单击鼠标右键，生成的刀具轨迹如图 10-48 所示。

仿真检验无误后，可保存粗/精加工轨迹。

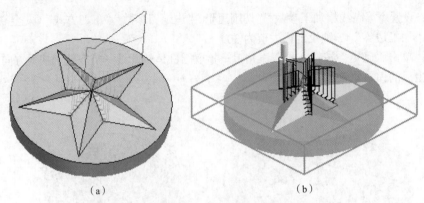

（a） （b）

图 10-48 等高线补加工

④ 生成 G 代码

第一步：单击"加工"→"后置处理"→"生成 G 代码"，在弹出的"选择后置文件"对话框中给定要生成的 NC 代码文件名（五角星.cut）及其存储路径，单击"确定"按钮退出。

第二步：分别拾取粗加工轨迹、精加工轨迹和补加工轨迹，单击鼠标右键确定，生成加工 G 代码。

⑤ 生成加工工艺清单

生成加工工艺清单的目的有三个。

一是车间加工的需要。当加工程序较多时可以使加工有条理，不会产生混乱。

二是方便编程者和机床操作者的交流，口述的内容没有纸面上的文字清楚。

三是车间生产和技术管理上的需要。加工完的零件图形档案、G 代码程序可以和加工工艺清单一起保存，后续如需要再加工此零件，可以取出来立即加工，不需要再做重复的工作。

第一步：单击"加工"→"工艺清单"，弹出"选择 HTML 文件名"对话框，选择文件存放目录。

第二步：在屏幕右下角单击"拾取加工轨迹"，用鼠标选中全部刀具轨迹，单击鼠标右键，在弹出的快捷菜单中选择"生成工艺清单"命令。

第三步：加工工艺清单可以用 IE 浏览器来查看，也可以用 Word 来查看，并且可以用 Word 来进行修改和添加。

至此，五角星的造型、生成加工轨迹、加工轨迹仿真检查、生成 G 代码程序，生成加工工艺清单的工作已经全部做完，可以把加工工艺清单和 G 代码程序通过工厂的局域网送到车间去。

第11章 虚拟仿真技术与应用

11.1 计算机仿真技术简介

11.1.1 仿真与系统仿真

1. 仿真的概念

根据国际标准化组织（ISO）的解释，"模拟"（Simulation），即使用另一个系统来表示一个物理或抽象系统的过程；"仿真"（Emulation），即使用另一种数据处理系统的硬件完全或部分地模仿目标系统，让模仿系统得到相同的数据，执行相同的程序，获得相同的结果。本书讲述的仿真技术涵盖"模拟"和"仿真"，可理解为"模拟真实世界"的技术。

2. 仿真的方法

一般采用蒙特卡罗方法进行仿真。它是以随机或概率统计理论为基础的计算方法，通过使用随机数来解决很多计算问题。蒙特卡罗方法是在 20 世纪 40 年代中期为适应原子能事业的发展而走向成熟的。其基本思想是，当所要求了解的问题是某种事件出现的概率（或某个随机变量的期望）时，可以通过某种"试验"的方法，得到这种事件出现的频率（或这个随机变量的期望），并用它们作为问题的解。

蒙特卡罗方法通过抓住事物运动的几何数量和几何特征，利用数学方法来进行模拟，即数字仿真。它以一个概率模型为基础，按照这个模型所描绘的过程，通过模拟试验的结果，找到问题的近似解。采用蒙特卡罗方法解决问题可以归结为三个主要步骤：构造或描述概率过程；从已知概率分布抽样；建立各种估计量。

蒙特卡罗方法起源于 1876 年，但是直到 75 年后才被命名，原因是在数字计算机出现之前，这种方法在许多重要问题上无法应用。从 1946 年到 1952 年，数字计算机在一些科研机构得到发展，使得冗长的计算成为可能，这种计算正是蒙特卡罗方法所要求的。

3. 系统仿真的定义

系统仿真是建立在控制理论、相似理论、信息处理技术和计算技术等理论基础之上，它以计算机和其他专用物理效应设备为工具，利用系统模型对真实或假想的系统进行试验，并借助于专家的经验知识、统计数据和信息资料对试验结果进行分析研究，进而做出决策的一门综合性和实验性的学科。

4. 系统仿真的基本活动

要进行仿真试验，系统和系统模型是两个主要因素。由于复杂系统的模型处理和模型求解离不开高性能的信息处理装置，计算机理所当然地充当了这一角色，因此系统仿真实质上包括了系统、系统模型和计算机三个基本要素，相应地也就包括了模型建立、仿真模型建立和仿真试验三个基本活动。

（1）模型建立

对所研究的对象或问题，首先需要根据仿真的目的抽象出一个确定的系统，并给出这个系统的边界条件和约束条件。在此之后，需要利用各种相关学科的知识，把所抽象出来的系统用数学的表达式描述出来，这就是"数学模型"。该模型是进行计算机仿真的核心。

系统的数学模型根据时间关系，可分为静态模型、连续时间动态模型、离散时间动态模型和混合时间动态模型；根据系统的状态描述和变化方式，可分为连续变量系统模型和离散事件系统模型。

（2）仿真模型建立

仿真模型的建立是通过各种适当的算法和计算机语言将上一步抽象出来的数学表达式转换为计算机能够处理的形式，这种形式所表现的内容就是"仿真模型"。这个模型是进行计算机仿真的关键。实现这一过程，既可以自行开发一个新的系统，也可以运用现在市场上已有的仿真软件。

（3）仿真试验

将上一步得到的仿真模型载入计算机，按照预先设置的试验方案来运行仿真模型，得到一系列的仿真结果，这就是"模型的仿真试验"。具备了上面的条件之后，仿真试验是一个很容易的事情。但是，应该如何来评价这个仿真的结果呢？这就需要分析仿真结果的可靠性。检验仿真结果的可靠性有两种方法，即置信通道法和仿真过程的反向验证法。

5. 系统仿真的分类

系统仿真可分为物理仿真、半物理仿真和计算机仿真。

（1）物理仿真

物理仿真是按照实际系统的物理性质构造系统的物理模型，在物理模型上进行试验研究，其特点是直观形象、逼真度高，但代价高、周期长。在数字计算机出现以前，仿真都是利用实物或者它的模型来进行的。

（2）半物理仿真

半物理仿真即混合仿真，是将系统的一部分以数学模型描述，并把它转化为仿真计算模型，将另一部分以实物方式引入仿真回路。针对存在建立数学模型困难的子系统的情况，必须使用此类仿真，如航空航天、武器系统等研究领域的仿真。

（3）计算机仿真

计算机仿真即数字仿真。首先建立系统的数学模型，并将数学模型转化为仿真计算模型，通过仿真计算模型的运行来达到对系统运行的目的。现代计算机仿真由仿真系统的软件/硬件环境、动画与图形显示、输入/输出等设备组成。

11.1.2 计算机仿真技术

1. 仿真技术

计算机仿真技术是一门综合性信息技术，它通过专用软件整合图像、声音、动画等，将三维的现实环境、物体模拟成多维表现形式的计算机仿真，再以数字媒介作为载体呈现给人们。人们通过该媒介浏览观赏时就如身临其境一般，并且可以选择任意角度观看任意范围内的场景，或选择观看物体的任意部分。身临其境的真实感和超越现实的虚拟性，以及建立个人能够沉浸其中、超越其上、进出自如、具有交互功能的多维信息系统的追求，推动了计算机仿真技术在众多领域中的应用与发展。

计算机仿真技术的发展与控制工程、系统工程及计算机技术的发展有密切的联系。一方面，控制工程、系统工程的发展，促进了仿真技术的广泛应用；另一方面，计算机的出现以及计算机技术的发展，又为仿真技术的发展提供了强大的支撑。计算机仿真作为一种必不可少的工具，在减少损失、节约经费开支、缩短开发周期、提高产品质量等方面发挥了重要的作用。

计算机仿真的用途已经非常广泛，已渗透到社会的各个领域。例如，未来的核试验可以不用核弹而用计算机仿真来进行。联合国在 1996 年 9 月 10 日通过了《全面禁止核试验条约》，但是该条约只是宣告了核试验在实爆方面的结束；事实上，许多国家即使不进行核试验，也能运用高速大规模计算机，在三维空间对核爆炸全过程进行全方位模拟。图 11-1 所示为计算机模拟核爆炸仿真画面。

图 11-1　计算机模拟核爆炸仿真画面

2. 计算机仿真技术的应用

由于各行各业广泛使用计算机模拟，目前仿真技术已经应用到各个领域，为各行各业注入了新的活力并不断促进其发展。下面以汽车制造领域、交通领域、教育培训领域、医学领域、规划设计领域及应急演练领域为例，简要介绍计算机仿真技术的应用情况。

（1）汽车制造领域

汽车制造有很多实验课题，难度大、成本高。计算机仿真技术的引入，有效地解决了这方面的问题。

① 发动机方面，多缸柴油机启动过程的计算机仿真模型可用于多缸柴油机的启动性能仿真；对进气管内气体流动的动态仿真直观地描述了瞬态过程。为多缸发动机换气过程的研究提供了一种有效方法。

② 汽车流场方面，计算机仿真成功地模拟了汽车尾流场的气流分离和拖曳涡现象，建立了两种车型的汽车外流场空气动力学模型，仿真试验取得了令人满意的结果。

③ 碰撞试验方面，研究者根据汽车碰撞的事故形态与乘员伤害之间的规律，建立了乘员动力学响应的数学模型，并开发出了相应的仿真软件，该系统可部分代替实车碰撞试验进行汽车被动安全性能的研究。

④ 其他方面，汽车的制动过程和汽车转向的轻便性问题都可通过计算机仿真进行研究。

（2）交通领域

交通是由人、车、道路和环境构成的一个复杂的人机系统，事故的诱发因素是多方面因素的综合。交通安全的评价应充分考虑人、车、道路和环境等诸方面因素的作用和影响。交通安全仿真是基于虚拟现实技术的方法，通过建立一个虚拟的环境评价体系，并在这个虚拟环境中设计各种诱发事故的因素，同时对某区域和某路段的交通安全水平进行全过程的跟踪和评价。交通安全仿真及评价系统的核心是计算机仿真。不同于传统的数值仿真过程，它是一种可视化的仿真。例如，对某路段的交通安全进行评价，除采用传统的绝对数法和事故率法之外，还将交通参与者的认知和行为也考虑在内。在该虚拟环境中，可以选择不同的运载工具，设置不同的交通环境，以交通参与者或第三方的角度进行发生事故的可能性的测试和分析，从而实现对路段的安全性评价。这为交通设施的建设和完善提供了依据，也为交通事故分析提供了一种新的方法。

（3）教育培训领域

虚拟仿真技术可以营造自主学习的环境，使学习方式由传统的"以教促学"转换为学习者通过自身与信息环境的相互作用来得到知识、技能。在一些对安全要求很高的行业（如轨道交通、航空航天、能源开采、机械加工、化工等），正式上岗前的培训非常重要，但传统的培训方式显然不适合高危行业的培训需求，虚拟仿真技术的引入可以为培训者提供一个逼真的虚拟场景，培训者可以在这个真实沉浸感很强的虚拟环境中，与场景中的设备进行交互，以获取重要经验。

（4）医学领域

在虚拟环境中可以建立人体模型，以便了解人体内部各器官的结构。医生在真正动手术前，可通过虚拟仿真技术的帮助，在虚拟环境中反复模拟手术，寻找最佳的手术方案并提高熟练度。在远距离遥控外科手术、复杂手术的计划安排、手术过程的信息指导、手术后果预测及改善残疾人生活状况等方面，虚拟仿真技术都能发挥十分重要的作用。

（5）规划设计领域

利用虚拟仿真技术，将三维地面模型、城市街道、建筑物及景观、室内设计等的三维立体模型融合在一起，用户可以直观地感受规划和设计效果，大大提高了设计和规划的质量与效率。

（6）应急演练领域

虚拟仿真可以为应急演练提供一种全新的模式，可以将事故现场模拟到虚拟场景中，人为地制造各种事故情况，组织参加演练的人员做出正确响应。这种演练大大降低了成本，提高了演练实训的效果，有利于演练者掌握面对事故、灾难时的应对技能，并且可以打破空间的限制，利用网络组织多地的人员联合演练。虚拟仿真演练具有逼真性、针对性、自主性、安全性等特点。

11.1.3　仿真可视化与虚拟现实

20 世纪 90 年代以来，随着复杂系统仿真应用需求的不断提高和应用领域的不断扩展，计算机仿真已经从纯数字仿真发展到虚拟环境仿真技术的新阶段。现在的仿真系统已经是综合的仿真系统，并且实现了网络化。仿真可视化是仿真与可视化技术的结合，将仿真中的数字信息变成直观的、以图形图像表示的、随时间和空间变化的仿真过程，呈现在研究人员面前，使研究人员能够知道系统中变量之间、变量与参数之间、变量与外部环境之间的关系，直接获得系统的静态和动态特性。同时，仿真可视化还提供了观察数据交互作用的手段，研究人员可以实时地跟踪并有效地驾驭数据模拟与试验过程。仿真可视化有两层内涵：仿真结果可视化与仿真计算过程可视化。

1. 仿真动画

仿真动画是将仿真技术和动画技术相结合，利用动画把仿真过程描述得更直观、更形象。它是最为直接地表现模型行为的图形技术方法。动画技术应用于仿真有以下两种方式。

（1）非实时仿真动画：即先运行仿真程序，并存储仿真数据，结束后作为动画的驱动数据，不具备动画与仿真的交互能力。它广泛应用于不需要仿真实时处理和交互的领域，如建筑设计、城市规划、影视制作等。这时可以把模型做得更逼真一些。

（2）实时仿真动画：即与仿真同步的实时动画，主要侧重仿真过程和结果的实时表现和交互，而把仿真动画的逼真性放在次要位置。它广泛应用于要求仿真实时处理和交互的领域，如航空航天、测绘、建筑、化学分子建模、军事训练等。

2. 视景仿真

视景仿真是仿真动画的高级阶段，也是虚拟现实技术最重要的表现形式。它是使用户产生身临其境感觉的交互式仿真环境，实现了用户与该环境直接进行自然交互。视景仿真采用计算机图形图像技术，根据仿真的目的，构造仿真对象的三维模型或再现真实的环境，达到非常逼真的仿真效果。

视景仿真是计算机技术、图形处理与图像生成技术、立体影像和音响技术、信息合成技术、显示技术等高新技术的综合运用。视景仿真已成为仿真系统软件的一个主要组成部分，是虚拟现实技术、分布式交互仿真技术主要的内容之一。

一个视景仿真系统由三部分组成，即视景数据库、图像生成器和显示系统。视景数据库包括几何定义数据、仿真环境需要的色彩和纹理；图像生成器绘制的内容是仿真器从视点定义的，这些数据存储在视景数据库中；显示系统可以是投影仪、普通显示器或者头盔式显示器。视景仿真应用于城市规划仿真、大型工程漫游、名胜古迹虚拟旅游、虚拟现实房产推销、作战训练和武器研制等领域。

3. 虚拟现实

虚拟现实（Virtual Reality，VR）是20世纪末期发展起来的一种涉及众多学科的高新实用技术，又称"灵境""幻境"。它是一种全新的人机交互系统，集成了先进的计算机技术、传感与测量技术、仿真技术、微电子技术，利用计算机生成虚拟环境，能对介入者产生各种感官刺激（如视觉、听觉、触觉、嗅觉等），给人以身临其境的感觉，并且人还可以以自然的方式与环境进行交互，强调了人在虚拟环境中的主导作用。

虚拟现实是利用计算机生成一种模拟环境（如飞机驾驶舱、操作现场等），通过各种传感设备使用户沉浸到该环境中，实现用户与该环境直接进行自然交互的技术。模拟环境是计算机生成的具有表面色彩的立体图形，它可以是现实世界的真实体现，也可以是纯粹虚构的世界。传感设备包括立体头盔、数据手套、数据衣等。自然交互是指用日常使用方式对环境内物体进行操作。

4. 增强现实技术

增强现实（Augmented Reality，AR）技术一般指的是将计算机产生的虚拟信息或物体叠加到现实场景中，从而制造出虚实结合的混合场景的技术。用户通过头戴式显示设备（HMD）、视觉眼镜或监测设备等，从混合场景中得到更多关于现实场景的信息。增强现实能提供一种半沉浸式的环境，强调真实场景与虚拟信息或物体在时间上的准确对应关系。与传统的虚拟现实不同，增强现实是在已有的现实场景的基础上，为操作者提供一种虚实复合的视觉效果。当操作者在真实场景中移动时，虚拟物体也随之变化，使虚拟物体与真实环境完美结合，这样既可以减少生成复杂环境的硬件开销，又便于对虚拟物体进行操作，真正达到亦真亦幻的境界。增强现实系统一般由头戴式显示器、位置跟踪系统、交互设备及计算设备和软件组成。增强现实技术融合了多媒体、三维建模、实时视频显示及控制、多传感器融合、实时跟踪及注册、场景融合等多项新技术与新手段。

由于 AR 技术大大提升了人类的感知能力，因此它已经开始影响人们的日常生活，其应用日渐成熟。AR 技术可广泛应用于军事、医疗、建筑、教育、工程设计、装备运维、影视、娱乐与艺术等领域。

5. VR、AR 的区别

（1）环境体验

VR 使用者看到的场景和人物都是假的，它将用户引入一个虚拟的场景。AR 使用者看到的场景和人物部分是真的、部分是假的，它将计算机构建的虚拟环境与真实环境融为一体。

（2）技术设备

VR 侧重利用计算机构建一个虚拟场景，一般采用沉浸式头盔式显示器来将使用者的视觉与现实环境隔离，让使用者完全沉浸在虚拟环境中。AR 使用者处于虚实结合的场景中，设备应能自动跟踪并对周围的真实场景进行 3D 建模，因此要借助能将虚拟环境与真实环境融合的显示设备。VR 不需要摄像头，AR 需要摄像头。

（3）应用

VR 技术一般应用于高成本、危险的项目，主要用在虚拟教育、军事仿真训练、工程设计、娱乐、城市规划交通等方面。AR 技术主要利用附加信息去增强使用者对真实环境的感官认识，主要应用于辅助教学与培训、医疗试验与解剖训练、军事侦察及作战指挥、远程机器人控制、精密仪器制造与维修、娱乐等方面。

11.1.4　系统与建模方法

1. 系统

仿真的第一步是建立与实际系统相符合的仿真模型。如何抽象提取系统中对用户有用的因素，并用已知的知识体系描述并求解，这是建模中的关键环节。模型建立后如何在计算机上通过仿真工具实现，则依赖于仿真工具的计算能力和特点。

实际应用中，可根据不同的需要将系统分成各种类型，例如，工程系统、非工程系统，线性连续系统、采样系统、离散系统，白色系统、灰色系统、黑色系统，简单系统、复杂系统，小系统、大系统、巨系统，等等。

2. 系统模型

模型是系统的物理的、数学的或其他方式的逻辑表述，它以某种确定的形式（如符号、文字、图表、实物、数学公式等）提供关于系统的知识。仿真是研究系统的一种重要手段。系统模型则是仿真所要研究的直接对象。

从某种意义上说，模型是系统的代表，同时也是对系统的简化。由于不同的分析者所关心的是系统的不同方面，或者同一分析者要了解系统的各种变化关系，因此对同一个系统可以产生相应于不同层的多种模型。

3. 建模的方法

建模通常有分析法、测试法、统计分析法等几种方法，下面分别做简要介绍。

（1）分析法

分析法（演绎法/理论建模）是根据系统的工作原理，运用一些已知的定理、定律、原理推导系统的数学模型。分析法主要针对内部结构和特性已经清楚的系统，即所谓的"白箱"系统。使用该方法的前提是对系统的运行机理完全清楚。

（2）测试法

测试法（归纳法/试验建模/系统辨识）是通过试验方法，选择各种典型的输入量，并测试其相应的输出量，然后按照一定的辨识方法得到系统模型。测试法主要针对内部结构和特性不清楚或者难以弄清楚的系统，即所谓的"黑箱"或"灰箱"系统，通常只用于建立输入/输出模型。测试法又可分为经典辨识法和系统辨识法两大类。

① 经典辨识法

经典辨识法不考虑测试数据中偶然性误差的影响，只需对少量的测试数据进行比较简单的数学处理，其计算工作量一般较小。经典辨识法包括时域法、频域法和相关分析法。

② 系统辨识法

系统辨识法是在输入和输出数据的基础上，从一组给定的模型类中确定一个与所测系统等价的模式。其特点是可以清除测试数据中的偶然性误差（噪声）的影响。由于需要处理大量的测试数据，因此计算机是不可缺少的工具。

（3）统计分析法

对于那些属于"黑箱"，但又无法直接进行试验观察的系统，可以采用数据收集和统计分析的方法来建造系统模型。统计分析法使用的前提是必须有足够正确的数据，所建的模型也只能保证在这个范围内有效。足够的数据不仅仅是指数据量大，数据的内容也必须丰富（频带要宽），能够充分激励要建模系统的特性。

大部分系统模型的构建往往是上述几种方法综合运用的结果，如果一个复杂系统有多个子系统，则多个子系统可能会用不同的方法进行分析，最后整合成一个总体模型。在实际应用中，要清楚每种方法的局限性，掌握适用范围。

11.1.5 仿真模型算法

1. 仿真算法的概念和性能

仿真算法是指在计算机上建立仿真模型进行仿真研究的方法。在系统模型转换为计算机模型的过程中，算法是核心问题。为具体系统选择算法需要关注算法的性能，对不同的算法进行比较。算法的性能包括误差、收敛性、计算效率等。例如，微分方程常用的数值积分法有多种解法，而每种解法各有千秋，要根据实际问题进行选择。选择算法，首先要考虑的是算法的稳定性。若运算过程中计算误差不断增长，则算法是不稳定的；反之，则是稳定的。此外，由于计算机采用浮点数进行运算，因此误差在所难免。

系统仿真中，往往要处理刚性问题。刚性问题往往包含多个相互作用而变化速度却十分悬殊的子过程，若对其整体进行数值求解会给计算带来不少麻烦，特别是对大系统问题，会增加相当大的计算量。为了提高计算质量，对这类问题我们可采用分而治之的策略，即对不同时间尺度部分采用不同的处理方法，一般采用微分方程求解，而不采用积分算法。

2. 系统的仿真算法

（1）连续系统

连续系统的特点是系统的状态随时间连续变化，由于数字计算机数值及时间均具有离散性，而系统的数值及时间具有连续性，因此连续系统仿真的本质是从时间、数值两方面对原系统离散化，并选择合适的数值计算方法来近似积分运算，从而得到离散模型。

（2）离散系统

离散系统的主要特点是系统性能状态变量只在随机的时间点上发生跃变，而在两个时间点之间不发生任何变化。这是这类系统区别于连续系统的主要方面，也是数学建模的根本依据。离散系统仿真不同于连续系统仿真。在连续系统仿真中，时间通常被分割成均等的或非均等的间隔，并以一个基本的时间计时，而离散系统的仿真则经常是面向事件的，系统中的状态只是在离散时间点上发生变化，而且这些离散时间点一般是不确定的，如订票系统、库存系统、交通控制系统等。

3. 优化算法

系统仿真要注重系统的稳定性及精度，以达到用户对仿真的稳定性及精度的要求，如效果不好就应当分析仿真中存在的误差及产生误差的原因，找到适当的方法加以优化改进。常见的优化算法如下。

（1）遗传算法

遗传算法是利用模拟生物遗传过程的数学模型进行群体化优化遗传的。遗传算法的处理对象是问题参数编码集形成的个体，遗传过程用"选择、交叉、突变"三个算子进行模拟，产生和优选后代群体。经过若干代的遗传，将获得满足问题目标要求的优化解。

（2）神经网络算法

人工神经网络主要是由大量与自然神经细胞类似的人工神经元连接而成的网络，是模仿生物神经网络功能的一种经验模型，输入和输出之间的变换关系一般是非线性的。首先根据输入的信息建立神经元，然后通过学习或自组织等过程建立相应的非线性数学模型，并不断进行修正，使输出的结果不断接近实际值。

（3）模拟退火算法

模拟退火算法主要是将待求解的问题化为一个能量函数来计算，通过使用模拟退火算法，使这个能量函数按照统计力学中的"退火"要领到达一个最低温度，这个最小值正好对应于一定约束条件下的问题的近似最优解。

（4）蚁群算法

蚁群算法是一种用来寻找优化路径的算法，利用的是蚁群整体体现智能的行为。该算法主要借助每只蚂蚁在路过的地方留下的"信息素"，形成一种类似正反馈的机制，这样经过一段时间的启发式搜索后，就能发现最优路径，整个蚁群就可以沿最短路径到达食物源。蚁群算法是进化算法中的一种启发式全局优化算法。

11.1.6　仿真系统与设计

1.　仿真系统

仿真系统是仿真技术应用于社会各个领域的一种主要形式，是研究各种复杂问题的得力工具。仿真系统是指为了满足某一应用目的，运用仿真技术构建的、基于仿真模型进行试验研究的系统。仿真系统从不同的角度有多种不同的分类方法：按仿真对象性质可分为连续仿真系统、离散仿真系统；按功能及用途可分为工程仿真系统、训练仿真系统、决策支持仿真系统；按系统数学模型描述方法可分为定量仿真系统、定性仿真系统、智能仿真系统。

2.　仿真系统设计

仿真系统的设计是指依据合理的设计原理、步骤、内容与要求，在预期的经费下，在尽可能短的工程周期内，设计出实现应用需求、达到应用目的、满足应用性能指标的仿真系统。实践表明，仿真系统设计主要包括需求设计、功能设计、结构设计。

（1）需求设计

需求分析的基本任务是准确地回答"需要仿真系统做什么"，即系统必须完成哪些工作、达到什么目的，也就是对仿真系统提出完整、准确、清晰、具体的任务描述。设计人员应仔细研究这些内容，并进一步将它们具体化。需求设计结束时设计人员应当给出一份需求设计文档。该文档内容包括详细的任务目的描述、与所研究问题的关系，以及必要的数据流图、数据字典和一组简明的算法描述。

在编写仿真系统需求设计文档时，应当遵循以下一些原则。

① 从实现中分离任务，即描述"做什么"，无须描述"怎么做"。

② 要求有一个面向处理的说明，描述仿真系统的动态行为。

③ 清楚描述系统各元素之间的关系。

④ 对系统的运行环境进行说明，以保持系统接口描述的一致性。

⑤ 系统必须以使用者能够接受和理解的形式进行描述。

⑥ 系统必须是可操作的。

⑦ 系统必须容忍不完备性和具备可修改性。

⑧ 系统必须局部化和松散化。

（2）功能设计

系统需求对仿真系统应完成的任务有一个基本说明。说明通常以自然语言的形式出现，即使采用一定的符号系统，也难以呈现系统应具有的功能结构及其基本功能模块的划分。尤其对于大型仿真系统来说，需要实现的任务繁重、功能较多，往往存在多种层次划分方式及解决方法。系统进行功能设计时，需注意以下几个原则。

① 功能的完备性。这里的完备性指的是按照系统需求全面满足使用者的任务需要。在总体功能描述中，应通过一项或几项功能的组合实现用户的每一项需求。

② 模块化。在任务需求明确的前提下，完成系统总体功能。将系统总体功能划分为不同的模块，可以有不同的方案，便于评比。其基本要求是模块本身的独立程度高、模块之间的交互关系清晰、交互的数据较少。

③ 能进行仿真系统分析。从总体功能描述出发，对系统进行初步分析，形成系统的初步结构。注意系统的结构设计决策及关键性能需求的实现等几个重要方面。

④ 考虑复用的可能性。这也是与系统结构有关的重要内容。功能模块在系统内部、相似的系统之间互用，有利于加快仿真系统开发的进度以及形成仿真的最小系统，并为类似系统的开发提供标准。

（3）结构设计

① 硬件结构设计

仿真系统往往是硬件、软件的结合体。分析硬件功能，确定各类硬件在系统中的作用、位置，确定硬件与硬件、硬件与软件之间的逻辑关系、工作流程，最大限度地提高系统的可靠性，是硬件功能分析的要点。仿真系统的类型不同，对硬件、软件的要求也会大相径庭。在确定硬件系统的构成后，应阐明仿真试验过程中各硬件的地位、作用，尤其是系统内部指令、数据的流向，按照国家标准要求绘制详细的硬件配置图，指明硬件的连接和通信方式。

② 软件结构设计

软件结构的设计是整个仿真系统开发过程中关键的一步，没有一个合适的结构，想做出成功的软件设计几乎是不可能的。软件结构设计的目的是建立一个基本软件框架，设计系统软件的主要子系统以及它们之间的通信。不同类型的系统需要不同的结构，甚至一个系统的不同子系统也需要不同的结构。结构的选择往往是系统设计成败的关键。

11.2 虚拟现实系统的交互设备

交互设备用于把各种信息输入计算机，并向用户提供相应的反馈。它们是使用户能以人类自然行为与虚拟环境交互的必要工具。根据传感渠道以及功能和目的的不同，虚拟现实（VR）系统的交互设备主要分为三维跟踪传感设备、立体显示设备、人机交互设备以及系统集成设备等几大类。

11.2.1 VR的三维跟踪传感设备

虚拟现实技术是在三维空间中与人交互的技术，为了能及时、准确地获取人的动作信息，需要有各类高精度、高可靠的跟踪、定位设备。例如，为了感知用户的视线，需要跟踪用户头部的位置和方向；为了在虚拟环境中移动物体或用户的身体，就要跟踪用户全身各部位的位置等。因此，必须要研制与三维交互相适应的跟踪装置（见图11-2），而这种实时跟踪及交互装置主要依赖于传感器技术，它是VR系统中实现人机之间沟通的极其重要的通信手段，是实时处理的关键技术。

VR的各种应用基本上都是跟踪用户头部或手的运动，也有的监测使用者的眼睛（视线）或面部表情。常用的跟踪传感技术主要有电磁波、超声波、机械、光学和图像提取等，它们被广泛地应用在头盔式显示器、数据手套等三维交互设备的功能设计中。

图 11-2　Polhemus 的 Fastrak 跟踪定位器

（1）电磁波跟踪器

这是一种最为常用的跟踪器，它使用一个信号发生器（3 个正交线圈组）产生低频电磁场，然后由放置于接收器中的另外 3 个正交线圈组接收，通过获得的感应电流和磁场场强的 9 个数据来计算被跟踪物体的位置和方向（见图 11-3）。电磁波跟踪器体积小、价格便宜，用户运动自由，而且其敏感性不依赖于跟踪方位，但是其系统延迟较长，跟踪范围小，且准确度容易受环境中大的金属物体或其他磁场的影响。

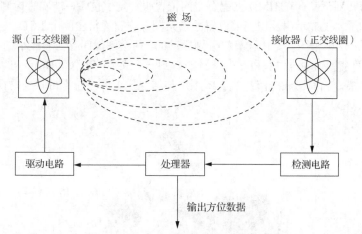

图 11-3　交流电磁跟踪系统的工作原理

（2）超声波跟踪器

超声波跟踪器的工作原理是发射器发出高频超声波脉冲（频率 20kHz 以上）后，由接收器计算收到信号的时间差、相位差或声压差等，以跟踪物体的距离和方位。超声波跟踪器的性能适中，成本低廉，而且不会受外部磁场和大块金属物质的干扰。但是，它的敏感性容易受接收器的方位和空气密度的影响。

按照测量方法的不同，超声波位置跟踪技术通常可以分为两大类：飞行时间跟踪和相位相干跟踪。飞行时间跟踪是通过测量声波的飞行时间延迟来确定距离的。它同时使用多组发射器和接收器，以便获得一系列的距离量，从而计算准确的位置和方向。这种方法具有较好的精确度和响应性，但容易受外界噪声脉冲的干扰，同时数据传输率还会随监测范围的扩大而降低，因而比较适用于小范围内的操作环境。相位相干跟踪则是通过比较基准信号和传感器监测到的发射信号之间的相位差来确定距离的。由于相位可被连续测量，因而这种方法具有较高的数据传输率。同时，多次的滤波还可以保证系统监测的精确度、响应性以及耐久性等不受外界噪声的干扰。

（3）光学跟踪器

光学跟踪也是一种较为常见的跟踪技术。光学跟踪器可以以自然光、激光或红外线等为光源，但为避免干扰用户的视线，目前多采用红外线方式。与电磁波和超声波这两种跟踪器相比，光学跟踪器的可工作范围小，但其数据处理速度、响应性都非常好，因而较适用于头部活动范围受限，但要求具有较高刷新率和精确度的实时应用。

（4）其他空间跟踪器

其他空间跟踪器包括机械跟踪器、惯性跟踪器、图像提取跟踪器。

11.2.2　VR的立体显示设备

对虚拟世界的沉浸感主要依赖于人类的视觉感知，因而三维立体视觉是虚拟现实技术的第一传感通道。虽然桌面式 VR 系统可以使用普通的计算机屏幕作为显示设备，但它不能提供大视野、双眼的立体视觉效果。因此，我们需要一些专门的立体显示设备来增强用户在虚拟环境中的视觉沉浸感。现阶段常用的显示设备主要有头盔式显示器（HMD）、双目全方位显示器（BOOM）、CRT 终端、大屏幕投影及 3D 显示器等。

（1）HMD

HMD 是 VR 系统中普遍采用的一种立体显示设备，它通常安装在头部，并用机械方法固定，头与头盔之间不能有相对运动。在 HMD 上配有空间位置跟踪定位设备，能实时检测头部的位置，VR 系统能在 HMD 的屏幕上显示出反映当前位置的场景图像。它通常由两个 LCD 或 CRT 显示器分别向左右眼提供图像。这两个图像是由计算机分别驱动的，两个图像间存在着微小的差别，类似于"双眼视差"。大脑将两个图像融合以获得深度感知，得到一个立体的图像。HMD 可以将使用者与外界完全隔离或部分隔离，因而已成为沉浸式 VR 系统与增强式 VR 系统不可缺少的视觉输出设备。图 11-4 所示为两种 HMD。

（a）Virtual Research V8

（b）ProView 60

图 11-4　Virtual Research V8 和 ProView 60 两种 HMD

（2）BOOM

BOOM 是一种可移动式显示器。它由两个互相垂直的机械臂支撑，这不仅让使用者可以在半径约 2m 的球面空间内自由移动，还能巧妙地平衡显示器的质量而使之始终保持水平，不受平台的运动影响。机械臂上的每个节点处都有位置跟踪器，因此 BOOM 和 HMD 一样有实时观测和交互能力。

与 HMD 相比，BOOM 采用高分辨率的 CRT 显示器，其分辨率高于 HMD，且图像柔和。BOOM 的位置及方向跟踪是通过计算机械臂节点角度的变化来实现的，因而其系统延迟小，且不受磁场和超声波背景噪声的影响。虽然它的沉浸感稍差些，但使用这种设备可以自由地进出虚拟环境（使用者只要把头从观测点转开，就能离开虚拟环境而进入现实世界），因此它具有方便灵活的应用特点。BOOM 的缺点是使用者的运动受限，这是因为工作空间中心支撑架造成了"死区"。图 11-5 所示为用于设计核潜艇的 BOOM。

图 11-5　用于设计核潜艇的 BOOM

（3）CRT 终端——液晶光闸眼镜

CRT 终端——液晶光闸眼镜立体视觉系统的工作原理是：由计算机分别产生左右眼的两幅图像，经过合成处理后，采用分时交替的方法显示在 CRT 终端上，如图 11-6 所示。用户佩戴一副与计算机相连的液晶光闸眼镜，眼镜的左右镜片在驱动电信号的作用下，将以与图像显示同步的速率交替"开"（透光）"闭"（遮光），即当计算机显示左眼图像时，右眼透镜将被遮闭，而当计算机显示右眼图像时，左眼透镜则被遮闭。这样做可以让用户的左右眼分别只看到相应的左右图像。根据双目视差与深度距离的正比关系，人的视觉系统可以自动将这两幅视差图像融合成一个立体图像。

图 11-6　CRT 终端——液晶光闸眼镜

CRT 终端——液晶光闸眼镜相对于 HMD 和 BOOM 的特点如下。

① 设备价格低、质量轻，使用舒适。

② 比 HMD 形成的图像清晰。

③ 图像亮度不如普通屏幕。

④ 沉浸感较差。

（4）大屏幕投影——液晶光闸眼镜

此设备要求用于投影的 CRT 投影机或数字投影机具有极高的亮度和分辨率，它适合于在较大的视野内产生投影图像的应用需求，如图 11-7 所示。例如，美国芝加哥大学研制的 CAVE（洞穴）系统构造了一个由 4 面投影屏幕形成的立方体虚拟环境，各屏幕（背投式）同时显示从某一固定观察点看到的所有视像，提供一种全景式的环境。大屏幕投影需要复杂而又昂贵的计算机投影控制系统，通常采用球面大屏幕，投影机位于球心，具有与双摄像机立体观察器相同的俯仰和偏转两个位置，形成一定的视景环绕感。投影式 VR 系统在一些公众场合中很理想，如艺术馆或娱乐中心，因为参与者几乎不需要任何专用硬件，而且它允许很多人同时享受一种虚拟现实的经历。

图 11-7　大屏幕投影——液晶光闸眼镜

（5）3D 显示器

3D 显示器用户不需要戴上专门的眼镜也能观察到立体的图像。这项技术不同于普通显示器中的发射与反射类型。如图 11-8 所示，光源从显示器的下面向上发射，通过显示器内部的发射与折射，使用户看到立体的图像。这项技术的一个显著优点在于对显示器周围的环境没有任何严格的要求。这种显示器目前面临的主要问题是制作成本太高。

图 11-8　3D 显示器

11.2.3　VR的人机交互设备

一般的跟踪、探测设备都具有简单、紧凑和易于操作等优点，但它们自身构造的限制使操作者手的活动仅限于一个小区域中，减弱了与虚拟世界交互的直观性。借助各种专用的设备，操作者可以获得大范围的基于手势的交互自由度。

1. 数据手套

数据手套（Data Glove）是一种被广泛使用的传感设备。它是一种戴在用户手上的虚拟的手套，用于与 VR 系统进行交互，可在虚拟世界中对物体进行抓取、移动、装配、操作、控制；它还可以把手指伸屈时的各种姿势转换成数字信号送给计算机，计算机通过应用程序识别用户的手在虚拟世界中的姿势，执行相应的操作。在实际应用中，数据手套还必须配有空间位置跟踪定位设备，以检测手的实际位置和方向。

现在已经有多种传感数据手套问世，它们之间的区别主要在于采用的传感器不同。目前典型的数据手套有以下几种。

（1）VPL 数据手套

VPL 数据手套是由轻质的富有弹性的莱卡（Lycra）材料制成的。它采用体积小、重量轻、可方便地安装在手套上的光纤作为传感器，用于测量手指关节的弯曲程度。

（2）赛伯手套

赛伯手套（Cyber Glove）是为把美国手语翻译成英语而设计的。在手套上织有多个由两片应变电阻片组成的传感器，当手指弯曲时一片受到挤压，另一片受到拉伸，使两个电阻片的电阻分别发生变化，电阻变化通过电桥转换为相应的电压变化，此数据被送入计算机进行处理，计算出各手指的弯曲状态。

（3）DHM 手套

这是一种金属结构的传感手套，通常安装在用户的手臂上，其安装及拆卸过程相对比较烦琐，在每次使用前需进行调整。DHM 传感手套响应速度快、分辨率高、精度高，但价格较高，常用于精度要求较高的场合。

2. 数据衣

数据衣是采用与数据手套同样的原理制成的，是为了让 VR 系统识别全身运动而设计的输入装置，如图 11-9 所示。它将大量的光纤安装在一件紧身衣上，可以检测人的四肢、腰等部位的活动，以及各关节（如手腕、肘关节）弯曲的角度。它能对人体的 50 多个不同的关节进行测量，通过光电转换，将身体的运动信息送入计算机进行图像重建。目前，这种设备正处于研发阶段，因为每个人的身体差异较大，存在着如何协调大量传感器的同步等各种问题，但随着科技的进步，此种设备必将有较大的发展。

数据衣主要应用在一些复杂环境中，对物体进行跟踪和对人体运动进行跟踪与捕捉。

图 11-9　数据衣

3. 三维控制器

（1）三维空间鼠标

三维空间鼠标（3D Mouse）可以完成虚拟空间中 6 自由度的操作。其工作原理是在鼠标内部安装超声波或电磁发射器，利用配套的接收设备检测鼠标在空间中的位置与方向。三维空间鼠标与其他设备相比成本低，通常应用于建筑设计等领域。

（2）力矩球

力矩球（Space Ball）的中心是固定的，并装有 6 个发光二极管。力矩球有一个活动的外层，也装有 6 个相应的光接收器。当使用者用手对球的外层施加力和力矩时，根据弹簧形变的法则，6 个光传感器测出 3 个力和 3 个力矩的信息，并将信息传回计算机，即可计算出虚拟空间中某物体的位置和方向。

如图 11-10 所示，力矩球通常安装在固定平台上，可以用手进行扭转、挤压、压下、拉出、来回摇摆等操作。力矩球的优点是简单而且耐用；缺点是可以操纵物体，但在选取物体时不够直观，使用前一般要进行培训与学习。

（a）　　　　　　　　　　　（b）

图 11-10　力矩球

（3）三维模型数字化仪

三维模型数字化仪，又称为三维扫描仪或三维扫描数字化仪，是一种先进的三维模型建立设备，利用 CCD 成像、激光扫描等手段实现物体模型的取样，同时通过配套的矢量化软件对三维模型数据进行数字化。它特别适合于建立一些不规则三维物体的模型，如人体器官和骨骼、出土文物等。三维数字模型的建立，在医疗、动植物研究、文物保护等领域有广阔的应用前景。三维模型数字化仪扫描石膏像如图 11-11 所示。

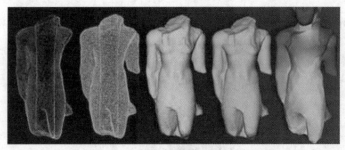

图 11-11　三维模型数字化仪扫描石膏像

三维模型数字化仪的工作原理是：由三维模型数字化仪向被扫描的物体发射激光，通过摄像机从每个角度扫描并记录下物体各个面的轮廓信息，安装在其上的空间位置跟踪定位设备也同步记录下位置及方向的变换信息，并将这些数据送入计算机，再采用相应的软件进行处理，得到与物体对应的三维模型。

11.2.4　VR的系统集成设备

VR 系统需要处理大量来自各种设备的感知信息、模型和数据，因此，建立一个以计算机为核心，将多种 I/O 交互设备协调组合在一起的硬件平台，是 VR 系统集成的关键技术。计算机系统作为虚拟现实系统的核心，必须具有足够强大的功能才能完成实时处理、数据 I/O、虚拟场景的管理和生成等。它一方面要保障虚拟三维场景的实时计算和显示，尽量减少延迟；另一方面还要协调各种 I/O 交互设备之间的工作，以确保系统整体运行的性能。某 VR 硬件集成系统的组成如图 11-12 所示。

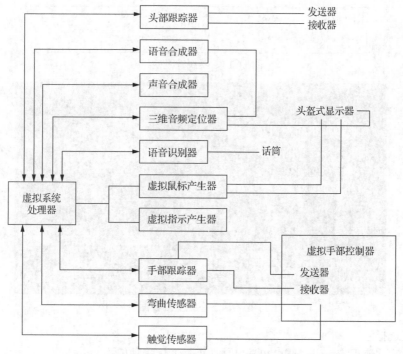

图 11-12　某 VR 硬件集成系统的组成

11.3 项目一：车床加工及安全虚拟仿真实验

1. 实训目的

（1）掌握操作安全规程。通过逼真的图片和声音演示安全事故，让学生对车床加工危险性有更加深刻的认识。

（2）熟悉车床操作步骤。学生在反复安装工件、装夹车刀、对刀试切、零件加工等实践中逐步熟悉车床的操作过程。

（3）熟悉加工工艺流程。学生制定工艺流程不正确时，系统语音提示正确流程，巩固机械加工工艺知识。

2. 实训任务

（1）参照车床加工及安全虚拟仿真实验项目的操作说明书，掌握该系统的注册及登录方法、导航栏和菜单栏的具体功能、三种操作模式的选取方法、各功能模块的使用方法。

（2）学生通过结构认知模块掌握车床的功能原理和组成结构。

（3）根据具体项目预设报警点，学生结合工艺流程在安全操作模块中选取相应项目进行操作，进行体验式训练。

3. 实例

（1）熟悉系统

使用 Firefox 浏览器或 Chrome 浏览器输入 http://180.209.98.49:8080，如图 11-13 所示。

出现系统登录界面后，输入姓名和学号进行登录，如图 11-14 所示。

图 11-13　系统登录网址

图 11-14　系统登录界面

（2）模式选择

在交互式工艺流程模块中主要存在学习、训练、考核三种模式。

① 学习模式

在该模式下，学生学习车床基本结构及机械原理，通过单击鼠标可以静态和动态按步骤学习各车床部件名称。

② 训练模式

在该模式下，学生学习安全操作流程，学生需要单步操作车床，操作错误会有报警提示。

③ 考核模式

在该模式下，学生可以在规定的时间内进行自测，提交后能看到正确答案。（题目是随机的）

（3）事故案例

事故案例告知学生普通车床操作过程的安全知识。通过详细的事故经过和事故分析，使学生提高安全意识，敲响安全警钟。事故案例界面如图 11-15 所示。

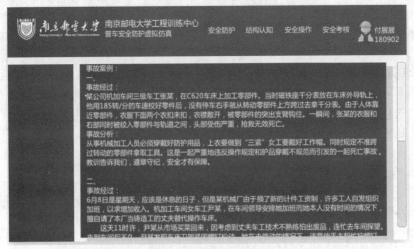

图 11-15　事故案例界面

（4）操作规程

该模块讲解具体的安全须知。学生应明确机械加工的注意事项，不能违规操作，否则有生命危险。车工安全操作规程如图 11-16 所示。

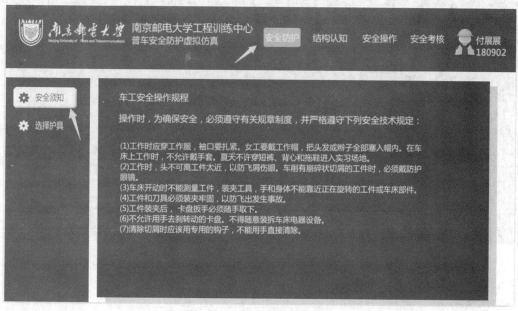

图 11-16　车工安全操作规程

（5）安全防护

对照安全操作规程，学生自主选择"安全五件宝"，即安全帽、安全鞋、手套、安全服、防护眼罩。选择正确，则进入车间学习和操作；否则，要重新进行选择。安全防护选择如图 11-17 所示。

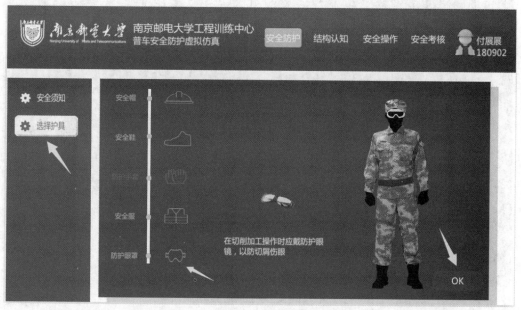

图 11-17　安全防护选择

系统提醒操作者，了解安全防护的重要性以后，才能进入下一个认知学习模块，如图 11-18 所示。

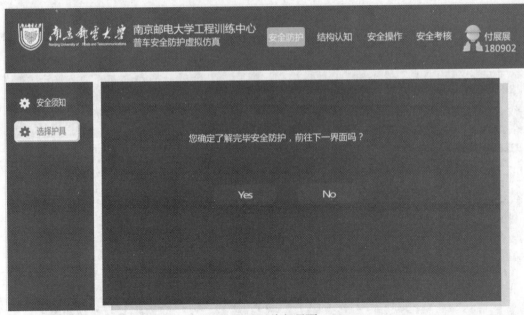

图 11-18　询问界面

（6）结构认知

单击"结构认知"，了解普通车床的结构、组成以及工作原理。

① 静态环境

鼠标左键单击模型可以看到车床结构的名称及相互位置关系。静态结构认知和机床结构认知如图 11-19 和图 11-20 所示。

图 11-19　静态结构认知

② 动态模式

熟悉车床主轴箱内部传动原理，进一步了解内部结构、传动方式。动态结构认知如图 11-21 所示。

图 11-20　机床结构认知

图 11-21　动态结构认知

（7）开关机

① 检查油压、气压、开关、电气等是否正常，然后打开电源总开关，启动车床，操作车床的各个坐标轴返回普通车床参考点，以保证普通车床的后续操作正常无误。

② 检查普通车床各系统的运行情况是否正常。开关机界面如图 11-22 所示。

（8）工件装夹

按照机械加工工艺流程，根据工件的材料特性，装夹工件。

工件装夹界面如图 11-23 所示。

装夹工件须拧满夹紧，不然在开机之后可能发生工件飞出伤人事件。危险报警界面如图 11-24 所示。

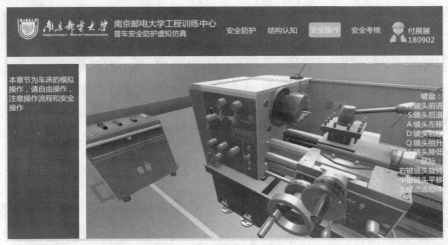

图 11-22　开关机界面

图 11-23　工件装夹界面

图 11-24　危险报警界面

（9）车刀安装

车床的加工范围较广，不同的加工形状需要不同的车刀切削。所以工具箱上放有三种不同车刀，供学生选择。

车刀选择界面如图 11-25 所示。

图 11-25　车刀选择界面

（10）工件试切

① 操作人员离转盘太近，容易发生卷绕和绞缠。

② 车刀离卡盘太近，易发生车刀崩坏，甚至飞出伤人事件，预设蓝色安全区域控制，使学员在操作时明确安全范围。鼠标单击大托盘和小托盘进行顺时针旋转，达到遥控托盘靠近工件的效果。超越安全区域会提示错误。

工件试切界面如图 11-26 所示。安全事故界面如图 11-27 所示。

图 11-26　工件试切界面

（11）零件加工

该模块在操作的环节不给予任何提醒，完全由学员自由操作，教学软件中可自由交互，学员须按照正常的操作流程进行操作，在打开开关的状态下可以开启车床，添加工件模拟车削工作。

图 11-27　安全事故界面

安全操作界面如图 11-28 所示。切削加工界面如图 11-29 所示。

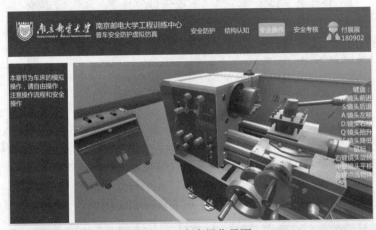

图 11-28　安全操作界面

图 11-29　切削加工界面

（12）车床维护

操作完毕，关闭电源开关，卸下工件、车刀。打扫车床，点击油壶给车床加润滑油。车床维护界面如图 11-30 所示。

图 11-30　车床维护界面

（13）安全考核

安全考核模块分为选择题和判断题，提交答案以后可以看到成绩。题库为随机题库，每次打开会有不同的题目分数一致。安全考核界面和安全考核答案界面分别如图 11-31 和图 11-32 所示。

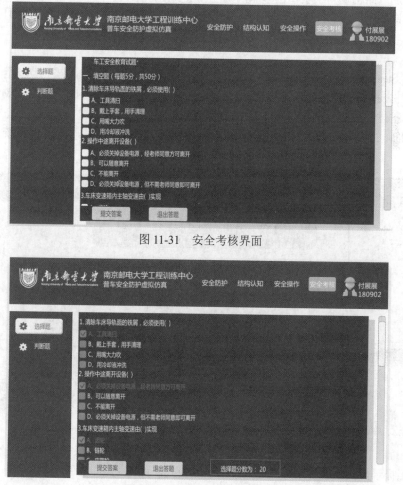

图 11-31　安全考核界面

图 11-32　安全考核答案界面

11.4 项目二：车床加工及安全虚拟现实实验

1. 实训目的

（1）掌握操作安全规程。通过逼真的图片和声音演示安全事故，让学生对车床加工危险性有更加深刻的认识。

（2）熟悉车床操作步骤。学生在反复安装工件、装夹车刀、对刀试切、零件加工等实践中逐步熟悉车床的操作过程。

（3）熟悉加工工艺流程。学生制定工艺流程不正确时，系统语音提示正确流程，巩固机械加工工艺知识。

2. 实训任务

（1）参照车床加工及安全虚拟现实实验项目的操作说明书，掌握该系统的注册及登录方法、导航栏和菜单栏的具体功能、三种操作模式的选取方法、各功能模块的使用方法。

（2）学生通过结构认知模块掌握车床的功能原理和组成结构。

（3）根据具体项目预设报警点，学生结合工艺流程在安全操作模块中选取相应项目进行操作，进行体验式训练。

3. 实例

（1）打开 SteamVR 软件，连接 HTC Vive 设备并根据提示进行校准，当一切运行顺畅时，再打开 IdeaVR 软件，找到制作完成的工程文件目录，打开工程命令-加载可执行文件（.world 格式），打开普车安全防护虚拟仿真案例。

（2）如图 11-33 所示，先单击"交互编辑"，再单击"加载交互"，即可使系统进入人机交互状态。

图 11-33　加载交互界面

（3）按照提示，找到手柄菜单键进入手柄触发模式，如图 11-34 和图 11-35 所示。

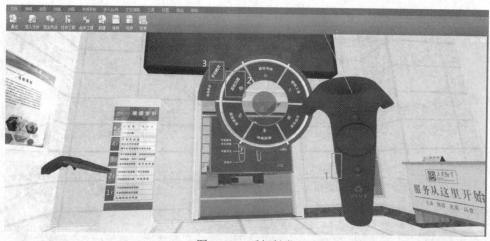

图 11-34　手柄触发

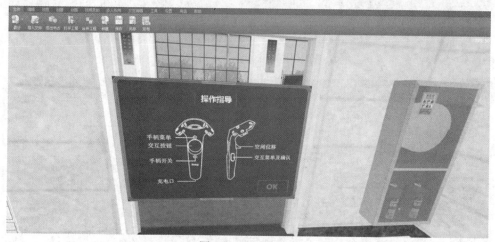

图 11-35　手柄菜单

（4）上一步操作结束之后，移动到主交互面板，选取相应的安全防护装备，如图 11-36 所示。

图 11-36　安全防护装备

（5）选择完毕之后，可以进入车间。有正常操作和误操作两个模式，首先开始正常操作的流程，选择"是"即可开始，如图 11-37 所示。

图 11-37　车间模式选择

（6）每一步操作会有光标指示。机床开关机如图 11-38 所示。

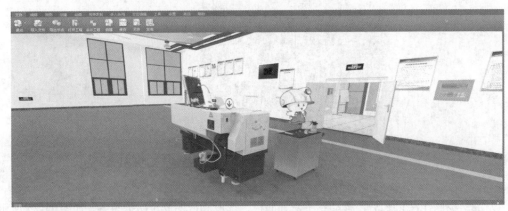

图 11-38　机床开关机

（7）依据提示，进行每一步正常操作。使用卡盘扳手夹牢工件，选择刀具和夹具，如图 11-39～图 11-44 所示。

图 11-39　打开安全防护罩

图 11-40　三爪卡盘

图 11-41　选取毛坯

图 11-42　夹牢工件

图 11-43　盖上安全防护罩

图 11-44　装夹刀具

（8）机器开始正常运转，如图 11-45 和图 11-46 所示。

图 11-45　启动主轴

图 11-46　切削工件

（9）操作完成后，需要将夹具、刀具放回原处，点击小推车上面的油壶为导轨加油，如图 11-47 和图 11-48 所示。

图 11-47　回退大、小托板

图 11-48　机床保养

（10）完成操作，结束之后需要关闭电源，如图 11-49 所示。

图 11-49　关闭车床电源

（11）正常模式运转结束以后，提醒是否进入非正常运转模式，如图 11-50 所示。选择"是"，弹出误操作模式列表，如图 11-51 所示。

图 11-50　非正常模式

图 11-51　误操作模式

　　误操作模式有四种：卡盘扳手忘记取下、卡盘工件未牢固、进刀量太大、缠绕现象，分别如图 11-52～图 11-55 所示。

　　根据界面的提示进行每一步操作，伴随语音提示，每一个误操作都会有持续的字面提示。选择"返回"，结束当前误操作。

图 11-52　卡盘扳手忘记取下

图 11-53　卡盘工件未牢固

图 11-54　进刀量太大

图 11-55　缠绕现象

12.1 电火花线切割加工简介

电火花线切割（Wire Electrical Discharge Machining，WEDM）加工，是电加工中的一种。苏联拉扎连科夫妇研究开关触点受火花放电腐蚀损坏的现象和原因时，发现电火花的瞬时高温可以使局部的金属熔化、氧化而被腐蚀，从而开创和发明了电火花加工方法。线切割机于1960年发明于苏联，我国是第一个将其用于工业生产的国家。

电火花线切割加工

电火花线切割主要用于加工各种形状复杂和精密细小的工件，如冲裁模的凸模、凹模、凸凹模、固定板、卸料板等，成形刀具、样板、电火花成形加工用的金属电极，各种微细孔槽、窄缝、任意曲线等。它具有加工余量小、加工精度高、生产周期短、制造成本低等突出优点，已在生产中获得广泛的应用。目前，国内外的电火花线切割机床占电加工机床总数的60%以上。

12.1.1 线切割加工原理

电火花线切割加工的基本原理如图12-1所示。被切割的工件作为工件电极，电极丝作为工具电极。电极丝接脉冲电源的负极，当来一个电脉冲时，在电极丝和工件之间就可能产生一次火花放电，放电通道中瞬时可达到5000℃以上高温。高温使工件局部金属熔化，甚至少量升华；高温也使电极和工件之间的工作液部分汽化，产生爆炸特性。这种热膨胀和局部微爆炸抛出熔化和气化了的金属材料，从而实现对工件材料进行电蚀切割加工。

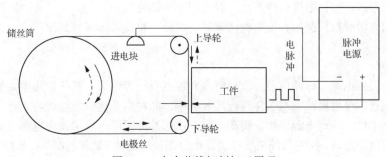

图 12-1　电火花线切割加工原理

12.1.2 线切割机床的类型

电火花线切割机床按走丝速度分为快走丝电火花线切割机床、中走丝电火花线切割机床和慢走丝电火花线切割机床。快走丝电火花线切割机床的走丝速度为6～12mm/s，电极丝做高速往返运动，切割精度较低，加工成本低；中走丝电火花线切割机床是在快走丝电火花线切割机床的基础上实现变频多次切割；慢走丝电火花线切割机床的走丝速度为0.2mm/s，电极丝做低速单向运动，切割精度很高，但加工成本高。

12.1.3 线切割机床的组成

电火花线切割机床由机械、电气和工作液系统三大部分组成，如图 12-2 所示。

图 12-2 线切割机床的组成

（1）机械部分

线切割机床的机械部分是基础，其精度直接影响机床的工作精度，也影响电气性能的充分发挥。机械系统由机床床身、坐标工作台、运丝机构、线架机构、锥度机构、润滑系统等组成。

机床床身通常为箱式结构，提供各部件的安装平台，与机床精度密切相关。

坐标工作台通常由十字拖板、滚动导轨、丝杠运动副、齿轮传动机构等部分组成，加工中工作台移动。

运丝机构由储丝筒、电动机、传动机构、换向装置和绝缘件等部分组成，电动机和储丝筒随轴转动，用来带动电极丝按一定线速度移动，并将电极丝整齐地缠绕在储丝筒上。

线架机构分单立柱悬臂式和双立柱龙门式。单立柱悬臂式分上下臂，一般下臂是固定的，上臂可升降移动，导轮安装在线架上，用来支撑电极丝。

锥度机构可分摇摆式和十字拖板式结构，摇摆式上下臂通过杠杆转动来工作，一般用于大锥度机。十字拖板式通过移动使电极丝伸缩，一般适用于小锥度机。

润滑系统用来缓解机件磨损、提高机械效率、减轻功率损耗，可起到冷却、缓蚀、吸振、减小噪声的作用。

（2）电气部分

电气部分由机床电路、脉冲电源、驱动电源和控制系统等组成。机床电路主要控制运丝电动机和工作液泵的运行，使电极丝能对工件进行连续切割。脉冲电源提供电极丝与工件之间的火花放电能量，用以切割工件。驱动电源也称为驱动电路，由脉冲分配器、功率放大电路、电源电路、预放电路和其他控制电路组成。控制系统主要控制工作台拖板的运动（轨迹控制）和脉冲电源的放电（加工控制）。

（3）工作液系统部分

工作液系统一般由工作液箱、工作液泵、进液管、回液管、流量控制阀、过滤网罩或过滤芯等组成。其主要作用是集中放电能量、带走放电热量，以冷却电极丝和工件、排除电蚀产物等。

12.1.4 线切割操作前的准备工作

线切割操作前的准备工作如下。

（1）熟悉 3B 格式编程方法。

（2）检查脉冲电源、控制台接线、各按钮位置是否正常。

（3）检查线切割机床的电极丝是否都落入导轮槽内，导电块是否与电极丝有效接触，钼丝松紧是否适当。

（4）检查行程撞块是否在两行程开关之间的区域内，冷却液管是否通畅。

（5）用油枪给工作台导轮副、齿轮副、丝杠螺母及储丝机构加 HJ-30 机械油，线架导轮加 HJ-5 高速机械油。

（6）开机前确定机床处于下列状态：电柜门关严；储丝筒行程撞块不压行程开关；急停按钮复位。

（7）安装工件，电极丝接脉冲电源输出负极，工件接脉冲电源输出正极。

12.1.5　线切割机床操作软件

线切割软件操作界面如图 12-3 所示。

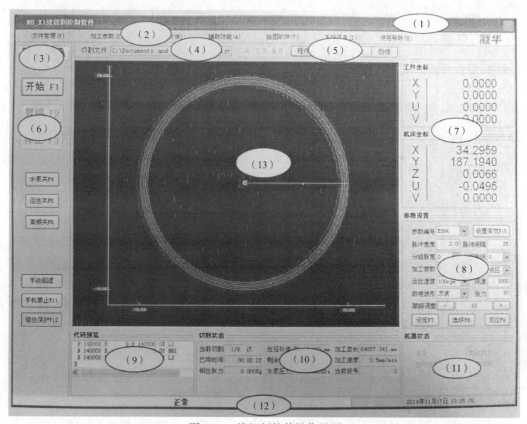

图 12-3　线切割软件操作界面

1．软件功能区

（1）标题栏。

（2）主菜单：应用程序主菜单栏。

（3）Logo 图标位置。

（4）文件路径显示区域。

（5）加工指示/辅助功能区域：程序加工运行/仿真及正反、锥度/垂直、程序/代码、三维/平面、图放/图缩显示切换。

（6）功能命令区：加工开始/暂停/停止按钮，水泵、运丝、高频起断、手轮禁止/允许、碰丝保护。

（7）坐标指示区域：工件坐标、机床坐标实时跟踪显示。

（8）参数设置区域：加工参数设定、选段功能、定位功能、光栅坐标显示。

（9）代码区：当前加工代码实时显示。

（10）切割指示区。

（11）状态指示区：机器设定当前加工状态断丝、单段运行、程序加工结束关机。

（12）状态信息栏。

（13）图形显示区域：文件图形显示、平面/立体显示、程序/代码切换、设定、列表显示。

2．编程软件的基本功能

（1）坐标系：增量坐标（相对坐标）。

（2）图形坐标变换、缩放、旋转功能，图形跟踪显示功能。

（3）直线、圆弧插补功能。

（4）斜度加工功能。

（5）上下异形面加工功能。

（6）短路、断丝处理功能。

（7）停电记忆功能，加工结束自动停机功能。

（8）自动对端面、对中心功能；多种自动定位功能，如自动寻边功能，圆孔、槽、圆柱、方柱、内角、外角定位功能。

（9）自动加过渡圆弧功能。

（10）反向加工功能。

（11）菜单技术、自动编程功能。

（12）数据传输。

（13）多刀切割功能。

（14）异常报警：超软件限位报警、输入错误报警、加工干涉报警等。

（15）智能防撞：在工件移位或跳步移动中，自动检测钼丝是否碰到工件。如果碰到工件，则自动停止并报警。

（16）自诊断功能：系统内置自动诊断功能，每次上电自动诊断系统是否正常，以及系统与各模块的通信是否正常，随时提供错误信号。

12.1.6　线切割机床操作步骤

线切割机床操作步骤如下。

（1）在计算机绘图软件中做图，自动生成3B代码；或者建立文档，编写3B代码。

（2）在控制软件中找出已保存的文件（加工代码）并打开。

（3）调出程序文件后，先检查程序是否正确，可以选择模拟和空走两种模式。

（4）根据工件的厚度和所要求的表面质量，选择合适的加工参数、进给速度等。

（5）用压板将工件安装在工作台上，找出图形上的穿丝位置后，打开高频电源，打开冷却液和储丝筒，在工件上确定一个开始走丝的位置。

（6）开始运行程序，机床进入正常切割状态。

12.1.7　线切割机床安全操作规程

线切割机床安全操作规程如下。

（1）进入训练室必须穿工作服，戴工作帽，女同志必须把长发全部塞入帽中；禁止穿高跟鞋、拖鞋、裙子、短裤。

（2）开机前应按设备润滑要求，对机床有关部位进行注油润滑。

（3）恰当选取加工参数，按规定顺序进行操作，防止造成断丝等故障。

（4）加工前应检查工件位置是否安装正确，防止碰撞线架，以及因超程撞坏丝杠、螺母等传动部件。

（5）为防止切割过程中工件爆裂伤人，加工之前应安装好防护罩。

（6）机床附近不得放置易燃易爆物品，防止因工作液供应不足产生事故。

（7）在检修机床、电器、加工电源、控制系统时，应切断电源，防止触电和损坏电路元件。

（8）开启电源后，不可用手或手持的导电工具同时接触加工电源两输出端（钼丝与工件），以防触电。

（9）禁止用湿手按开关或接触电气部分，防止工作液等导电物进入电气部分。一旦发生因电气短路造成的火灾时，应首先切断电源，立即用四氯化碳、干冰等合适的灭火剂灭火，严禁用水灭火。

（10）在钼丝运转情况下，才可开高频电源，停机时，先关高频电源。

（11）钼丝接触工件时，应开冷却液，不许在不开冷却液的情况下加工。

（12）加工过程中不允许随意改变放电参数。若要改变放电参数，应先关断高频电源。

（13）操作者必须严格遵守劳动纪律，不能擅离岗位，设备运行时不得从事与实训无关的其他工作，做到机转人在，人走机停。非操作者严禁乱动机床的任何按钮和装置。

（14）钼丝运转过程中，严禁用手触摸钼丝，以防割伤手。

12.2 项目：电火花线切割加工

1. 实训目的

（1）熟悉 CAXA 绘制二维图。

（2）了解线切割原理、机床结构。

（3）了解工件装夹方法。

（4）了解线切割工艺参数设置。

（5）理解丝径补偿的原理和方法。

2. 实训任务

在 1.5mm 厚不锈钢板材上切割出长为 200mm、宽为 100mm 的矩形，尺寸精度 0.02mm 以内。

3. 实例

（1）加工图纸

厚 1.5mm、尺寸 200mm×100mm 的不锈钢板线切割图纸如图 12-4 所示。

（2）加工工序

① 在 CAXA 里画出图 12-4 所示的图形，添加引线。

② 轨迹生成，仿真轨迹，确认无误后生成 3B 代码保存。

③ 在操作系统里调用此 3B 代码，设置工艺参数。

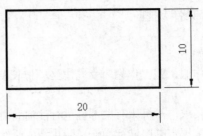

图 12-4　线切割图纸

④ 装夹工件。

⑤ 手轮控制钼丝到达起始位置。

⑥ 自动开始加工（试切）。

⑦ 测量加工的尺寸，调整钼丝丝径补偿，重新加工。

13.1 | 激光打标

13.1.1 激光打标简介

激光打标技术

激光打标是用激光束在各种不同的物质表面打上永久的标记，包括精美的图案、商标和文字。激光打标机主要分为二氧化碳激光打标机、半导体激光打标机、光纤激光打标机和 YAG 激光打标机。激光打标机主要应用于工业和艺术领域，如电子元器件、集成电路（Integrated Circuit，IC）、电工电器、手机、五金制品、工具配件、精密器械、眼镜、钟表、首饰饰品、汽车配件、建材、PVC 管材等的表面标记。

激光打标机的特点是加工速度快、精度高，在工厂化生产中，可快速标记零件，获得较高的生产效率和生产效益。例如，某型激光打标机部分参数为打标线宽 0.02mm、标刻速度 5000mm/s、最小字符 0.2mm、重复精度±0.001mm。

13.1.2 激光打标机基本原理

激光打标机的基本原理是由激光发生器生成高能量的连续激光光束，聚焦后的激光作用在材料上，使表面材料瞬间熔融，甚至气化，通过控制激光在材料表面的路径，形成需要的图文标记。

激光打标机采用扫描法打标，即将激光束入射到两反射镜上，利用计算机控制扫描电动机带动反射镜分别沿 X、Y 轴转动，激光束聚焦后落到被标记的工件上，从而形成激光标记的痕迹。

激光打标是非接触加工，可在任何异形表面标刻，工件不会变形和产生内应力，适于金属、塑料、玻璃、陶瓷、木材、皮革等材料的标记。不同类型的激光发生器适合加工不同的材料。例如，光纤激光打标机仅可加工金属和不透明硬塑料，而二氧化碳激光打标机则可加工非金属材料。激光几乎可对所有零件表面进行打标，且标记耐磨，生产工艺易实现自动化，被标记部件变形小。

13.1.3 激光打标机的组成

以光纤激光打标机为例，其结构如图 13-1 所示。

1. 激光电源

激光电源是为光纤激光器提供动力的装置，其输入电压为 220V。安装在打标机控制盒内。

2. 光纤激光器

光纤激光打标机采用脉冲式光纤激光器，其输出激光模式好、使用寿命长，安装于打标机机壳内。

3. 振镜扫描系统

振镜扫描系统是由光学扫描器和伺服控制两部分组成的。

4. 聚焦系统

聚焦系统的作用是将平行的激光束聚焦于一点，主要采用 F-θ 透镜。不同的 F-θ 透镜的焦距不同，打标效果和范围也不一样。光纤激光打标机选用进口高性能聚焦系统，其标准配置的透镜焦距 f=163mm，有效扫描范围 Φ100mm。用户可根据需要选配不同型号的透镜。

5. 计算机控制系统

计算机控制系统是整个激光打标机的控制和指挥中心，同时也是软件的载体。通过对声光调制系统、振镜扫描系统的协调控制完成对工件的打标处理。

图 13-1　激光打标机

13.1.4　激光打标机操作软件

激光打标机操作软件用于控制激光在各种表面上雕刻。EzCAD 2.0 激光打标机操作软件主界面，如图 13-2 所示。

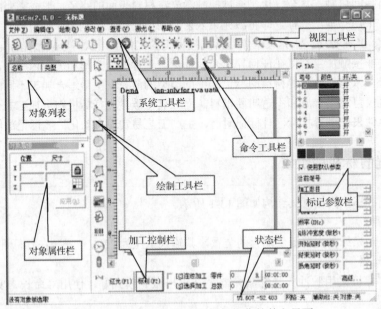

图 13-2　EzCAD 2.0 激光打标机操作软件主界面

本软件主要功能如下。

（1）自由设计所要加工的图形图案。

（2）支持 TrueType 字体、SHX 字体、单线字体（JSF）、点阵字体（DMF）、一维条形码和二维码。

（3）灵活的变量文本处理。加工过程中实时改变文字，可以直接动态读写文本文件和 Excel 文件。

（4）可以通过串口直接读取文本数据。

（5）可以通过网口直接读取文本数据。

（6）有自动分割文本功能，可以适应复杂的加工情况。

（7）强大的节点编辑功能和图形编辑功能，可进行曲线焊接、裁剪和求交运算。

（8）支持多达 256 支笔（图层），可以为不同对象设置不同的加工参数。

（9）兼容常用图像格式（bmp、jpg、gif、tga、png、tif 等）。

（10）兼容常用的矢量图形（ai、dxf、dst、plt 等）。

（11）常用的图像处理功能（灰度转换、黑白图转换、网点处理等）。可以进行 256 级灰度图片加工。

（12）强大的填充功能，支持环形填充。

（13）多种控制对象，用户可以自由控制系统与外部设备交互。

13.1.5 激光打标机基本操作

1. 操作前准备

（1）检查设备电源接插处有无松脱，各按钮、开关是否正常。

（2）将待标刻的工件或空标牌在工作台面上固定，使待标刻部位正处于激光镜头下方。

2. 激光打标操作步骤

（1）合上电源总开关，开启计算机。

（2）打开操作软件。

（3）打开激光。

（4）运用软件进行文字或图案编排。

（5）用一块试验板调焦距。

（6）单击软件中"红光"命令进行标刻区域校对。

（7）设置好激光标刻"速度""功率"等主要参数值，单击"标刻"命令试标刻。

（8）关闭激光。

（9）关闭软件，关总电源。

3. 操作过程中的安全注意事项

（1）主机开启状态下，因设备内部呈大电流、高电压状态，不得打开主机箱封盖进行查看和检修。

（2）激光输出时，操作人员应戴好护目镜，与激光镜头保持一定距离，不得直视激光，不得用手触摸激光镜头或将手伸入标刻区域。

（3）注意激光主机箱风扇始终应保持在正常运转状态，发现异常应停机报检。

（4）设备开机状态下，操作人员严禁擅自离开，必要时必须切断所有电源。

（5）在工作台上装卸工件时注意保护激光镜头，不得碰撞。

（6）打标会制造粉尘，必要时需要戴口罩。

（7）禁止用于易燃、易爆的场合，如周围有油、气、酒精等。

（8）禁止在有毒、易燃、易爆的材料上打标。

13.2 项目一：激光打标金属板

1. 实训目的

了解激光打标机结构和工作原理，了解其加工步骤。

2. 实训任务

（1）激光打标机调焦。

（2）根据材料调节加工参数。

（3）操作激光打标机在金属板表面加工图案。

3. 实例

（1）加工图纸

在金属卡片表面上用激光雕刻图案，如图 13-3 所示。图 13-3 中所有圆的直径均为 40mm，文字为黑体字。

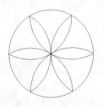

志存高远 自强不息

图 13-3　激光打标加工图案

（2）加工工序

① 做图：开机后，在 EzCAD 2.0 里绘出图 13-3。

② 调焦：根据材料的厚度调整焦距，使得光斑能量最强。

③ 设置参数：设置好功率等参数。

④ 出红光调整卡片位置，完成激光标刻。

13.3 激光切割

13.3.1 激光切割简介

激光切割加工

激光切割是应用激光聚焦后产生的高功率密度能量来实现的。在计算机的控制下，通过脉冲使激光器放电，从而输出受控的重复高频率的脉冲激光，形成一定频率、一定脉冲宽度的光束，该脉冲激光束经过光路传导及反射并通过聚焦透镜组聚焦在加工物体的表面上，形成一个个细微的、高能量密度光斑，光束输入（由光能转换）的热量远远超过被材料反射、传导或扩散的部分，材料很快加热至气化温度，蒸发形成孔洞；随着光束与材料相对线性移动，使孔洞连续形成宽度很窄（0.1mm 左右）的切缝，就可以把物体加工成想要的形状和尺寸。

激光切割加工用不可见的光束代替了传统的机械刀，具有精度高、切割快、不受切割图案限制、节省材料、切口平滑、加工成本低等特点。激光刀头的机械部分与工件无接触，在工作中不会对工件表面造成划伤。激光切割速度快，切口光滑平整，一般无须后续加工；切割热影响区小，板材变形小，切缝窄；切口没有机械应力，无剪切毛刺；加工精度高，重复性好，不损伤材料表面；数控编程，可加工任意的平面图；可以对幅面很大的整板进行切割，无须开模具，经济省时。

金属激光切割机应用于各个行业，主要有钣金加工、广告标牌制作、机械零件制造、厨具制造、汽车制造等。

13.3.2　激光切割机的组成

光纤激光切割机由激光器、切割头、冷却系统、机床、控制台、计算机、直线导轨、比例阀、电磁阀、伺服电动机和压缩气体系统（包括压缩空气和压缩氮气等）组成，如图 13-4 所示。

图 13-4　激光切割机

13.3.3　激光切割机操作软件

激光切割机操作软件用于激光切割金属板。北京正天激光切割机操作软件主界面如图 13-5 所示。本软件主要功能和特点如下。

（1）支持 ai、dxf、plt、lxd 等图形数据格式及 Gerber 文件，接受 Mastercam、Type3、文泰等软件生成的国际标准 G 代码。

（2）打开/导入 dxf 等外部文件时，自动进行优化，包括去除重复线、合并相连线、去除极小图形、自动区分内外模和排序等。上述每一项功能可自定义执行，也可手动执行。

（3）支持常用编辑排版功能，包括缩放、平移、镜像、旋转、对齐、复制、组合等。

（4）以所见即所得的方式设置引入引出线、割缝补偿、微连、桥接、阴阳切、封口等。

（5）自动区分内外模，并根据内外模确定割缝补偿方向进行引线检查等。

（6）支持曲线分割、曲线合并、曲线平滑、文字转曲线、零件合并、打散等。

（7）省时省力的自动排样功能，可自动共边、生成余料。

（8）通过多种阵列方式可轻松将板材布满。

（9）灵活多样的自动排序和手工排序功能，支持通过群组锁定群组内部图形加工次序。

（10）独有的加工次序浏览功能，具有更好的交互性。

（11）一键设置飞行切割路径，让加工事半功倍。

（12）支持分段穿孔、渐进穿孔、预穿孔、分组预穿孔，支持对穿孔过程和切割过程设置单独的激光功率、频率、激光形式、气体类型、气压、峰值电流、延时、跟随高度等。

（13）实时频率与功率曲线编辑，并可设置慢速起步相关参数。

（14）强大的材料库功能，允许将全部工艺参数保存，以供相同材料再次使用。

（15）加工断点记忆，断点前进后退追溯，允许对部分图形加工。

（16）支持停止和暂停过程中定位到任意点，从任意位置开始加工。

（17）支持定高切割和板外跟随。

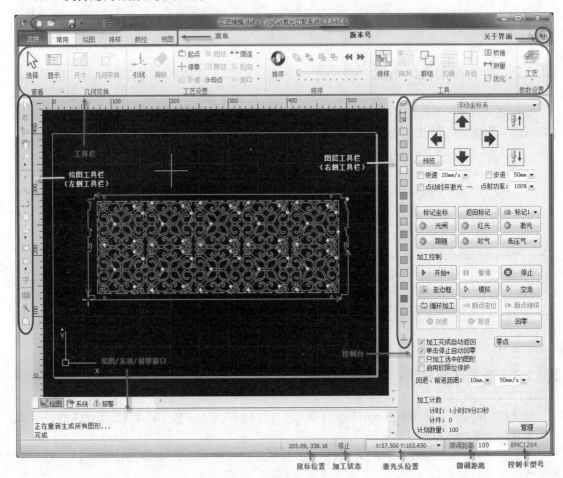

图 13-5　北京正天激光切割机操作软件主界面

13.3.4　激光切割机基本操作

1. 开机流程

机床空气开关→负载开关（机床右侧）→急停开关→钥匙开关→总开关（冷水机同时开启）→驱动器→电脑开启→激光器开启等待 90s（同时排烟机开启）→打开软件→提示回零机械原点确定→数控模式开启激光→开启光闸→开启红光→切割头标定→开启需要的辅助气体（辅助气体气瓶总阀完全打开、开启减压阀）。

2. 图形的导入

支持 ai、dxf 等图形数据格式，接受 CAD、文泰等软件生成的文件。

3. 预处理

导入图形时，软件会自动去除极小图形、去除重复线、合并相连线。一般情况下，软件认为要加工的图形是封闭图形。如果打开的文件包含不封闭图形，软件会提示，并以红色显示。

4. 切割图形的排序

可手动排序，也可自动排序。

5. 工艺设置

工具栏"工艺设置"一栏中的功能包括设置引入引出线、设置补偿等。

6. 加工前检查

在实际切割之前，可以对加工轨迹进行检查。拖动交互式预览进度条，可以快速查看图形加工次序。单击交互式预览按钮，可以逐个查看图形加工次序。

7. 实际加工

按要求对工件进行加工。

8. 关机流程

清理机床台面→调整机器切割头至工作幅面中间位置→关闭辅助气体（关闭辅助气体气瓶总阀、释放气管压力、释放减压阀）→关闭光闸→关闭红光→关闭软件→关闭计算机→关闭激光器电源（等待 120s 使激光器充分冷却）→驱动器→关闭总开关→钥匙开关→急停→负载开关→关闭空气开关→关闭空气压缩机。

13.3.5　机床操作注意事项

（1）机床工作之前，必须确保所有轴都已经回参考点。

（2）工作时，注意观察机床运行情况，在加工过程中发现异常时，应立即停机，及时找到问题、排除故障。机床在维护保养过程中，必须保证电源处于断电位置，并有专人监护，防止意外合闸。

（3）切割加工前，应观察板材翘起的高度，还应考虑板材加工过程中的热变形，将总的高度值赋给数控系统的板厚参数。

（4）操作者不要直视切割加工时的激光束，防止灼伤眼睛。严格按照激光器启动程序启动激光器，在激光束附近必须佩戴符合规定的防护眼镜。非机床操作人员不得进入切割加工区域。加工过程中不得触碰任何机床按钮。

（5）随时关注冷水机输出水的水温，若不能达到要求，立即停机检查。

（6）定期检查反射镜片、聚焦镜片的清洁情况，一旦发现受污染，立即按规定的程序清洗。

（7）因设备内部有高压电，操作时任何人不得打开主机箱封盖。

（8）严禁站在压缩气瓶嘴正面开启瓶阀。

（9）设备开动时操作人员不得擅自离开岗位或托人代管，如的确需要离开，应停机或切断电源开关。

（10）新的工件程序输入后，应先试运行，并检查其运行情况。开机后应手动低速 X、Y 方向开动机床，检查确认有无异常情况。

（11）因冷水机上部有风扇，严禁靠近或低头观察，以免发生危险。

（12）工作完毕后，关闭电源，关闭气体阀门，清理工作现场，对设备进行日常保养与维护。

13.4 项目二：激光切割金属板

1. 实训目的

了解激光切割机结构和工作原理，了解其加工步骤。

2. 实训任务

（1）激光切割机开关机，标定调焦，调压缩气体气压，绘图。

（2）检测尺寸误差，调整补偿值。

3. 实例

（1）加工图纸

在厚 1.5mm 的不锈钢钢板上切割图 13-6 所示的图案，尺寸精度控制在 0.02mm 以内。

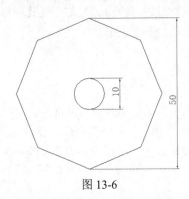

图 13-6

（2）加工工序

① 开机，前期准备（切割头标定，开启激光、空气净化器等）。

② 绘制图形，设置引线，切割起始位置。

③ 参数设置。

④ 切割头标定，调气压，调焦距。

⑤ 切割加工。

⑥ 检测尺寸，如果不符合尺寸要求，可在"补偿"菜单中设置补偿值，重新切割。

13.5 | 激光内雕

13.5.1 激光内雕简介

激光内雕技术

雕刻本是一门古老的艺术。一般雕刻工艺都是在材料外部雕出所希望的形状，而激光却可以"深入腹地"去施展手脚。激光水晶内雕是目前国际上最先进、最流行的玻璃内雕刻加工方法，它将脉冲强激光在玻璃体内部聚焦，产生微米量级的气化爆裂点，通过计算机控制爆裂点在玻璃体内的空间位置，构成绚丽多姿的平面或立体图像。

激光内雕主要用于在水晶、玻璃等透明材料内雕刻平面或三维立体图案，可雕刻人像、人名、手脚印、奖杯等个性化礼品和纪念品，也可批量生产动物、植物、建筑物、车、船、飞机等的模型。水晶的良好光学性能使雕刻的图案美观大方。激光内雕可广泛用于生产玻璃工艺品、纪念品，以及装饰玻璃。

激光内雕机通过专用点云转化软件，将二维、三维图像转换成点云图，然后根据点的排列，通过数控系统控制激光聚焦的位置，当激光能量达到一定值，会在水晶或玻璃内部爆破出微小的空洞，成千上万个空洞就组成了所需要的图案，激光内雕机原理如图 13-7 所示。

在激光内雕时，不用担心射入的激光会熔掉过多的物质，因为激光在穿过透明物体时维持光能形式，不会产生多余热量，只有在爆破点处才会转化为内能并熔化物质。

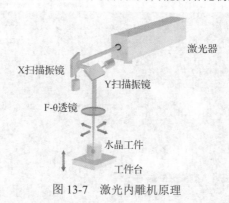

图 13-7 激光内雕机原理

13.5.2 激光内雕机的组成

激光内雕机主要由激光电源、光纤激光器、振镜扫描系统、聚焦系统和计算机控制系统组成。激光内雕机如图 13-8 所示。

图 13-8 激光内雕机

13.5.3 激光内雕机操作软件

激光内雕机操作软件用于控制激光在水晶或玻璃内部雕刻。以北京正天激光内雕机操作软件为例。激光内雕机操作软件分为"布点软件"和"打点软件"，如图 13-9 和图 13-10 所示。

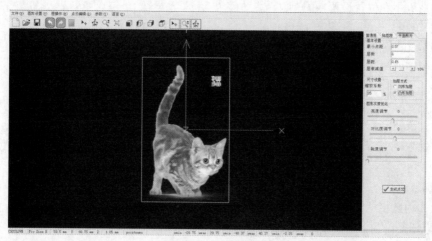

图 13-9 布点软件界面

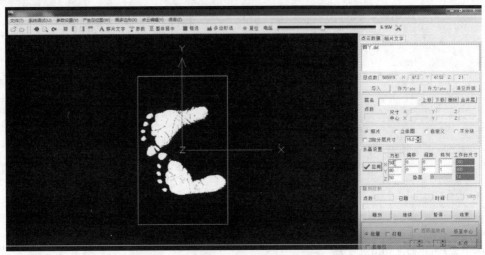

图 13-10　打点软件界面

（1）布点软件

布点软件用于将模型和平面图形转换成点云图（点云图即点阵位置图，图形是由点阵排列形成的）。布点软件中可以设置水晶外轮廓尺寸、最小点间距、层数、层距和加点方式等参数，可以调节图像清晰度和对比度等，还可以调整图像大小、位置和旋转角度。

（2）打点软件

打点软件用来控制激光内雕机雕刻运动进行加工。打点软件中可以调整图像大小、位置和旋转角度，可以设置水晶外轮廓基本尺寸，可以调节加工电压大小。

13.5.4　激光内雕机基本操作

1. 开机流程

打开空气开关→急停开关释放→打开电源→开激光（等待至小屏幕的蓝灯亮，说明激光器准备好）→打开下部工控机→打开打点软件→单击"复位"→电压调至 7.3V。

2. 工作流程

导入图形→设置布点参数→生成点云→保存点云（dxf 文件）→打点软件打开文件→水晶玻璃尺寸设置、图形大小和位置设置→雕刻。

3. 关机流程

电压调至 0→关激光（等待至小屏幕的灯熄灭）→关闭软件→关闭计算机→关闭总电源→急停开关按下→拉下空气开关。

13.6

项目三：激光内雕水晶玻璃

1. 实训目的

了解激光内雕机结构和工作原理，了解其加工步骤。

2. 实训任务

激光内雕机开关机，图像处理，参数设置。

3. 实例

（1）加工图纸

在网上下载三维图像或者在计算机上绘图，然后在 60mm×60mm×60mm 水晶玻璃中雕刻三维图像。

（2）加工工序

① 在布点软件里打开需要的三维图。

② 调整图案位置、角度、大小；设置布点的参数，如基本轮廓尺寸、点距等。

③ 布点软件生成 dxf 文件，导入打点软件。

④ 设置打点参数，如基本轮廓尺寸、加工电压，调整图案位置、大小等，把水晶玻璃原料放入机器打点。

第14章 | 三维扫描与快速成形技术

14.1 | 三维扫描技术

14.1.1　三维扫描技术简介

　　三维扫描是集光、机、电和计算机技术于一体的高新技术，主要用于对物体空间外形和结构及色彩进行扫描，以获得物体表面的空间坐标。

　　在发达国家的制造业中，三维扫描仪作为一种快速的立体测量设备，因其测量速度快、精度高、非接触、使用方便等优点而得到越来越多的应用。用三维扫描仪对手板、样品、模型进行扫描，可以得到其尺寸数据，这些数据能直接与 CAD/CAM 软件实现接口对接。在 CAD 系统中对数据进行调整、修补后，再把它们送到数控加工中心或快速成形设备上制造，可以极大地缩短产品制造周期。

　　三维扫描技术主要应用于以下几个方面。

　　（1）逆向工程实训室教学。

　　（2）逆向工程/快速成形。

　　（3）扫描实物、建立 CAD 数据，或扫描模型、建立用于检测部件表面的三维数据。

　　（4）对不能使用三维 CAD 数据的部件建立数据。

　　（5）竞争对手产品与自己产品的比较，创建数据库。

　　（6）利用由逆向工程创建的真实模型，完善产品设计。

　　（7）有限元分析的数据捕捉。

　　（8）生产线质量控制和产品元件的形状检测，如金属铸件和锻造、加工冲模和浇铸、塑料部件（压塑模、滚塑模、注塑模）、钢板冲压、木制品、复合产品及泡沫产品。

　　（9）文物的信息录入和电子展示。

　　（10）医学上用于畸齿矫正、整容及上颌面手术。

14.1.2　面扫描的特点

　　三维扫描仪第一代的特点是逐点扫描，速度慢，如三坐标测量机 CMM；第二代的特点是逐线扫描，速度仍然较慢，如激光线扫描仪；第三代的特点是面扫描，速度非常快，如白光三维扫描仪。

　　面扫描有以下特点。

　　（1）非接触扫描：利用照相原理，进行非接触式光学扫描获得物体表面三维数据。

　　（2）扫描速度极快：独特的面扫描方式，速度极快（单面扫描时间小于 5s）。

　　（3）高精度：利用独特的测量技术，可获得非常高的测量精度。

　　（4）高密度采样点：高性能测量头可以一次获得极高密度的点云数据。

　　（5）便携式设计：所有部件灵活可靠、方便移动，可根据现场实际情况进行测量。

　　（6）扫描方式灵活：支持标志点拼接和转台拼接。通过标志点的拼接可以合成多次测量的结果，从而实现超大面积扫描。利用转台拼接可以灵活转动物体从而最大程度减少测量死角。

（7）对环境条件不敏感：采用高性能的光学和机械部件，可以在大多数的环境下获得准确数据。

（8）操作软件界面友好：高度集成和智能化设计，使用户可以熟练操作。

（9）点云噪声处理和修剪：可以对测量产生的噪声点进行修剪、剔除。

（10）量输出数据接口广泛：测量结果输出为 asc 格式，可以与 Surfacer（Imageware）、UG、CATIA、Geomagic、Pro-E、Mastercam 等软件交换数据。

（11）兼容性好：兼容各个操作系统平台，简单易学。

14.1.3 三维扫描技术测量原理

1. 结构光扫描仪原理

光学三维扫描系统将光栅连续投射到物体表面，摄像头同步采集图像，然后对图像进行计算，并利用相位稳步极线实现两幅图像上的三维空间坐标，从而实现对物体表面三维轮廓的测量。具体分为以下几种扫描方式。

（1）几何形状定位

投影仪将白色光图案投射到对象上。通过两个数码摄像头拍摄对象上的图案变形，一个摄像头位于扫描仪顶部，另一个摄像头位于面向扫描仪的底部右侧；采集在整个光图案中完成，收集的几何信息用于实时定位构建表面。

（2）智能混合定位

扫描仪探测对象上或周围的定位目标点。智能混合定位利用了具有几何信息的定位目标点，所提供的结果更加准确。该功能所提供的定位始终使用所有可用信息、几何信息和项目树，同时还确保可用数据充足，以保证准确性。

（3）纹理定位

扫描仪通过数码彩色摄像头（面向扫描仪的底部左侧摄像头）采集和检测对象纹理。

2. 激光扫描仪原理

扫描法是以时间为计算基准的，故又称为时间法。激光扫描仪是一种十分准确、快速且操作简单的仪器，且可装置于生产线，实现边生产边检验。激光扫描仪的基本结构包括激光光源及扫描器、受光感（检）测器、控制单元等部分。激光光源为密闭式，不易受环境的影响，且容易形成光束。目前常采用低功率的可见光激光，如氦氖激光、半导体激光等。扫描器为旋转多面棱镜或双面镜，当光束射入扫描器后，它快速转动，使激光反射成一个扫描光束。光束扫描全程中，若有工件即挡住光线，因此可以测知工件直径。测量前，必须先用两支已知尺寸的量规进行校正。所有测量尺寸若介于此两量规之间，经电子信号处理即可得待测尺寸，因此，激光扫描仪又称为激光测规。

14.1.4 三维扫描仪

三维扫描仪（3D Scanner）是一种科学仪器，用来侦测并分析现实世界中物体或环境的形状（几何构造）与外观数据（如颜色、表面反照率等性质），收集的数据用于三维重建计算，以及在虚拟世界中创建实际物体的数字模型。

三维扫描仪的用途是创建物体几何表面的点云，这些点可用来插补成物体的表面形状，越密集的点云可以创建越精确的模型（这个过程称作三维重建）。若扫描仪能够获取表面颜色，则可进一步在重建的表面上粘贴材质贴图，即纹理映射（Texture Mapping）。

三维扫描仪可类比为照相机，两者的视野都呈圆锥状，信息的收集皆限定在一定的范围内。两者不同之处在于，照相机抓取的是颜色信息，而三维扫描仪测量的是距离。由于三维扫描仪测得的结果含有深度信息，因此常以深度视频（Depth Image）或距离视频（Ranged Image）称之。

三维扫描仪分为接触式（Contact）与非接触式（Non-contact）两种，后者又可分为主动扫描（Active）与被动扫描（Passive），其下又细分出众多不同的技术方法。

14.1.5　三维扫描仪使用步骤

以 Go！SCAN 50 白光三维扫描仪和 VXelements 操作软件为例。

（1）打开计算机。

（2）扫描仪连线，即系统连接。

（3）打开扫描模块，系统校准。

（4）扫描图像。

（5）打开模型模块，修复破损的面，填充完整；或者切除难以修复的面，然后填充完整。

（6）输出文件。

14.2 | 快速成形技术

14.2.1　快速成形技术简介

3D 打印（3D Printing）是快速成形技术的一种，也称为增材制造技术。它以数字模型文件为基础，运用粉末状金属或塑料等可黏合材料，通过逐层打印的方式构造物体，是一种基于材料堆积法的制造技术。3D 打印被称为"具有工业革命意义的制造技术"。快速成形技术诞生于 20 世纪 80 年代后期，但当时由于价格昂贵，技术不成熟，并没有得到推广普及。经过 20 多年的发展，该技术已更加成熟、精准，且价格有所降低。

3D 打印常用材料有尼龙玻纤材料、耐用性尼龙材料、石膏材料、铝材料、钛合金材料、不锈钢材料、镀银材料、镀金材料、橡胶类材料。

3D 打印常在模具制造、工业设计等领域被用于制造模型，现在逐渐用于一些产品的直接制造，已经有使用这种技术打印而成的零部件。该技术在工业设计、建筑、教育等领域都有所应用。

14.2.2　3D打印原理和过程

模型切片

3D 打印层层印刷的原理与喷墨打印机类似。打印机内装有液体或粉末等打印材料；与计算机连接后，通过计算机控制采用分层加工、叠加成形的方式来造型；计算机将设计产品分为若干薄层，每次用原材料生成一个薄层，一层一层叠加起来，最终使计算机上的蓝图变为实物。3D 打印的典型累积技术利用了光固化和热熔堆积。常见的 3D 打印技术和所用材料如表 14-1 所示。

表 14-1　　　　　　　　　　常见的 3D 打印技术和所用材料

类型	累积技术	基本材料
挤压	熔融沉积（FDM）	热塑性塑料、共晶系统金属、可食用材料
线状	电子束自由成形制造（EBF）	几乎任何合金
粒状	直接金属激光烧结（DMLS）	几乎任何合金

续表

类型	累积技术	基本材料
粒状	电子束熔化成形（EBM）	钛合金
	选择性激光熔化成形（SLM）	钛合金、钴铬合金、不锈钢、铝
	选择性热烧结（SHS）	热塑性粉末
	选择性激光烧结（SLS）	热塑性塑料、金属粉末、陶瓷粉末
粉末层喷头 3D 打印	石膏 3D 打印 （PP）	石膏
层压	分层实体制造（LOM）	纸、金属膜、塑料薄膜
光聚合	立体平板印刷（SLA）	光硬化树脂
	数字光处理 （DLP）	光硬化树脂

14.2.3　3D打印操作流程

3D 打印机实操

3D 打印的设计过程是先通过计算机建模软件建模，再将建成的三维模型"分区"成逐层的截面（切片），从而指导打印机逐层打印。

1．三维建模

通过专业三维扫描仪或 DIY 扫描设备获取对象的三维数据，并且以数字化方式生成三维模型，也可以使用 Blender、SketchUp、AutoCAD 等建立三维数字化模型，或直接使用已有 3D 模型。

2．分层切割

由于描述方式的差异，3D 打印机并不能直接使用三维模型。三维模型输入计算机后，需要通过打印机配备的专业软件来进一步处理，即将模型切分成一层层的薄片，每个薄片的厚度由喷涂材料的属性和打印机的规格确定。

3．打印喷涂

由打印机将打印耗材逐层喷涂或熔结到三维空间中，根据工作原理的不同，有多种实现方式。比如先喷一层胶水，然后在上面撒一层粉末，如此反复；或通过高能激光熔化合金材料，一层一层地熔结成模型。整个过程根据模型大小、复杂程度、打印材质和工艺耗时几分钟到数天不等。

4．后期处理

模型打印完成后一般都会有毛刺或是粗糙的截面。这时需要对模型进行后期加工，如固化处理、剥离、修整、上色等，才能最终完成所需要的模型的制作。

14.3

快速成形技术与逆向工程的集成

随着计算机技术的发展，CAD 技术已成为产品设计人员进行研究开发的重要工具，尤其是三维造型技术已经被制造业广泛应用于产品及模具设计、自动化加工制造等方面。在实际开发制造过程中，设计人员接收的技术资料可能是各种数据类型的三维模型，但很多时候，从上游厂家得到的却是产品的实物模型。设计人员需要通过一定的途径，将这些实物模型信息转化为 CAD 模型，这就用到了逆向工程技术。

逆向工程，是指用一定的测量手段（如三维扫描）对实物或模型进行测量，根据测量数据通过三维几何建模方法重构实物 CAD 模型的过程。

在计算机中利用先进的 CAD/CAM/CAE 系统对产品进行并行、逆向工程与快速成形一体化设计已经成为一种新的产品开发模式。逆向工程和快速成形技术结合将使得产品开发周期缩短，降低试验时间和开发成本。

逆向工程技术和快速成形技术结合在制造领域的具体应用表现为以下几方面。

（1）用逆向技术直接生成 stl 文件，供快速成形系统的数据处理软件直接使用，生成数控代码。

（2）用逆向技术生成层片 cli 文件，该文件适用于对各种 CT（Computer Tomography，电子计算机断层扫描）图像进行逆向。由于快速成形本身就是分层制造法，因此可用断层图像或矢量化的层片轮廓信息直接驱动快速成形设备逐层叠加而成三维实体。

（3）用逆向技术重构出实体模型，借助于 CAD 系统将其转化成 stl 文件。

14.4 项目：逆向工程（三维扫描仪）及 3D 打印实践

1. 实训目的

了解白光三维扫描仪和热熔堆积 3D 打印机原理及其结构，熟悉其操作流程。将三维扫描与 3D 打印结合，全面熟悉两种技术。

2. 实训任务

（1）白光扫描仪安装、调整、扫描和图像处理。

（2）热熔堆积 3D 打印机预热、文件导入、平台调平、打印。

3. 实例

用三维扫描仪扫描一个小玩具，并在 3D 打印机上打印出来。

15.1 | 智能制造简介

15.1.1 德国工业4.0

智能制造

1. 工业革命的进化历程

纵观制造业的发展历程，人类的生产方式经历了从手工制作到工业化、自动化及集成化制造的发展过程。在德国电气电子和信息技术协会发表的德国工业4.0标准化路线图中，将制造业领域技术的渐进性进步描述为工业革命的4个阶段，如图15-1所示。

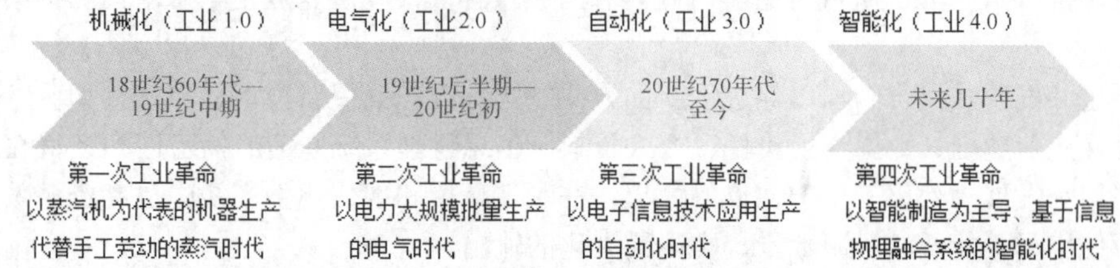

机械化（工业1.0）	电气化（工业2.0）	自动化（工业3.0）	智能化（工业4.0）
18世纪60年代—19世纪中期	19世纪后半期—20世纪初	20世纪70年代至今	未来几十年
第一次工业革命 以蒸汽机为代表的机器生产代替手工劳动的蒸汽时代	第二次工业革命 以电力大规模批量生产的电气时代	第三次工业革命 以电子信息技术应用生产的自动化时代	第四次工业革命 以智能制造为主导、基于信息物理融合系统的智能化时代

图15-1 德国工业4.0标准化路线图

（1）工业1.0。18世纪60年代至19世纪中期，通过水力和蒸汽机实现的工厂机械化，称为工业1.0。这次工业革命的结果是机械生产代替了手工劳动，经济社会从以农业、手工业为基础转型到了以工业及机械制造带动经济发展的模式。

（2）工业2.0。19世纪后半期至20世纪初，在劳动分工的基础上采用电力驱动产品的大规模生产，称为工业2.0。这次工业革命，通过零部件生产与产品装配的成功分离，开创了产品批量生产的新模式。

（3）工业3.0。20世纪70年代至今，电子与信息技术的广泛应用，使得制造过程不断实现自动化，称为工业3.0。自此，机器能够逐步替代人类作业，不仅接管了相当比例的"体力劳动"，还接管了一些"脑力劳动"。

（4）工业4.0。德国学术界和产业界认为，未来十几年，基于信息物理融合系统（Cyber-Physical System，CPS）的智能化，将使人类步入以智能制造为主导的第四次工业革命。产品全生命周期和全制造流程的数字化以及基于信息通信技术的模块集成，将形成一个高度灵活、个性化、数字化的产品与服务的生产模式。

工业4.0概念即以智能制造为主导的第四次工业革命，或革命性的生产方法。智能制造是支撑未来工业体系的一种先进制造模式。以计算机技术、信息技术为基础的高新技术的迅猛发展，为传统的制造业提供了新的发展机遇。计算机技术、信息技术、自动化技术与传统制造技术相结合，形成了智能制造技术。

智能制造是面向产品全生命周期、实现泛在感知条件下的信息化和智能化的制造，是在现代传感技术、网络技术、自动化技术、智能技术、系统工程等先进技术的基础上，通过智能化的感知、人机交互、决策和执行技术，实现设计过程、制造过程和制造装备智能化，是信息技术和智能技术与装备制造过程技术的深度融合与集成。

2. 德国工业 4.0 重点发展领域

（1）建立一个适用于所有合作伙伴公司产品和服务的参考框架，这一框架由标准、规定、技术说明等构成，涉及的对象包括制造过程、设备、工程、软件等。

（2）通过建模、仿真等手段，建立管理复杂对象和系统的工具，特别是对于中小企业而言，要给工程师提供方法和工具，保证其在虚拟的世界中使用恰当的模型描述真实的世界。

（3）扩大宽带互联网基础设施，保证制造业高运行可靠性和数据链路可用性，保证宽带的简单、可扩展、安全、可用且支付得起。

（4）建立确保制造过程和产品安全、保险的措施和系统，涉及集成的安保战略和标准，产品、工艺和机器身份识别的独特性和安全性，从工业 3.0 到工业 4.0 的安全转移策略，用户友好的安全解决方案，商业管理安保，盗版产品打击，数据保护，等等。

（5）采取"社会技术"方法，使持续的职业发展措施和技术软件架构紧密配合，提供一个单一的、连贯的解决方案，促成智能、合作和自我组织的相互作用，保证人们工作愉快、安全与公平竞争。

（6）推动建立示范项目和最佳实践网络，调查工作场所获取的知识和技能，发展数字化技术学习的新方法，推广工业 4.0 所特有的学习内容和跨领域合作，开展职业及学术培训和持续的职业发展等计划。

（7）通过共同的法律合约，以促进创新的方式制定标准，确保新技术适应法律和监管框架的发展趋势，确保企业数据、数据交换责任、个人资料、信息物理系统通信的保密性和完整性。

（8）采用和发展"效率工厂"倡议的成果，在制造环境和现代化生产线中提高资源效率，降低运营成本，使用尽可能低的资源数量，实现最大化的输出。

3. 德国工业 4.0 的特征

（1）制造中采用物联网和服务互联网。

（2）满足用户个性化需求。

（3）智能制造的人机一体化协同创造。

（4）实现信息集成的优化决策。

（5）资源有效利用，实现绿色可持续发展。

（6）通过新的服务创造价值。

（7）人与制造系统之间的互动协作。

工业 4.0 战略的核心就是通过信息物理系统网络实现人、设备与产品的实时连通、相互识别和有效交流，从而构建一个高度灵活的个性化和数字化的智能制造模式。在这种模式下，生产由集中向分散转变，规模效应不再是工业生产的关键因素；产品由趋同向个性化转变，未来产品都将完全按照个人意愿进行生产，极端情况下将成为自动化、个性化的单件制造；用户由部分参与向全程参与转变，用户不仅出现在生产流程的两端，而且广泛、实时地参与生产和价值创造的全过程。

未来，技术人员不再动手连接他们所管理的设备。生产系统将如同"社会机器"一样运转，在类似于社交网络的工业网络中自动连接基于云计算的网络平台，去寻找合适的专家来处理问题。专家们通过集成的知识平台、视频会议工具和强大的工程技术，通过移动设备更有效地进行远程维护服务。此外，设备将通过网络持续加强和扩展自身的服务能力，不断通过自动更新加载相关的功能和数据，通过网络平台实现标准化以及更安全的通信链路，真正实现"信息找人、找设备"。

15.1.2 智能制造的结构与特性

1. 智能制造系统的结构

智能制造为我们展现了一幅全新的工业蓝图，智能制造系统的组成结构如下。

（1）智能物件。在生产系统中，各种加工设备及对象具有自我解释、自我意识、自我诊断、交互评估的能力。

（2）智能服务。针对产品生命周期，从产品设计、制造、销售、使用、回收等各个维度，建立产品全生命周期服务系统，面向产品全价值链提供增值服务。

（3）智能管理。在智能制造模式下，生产结构不会是固定的、预定义的。相反，智能制造系统将根据具体情况，通过可配置的规则进行工厂结构的拓扑结构配置组合；将面向开放网络下的组织结构，建立相关的智能管理信息系统，实现市场、生产计划、物流、销售等的智能化管理。

（4）智能控制。智能制造系统在智能感知的基础上，采用人工智能技术，根据信息的综合自主决策，实时调整自身行为，适应环境和自身的不确定性变化，即具有"自主性"和"自组织"的能力，可实现对制造过程的实时干预与智能控制。

智能制造技术是制造技术、自动化技术、系统工程与人工智能等学科互相渗透、互相交织而形成的一门综合技术。其具体表现为智能设计、智能加工、机器人操作、智能控制、智能工艺规划、智能调度与管理、智能装配、智能测量与诊断等。它强调通过"智能设备"和"自治控制"来构造新一代的智能制造系统。智能制造系统具有自律能力、自组织能力、自学习与自我优化能力、自修复能力，因而适应性极强，人机交互更加智能。

2. 智能制造系统的特性

智能制造将大幅度提高传统制造模式下的制造效率和产品质量，革新制造过程与生产运作模式，极大地降低产品成本和资源消耗，为用户提供更加透明化和个性化的服务。智能制造是经济和技术发展的必然结果。为了应对动态、复杂的市场和技术环境，制造系统必须具备敏捷性、柔性、健壮性、协同性等一系列特性。而实现这些特性的基础在于建立一个智能化的制造系统。智能化是实现敏捷化、柔性化、自动化、集成化的关键所在，智能化贯穿于制造活动的全过程。

智能制造系统可以自主学习，无须人工干预就可以自行做出某些决策。例如，当异常事件发生时，它可以重新配置生产网络；它可以通过虚拟交换获得相应权限，进而根据需要使用生产设备、配送设施和运输船队等有形资产。使用这种智能不仅可以进行实时决策，而且可以预测未来的情况。利用尖端的建模和模拟技术，智能的生产系统将从过去的"感应—响应"模式转变为"预测—执行"模式。

与传统的制造系统相比，智能制造系统需要具有以下的基本特性和能力。

（1）可视化特性

智能制造要求生产状态实时透明可视、生产过程智能精细管控，对制造环境、设备与工件状态、制造能力要能感知和处理；物理空间与信息空间融合，实现生产过程透明可视化。

（2）人机共融特性

在智能制造模式下，人介入制造系统的手段更加丰富，人机功能平衡系统智能协调，以泛在感知、人工智能、先进制造等领域的单元技术融合为支撑，突破传统制造系统将人排除在外的旧格局，通过信息空间、制造空间与执行空间的融合，实现人与制造系统的和谐统一。

（3）自组织特性

智能制造中的各种组成单元能够根据工作任务的需要，自行组织成一种超柔性最佳结构，并按照最优的方式运行。其柔性不仅表现在运行方式上，还表现在结构形式上。完成任务后，该结构自行解散，以备在下一个任务中组织成新的结构。自组织特性是智能制造的一个重要标志。

（4）智能感知能力

智能制造系统具有收集与理解环境信息及自身的信息，并进行分析判断和规划自身行为的能力。强有力的知识库和基于知识的模型是智能感知的基础。智能制造系统能根据周围环境和自身作业状况的信息进行监测和处理，并根据处理结果自行调整控制策略，以采用最佳运行方案。这种智能感知能力使整个制造系统具备抗干扰、自适应和容错等能力。

（5）自学习和自维护能力

智能制造系统能以原有的专家知识为基础，在实践中不断进行学习，完善系统的知识库，并删除库中不适用的知识，使知识库更趋合理；同时，还能对系统故障进行诊断、排除及修复。这种特征使智能制造系统能够自我优化并适应各种复杂的环境。

（6）整个制造系统的智能集成能力

智能制造系统在强调各个子系统智能化的同时，更注重整个制造系统的智能集成。这是智能制造系统与面向制造过程中特定应用的"智能化孤岛"的根本区别。智能制造系统包括各个子系统，并把它们集成为一个整体，实现整体的智能化。

15.1.3　智能制造的发展

智能制造作为一门新的学科，越来越受到高度重视，各国政府均将智能制造列入国家发展计划，大力推动实施。智能制造已成为影响未来经济发展的一种先进制造生产模式，被称为 21 世纪的制造模式。

美国正努力实现由过去把工业生产大量环节转移海外的"去工业化"到现在"再工业化"的快速转身。这个调整和"转身"令人关注。很多专家认为，美国新的经济增长必须依靠实体创新而非金融创新。因为金融创新导致了房地产市场泡沫破灭、金融市场过度扩张及金融资产过度升值、商业银行和投资银行混业经营风险无法得到控制等。美国提出"再工业化"战略，是一种基于现实的考虑。尽管制造业在美国经济中的比重只有 15% 左右，但由于经济总量巨大，美国依然是制造业大国。现在，美国力图通过"再工业化"重振本国实体制造业，一方面是要防止制造业萎缩而失去世界创新领导者的地位；另一方面是要通过产业升级化解高成本压力，寻找像"智慧地球"一样能够支撑未来经济增长的高端产业，而不是仅仅恢复传统的制造业。从这一点来看，美国"再工业化"战略就是在加快传统产业更新换代和科技进步的过程中，依靠"再工业化"来推进实体经济的转身与复苏。美国已制定了详细的国家战略，并投入大量的资金，以抢占研发高地。美国的积极投入加上各种优势，使其"再工业化"进程有可能诱发第四次工业革命取得巨大进步，值得世界各国密切关注。

在代表欧洲工业模式的德国，工业 4.0 一经提出，就成了业界注视的焦点。一个重要的原因在于，尽管工业 4.0 只是一个由德国政府提出的概括性文本，但是其中一些深度植根于信息化时代工业发展的规划与构想，在相当程度上有条件对未来全球的制造业产生长远的影响。工业 4.0 不仅仅意味着技术的转变、生产过程的转变，同时也意味着整个管理和组织结构的调整，需要大家进行协作，各个企业、学科、行业都要进行合作。大数据、云计算以及物联网这些技术都会用到第四次工业革命当中，但是第四次工业革命的范围已超过了这些技术本身。最终我们会看到制造业的未来有更多长足的进展，可能在接下来的 10～20 年当中进一步推动工业 4.0 愿景的实现。

15.2.1 智能制造装备与系统简介

1. 智能制造装备

智能制造装备将完备的感知系统、执行系统和控制系统与相关机械装备完美结合，将专家的知识不断融入制造装备，提高装备的智能化水平，实现自动、柔性和敏捷制造，提高产品质量、生产效率，显著减少制造过程物耗、能耗和排放。

智能制造装备主要包括大型智能工程机械、自动化纺织机械、智能印刷机械、高效农业机械、环保机械、煤炭机械等各类专用装备。

2. 智能制造系统

智能制造系统是由智能机器和人类专家共同组成的人机一体化系统，以一种高度柔性与集成的方式，借助计算机模拟人类专家的智能活动，进行分析、判断、推理、构思和决策，取代或延伸制造环境中人的部分脑力劳动，同时，收集、存储、完善、共享、继承和发展人类专家的制造智能。由于这种制造模式突出了知识在制造活动中的价值、地位，而知识经济又是继工业经济后的主体经济形式，因此智能制造成为了影响未来经济发展过程的制造业的重要生产模式。

智能制造系统主要包括柔性制造系统、成本节约的制造系统、能源节约的制造系统。

（1）柔性制造系统

制造业需要适应快速的市场变化，柔性制造系统可以缓解需求不确定性带来的影响。制造企业需要高产出和可靠的机械制造系统，这些系统是柔性的、自适应的，可以根据产品数量和形式进行生产。为了实现上述目标，制造业需要多学科的方法来构思和建立自适应制造系统，并且要涵盖制造系统的整个生命周期（从设计、装配到生命终结）。这些技术需要集成新产品和流程的新知识，包括新架构和新部件。

（2）成本节约的制造系统

缩短系统停机时间和效率最大化是实现成本最小化的一种新方法。企业需要从整个生命周期的角度重新考虑其制造系统和流程，以获得成本低廉的、价值增加的和可持续的制造系统，最小化制造系统的全生命周期的成本。

（3）能源节约的制造系统

制造业需要发展高效的制造系统，利用创新的制造设备，通过新的制造方法，使用精细模型和仿真工具，在设计过程中采用集成监测和控制技术等手段，实现提高原材料的利用率、生产"零缺陷"部件的目标；同时还要发展新型智能自动化和控制系统，发展创新的监控算法和系统，以自治和智能的方式提高制造过程的在线稳定性，改进制造系统的能源效率。

15.2.2 柔性制造系统

柔性制造是一种以消费为导向、以需定产的生产模式，与传统大规模量产的生产模式相对立。"柔性"是相对于"刚性"而言的。"刚性"自动化生产线主要实现单一品种的大批量生产。

在柔性制造中，考验的是生产线和供应链的反应速度。例如，在电子商务领域兴起的"C2B""C2P2B"等模式体现的正是柔性制造的精髓。一方面是系统适应外部环境变化的能力，可用系统满足新产品要求的程度来衡量；另一方面是系统适应内部变化的能力，可用有干扰（如机器出现故障）情况下系统的生产率与无干扰情况下的生产率期望值之比来衡量。典型柔性制造系统如图15-2所示。

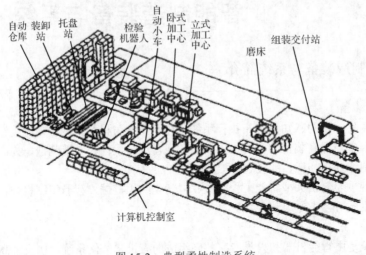

图 15-2　典型柔性制造系统

1. 柔性

柔性可以表述为两个方面：一方面是生产能力的柔性反应能力，也就是机器设备的小批量生产能力；另一方面是供应链的敏捷和精准的反应能力。

（1）生产能力的柔性反应能力。

柔性的优点是生产率很高，由于设备是固定的，因此设备利用率也很高。单件产品的成本低，但价格相当昂贵，且只能加工一个或几个相似的零件，难以应付多品种中小批量的生产。随着批量生产被适应市场动态变化的生产所替代，一个制造自动化系统的生存能力和竞争能力在很大程度上取决于它是否能在很短的开发周期内生产出较低成本、较高质量的不同品种产品。

美国国家标准局把柔性制造系统（Flexible Manufacturing System，FMS）定义为："由一个传输系统联系起来的一些设备，传输系统把工件放在其他联结装置上送到各加工设备，使工件加工准确、迅速和自动化。中央计算机控制机床和传输系统，柔性制造系统有时可同时加工几种不同的零件。"

国际生产工程研究协会认为"柔性制造系统是一个自动化的生产制造系统，在最少人的干预下，能够生产任何范围的产品族。系统的柔性通常受到系统设计时所考虑的产品族的限制。"

简单地说，FMS 是由若干数控设备、物料传输系统和计算机控制系统组成的，它能根据制造任务和生产品种变化而迅速进行调整。

（2）供应链的敏捷和精准的反应能力

在柔性制造中，供应链系统对单个需求做出生产配送的响应。从传统"以产定销"的"产—供—销—人—财—物"，转变成"以销定产"，生产的指令完全由消费者独自触发，其价值链展现为"人—财—产—物—销"这种完全定向的具有明确个性特征的活动。

2. 系统的特征

柔性制造技术是对各种不同形状加工对象实现程序化柔性制造加工的各种技术的总和。柔性制造技术是技术密集型的技术群，侧重于柔性，适用于多品种、中小批量（包括单件产品）的加工。柔性制造系统的特征如下。

（1）机器柔性：系统的机器设备具有随产品变化而加工不同零件的能力。

（2）工艺柔性：系统能够根据加工对象的变化或原材料的变化而确定相应的工艺流程。

（3）产品柔性：产品更新或完全转向后，系统不仅对老产品的有用特性有继承能力和兼容能力，而且还具有迅速、经济地生产出新产品的能力。

（4）生产能力柔性：当生产量改变时，系统能及时做出反应从而经济地运行。

（5）维护柔性：系统能采用多种方式查询、处理故障，保障生产正常进行。

（6）扩展柔性：当生产需要的时候，可以很容易地扩展系统结构、增加模块，构成一个更大的制造系统。

（7）运行柔性：利用不同的机器、材料、工艺流程来生产一系列产品的能力和同样的产品，换用不同工序加工的能力。

3. 柔性制造系统的基本功能

（1）自动控制和管理零件的加工过程，包括制造质量的自动控制、故障的自动诊断和处理、制造信息的自动采集和处理。

（2）通过简单的软件系统变更，便能制造出某一零件族的多种零件。

（3）自动控制和管理物料（包括工件与刀具）的运输和存储过程。

（4）解决多机床下零件的混流加工，且无须增加额外费用。

（5）有优化的调度管理功能，无须过多的人工介入，能做到无人加工。

柔性制造系统如图 15-3 所示。

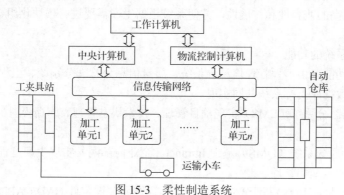

图 15-3　柔性制造系统

4. 柔性系统管理软件

柔性系统管理软件有操作系统、网络操作系统、数据库管理系统、动态调度系统、实时故障诊断系统、生产准备系统、物料（工件和刀具）管理控制系统等。

（1）计算机控制系统

计算机控制系统用以处理柔性制造系统的各种信息，输出计算机数字化控制（Computerized Numerical Control，CNC）机床和物料系统等自动操作所需的信息。通常采用三级（设备级、工作站级、单元级）分布式计算机控制系统，其中单元级控制系统（单元控制器）是柔性制造系统的核心。

（2）系统软件

系统软件用以确保柔性制造系统有效地适应中小批量多品种生产的管理、控制及优化工作，包括设计规划软件、生产过程分析软件、生产过程调度软件、系统管理和监控软件。

性能完善的软件是实现柔性制造系统功能的基础，除支持计算机工作的系统软件外，更多数量的软件是根据使用要求和用户经验所发展的专用软件。

（3）软件的功能

① 控制软件可以控制机床、物料储运系统、检验装置和监视系统等。

② 计划管理软件用于调度管理、质量管理、库存管理、工装管理等。

③ 数据管理软件能进行仿真、检索和管理数据库等。

5. 柔性制造系统的设计

（1）柔性制造系统的功能要求

① 适用于多品种、中小批量生产。能在很短的开发周期内，生产出较低成本、较高质量的不同品种产品。

② 系统由数控加工设备、物料运储装置和计算机控制系统组成，包括多个柔性制造单元，能根据制造任务或生产环境的变化迅速进行调整。

③ 在保证品质和反应速度的情况下，能有效地反应消费者的个体需求，并有效控制成本。

④ 不断改良生产工艺，优化生产流程，在流程中提高人效，精准化生产达到零库存，以此来压缩消费者需要付出的库存成本，从根本上解决隐形成本的问题。

（2）柔性制造系统的设计要求

① 系统包含现今工业一体化的常见部件，如机械手、运输部件、零件加工部件、视觉检测部件、射频识别部件等。系统中的机械结构、电气控制回路、执行机构完全独立，采用工业标准设计。

② 系统有单机、联机两种工作方式。在单机模式下，各从站独立运行。系统实时感知所有设备工作状态，实现生产数据的可视化和透明化。

③ 系统中元器件质量可靠、性能稳定、故障率低。

④ 系统具有很高的兼容性和扩展性，方便系统根据生产需要进行模块化组建和扩展。

⑤ 系统柔性强。

（3）柔性制造系统的功能

柔性中心总体功能，由工程管理信息分系统、质量信息分管理分系统、工程设计分系统、车间制造分系统和网络数据库支持系统共同实现。

① 工程管理信息分系统（EMS）实现项目管理、技术状态管理、库存管理、生产计划制订、成本管理。

② 质量信息管理分系统（QMS）基于 Intranet（企业内部网）实现生产过程质量信息收集、分析、处理、反馈和质量文档管理。

③ 工程设计分系统（EDS）基于产品数据管理实现馈源关键零件 CAD/CAPP/CAM 集成设计等。

④ 车间制造分系统（WMS）实现关键零件的数控加工、数控设备的分布式数控（Distributed Numerical Control，DNC）、生产计划调度等。

⑤ 网络数据库支持系统（NET/DB）对 EMS、EDS、WMS 分系统的运行提供集成环境，提供 Intranet 服务，支持柔性中心的信息集成。

（4）当前柔性制造要解决的问题

① 柔性制造系统必须借鉴信息科学、生命科学和社会科学等多学科的研究成果，探索柔性制造系统新的体系结构、制造模式和运行机制。制造系统优化组织结构和良好的运行状况是制造系统建模、仿真和优化的主要目标。制造系统新的体系结构不仅对提高制造企业的敏捷性和对需求的响应能力及可重组能力有重要意义，而且对制造企业底层生产设备的柔性和可动态重组能力提出了更高的要求。

② 在现代制造过程中，信息不仅是主宰制造产业的决定性因素，而且是最活跃的驱动因素。提高制造系统的信息处理能力已成为现代制造科学发展的一个重点。制造系统信息的获取、集成与融合呈现出立体化信息度量的多维性以及信息组织的多层次性。在制造信息的结构模型、一致性约束、传播处理和海量数据的制造知识库管理等方面，有待进一步突破。

③ 计算智能工具组合优化求解技术受到越来越普遍的关注。在制造中完成组合优化时的求解速度和求解精度需要突破问题规模的制约。制造智能还表现在智能调度、智能设计、智能加I、机器人学、智能控制、智能工艺规划、智能诊断等多方面。这些问题是当前产品创新的关键理论问题。

6. 我国智能制造技术的发展需求

智能制造技术是世界制造业未来发展的重要方向之一，对改变传统的生产模式、降低生产成本、提高生产效率，以及提升制造业的核心竞争力，具有重要意义。

从宏观角度来看，智能制造的顶层设计规划的确已经成了大势所趋；而从企业的现实意义上讲，行业与市场提出的诸多现实需求也在从企业生存与竞争的层面推进着这一切实存在的趋势。

首先，我国制造企业需要利用智能制造来提高能效，摆脱一些企业高污染、高能耗的现状。现今，制造业对绿色发展的要求越来越高。从设计、制造再到消费环节，都要贯穿绿色理念。特别是通过推广节能产品、节能技术和节能工艺，促进低碳与循环经济。未来，制造业回归将重塑国家的竞争力，成为解决就业、环境污染等社会问题的重要举措。

其次，制造业人才结构面临巨变。我国近年来大力推进传统制造业转型升级，却面临"设备易得，技工难求"的尴尬局面。在很多企业里，实际上早已出现了技术工人的"断代"趋势。一方面，具有丰富经验、吃苦耐劳的老一代技术工人年龄增大、不适应新型设备，而且数量在逐渐减少；另一方面，新一代技术工人面临的选择更多，同时也更加倾向于更优越的工作条件，给企业增加了成本。这一问题显然已经难以依靠我国制造业一直高度依赖的"人口红利"来解决，而智能制造带来的解决方案却能够在一定程度上适应这种变化的需求。

15.3 智能制造关键技术

智能制造是利用云计算、物联网、移动互联、大数据、自动化、智能化等技术手段，实现工业产品研究设计、生产制造过程与机械装备、经营管理、决策和服务等全流程、全生命周期的网络化、智能化、绿色化，通过各种工业资源与信息资源的整合和优化利用，利用电子信息、计算机、网络通信等关键技术手段，实现信息流、资金流、物流、业务工作流的高度集成与融合的现代工业体系。

15.3.1 物联网与工业物联网

1. 物联网

物联网（Internet of Things，IoT）是依托射频识别技术的物流网络。随着技术和应用的发展，当前物联网的内涵已经发生了较大变化，被广泛认可的定义为：物联网是通过射频识别（RFID）、红外感应器、GPS、激光扫描器等信息传感设备，按约定的协议，把任何物品与互联网连接起来，进行信息交换和通信，以实现智能化识别、定位、跟踪、监控和管理的一种网络。物联网的核心技术包括射频识别装置、无线传感网络、红外感应器、GPS、Internet 与移动网络、网络服务、行业应用软件。在这些技术当中，又以底层嵌入式设备芯片开发最为关键。物联网的核心和基础仍然是互联网，它是在互联网基础上延伸和扩展的网络，是继条码技术之后，再次变革商品零售结算、物流配送及产品跟踪管理模式的一项新技术。物联网技术使物理制造资源服务化，从而也可以像软件和计算资源一样通过互联网实现充分共享与增值。

2. 工业物联网

工业物联网通过各种信息传感设备（如传感器、射频识别技术、红外感应器、激光扫描器、气体感应器等），对工业现场任何需要监控、连接、互动的物体或过程，采集其声、光、热、电等各种需要的信息。工业物联网的最终目标是实现"广泛互联互通、透彻信息融合、综合智慧服务"。因此，智能制造背景下的网络必须要实现不同设备之间的互联和异构传输网络之间的互通。

工业物联网的应用改变了传统工业中被动的信息收集方式。它可自动、准确、及时地收集生产过程参数。工业互联网实现了人、机器和系统三者之间的智能化、交互式无缝连接，使企业与客户，市场的联系更为紧密，企业可以感知到市场的瞬息万变，大幅提高制造效率，改善产品质量，降低产品成本和资源消耗，将传统工业提升到智能工业的新阶段。从当前技术发展和应用前景来看，工业物联网的应用主要集中在如下几个方面。

（1）制造业供应链管理

企业利用物联网技术能及时掌握原材料采购、库存和销售等信息，通过大数据分析还能预测原材料的价格趋势、供求关系等，有助于完善和优化供应链管理体系，提高供应链效率，降低成本。例如，空中客车公司通过在供应链体系中应用传感网络技术，构建高效的供应链体系。

（2）生产过程工艺优化

工业物联网的泛在感知特性提高了生产线过程检测、实时参数采集、材料消耗监测的能力和水平，通过对数据的分析处理可以实现智能监控、智能诊断、智能决策和智能维护。例如，钢铁企业应用各种传感器和通信网络，在生产过程中实现了对加工产品的宽度、厚度和温度的实时监控，提高了产品质量，优化了生产流程。

（3）生产设备监控管理

利用传感技术对生产设备进行健康监控，可以及时跟踪生产过程中各个机器设备的使用情况，通过网络将数据汇聚到设备生产商的数据分析中心进行处理，能有效地进行机器故障诊断、预测，快速精准地确定故障原因，提高维护效率，降低维护成本。

（4）环保监测及能源管理

工业物联网与环保设备融合可以实现对工业生产过程中产生的各种污染源及污染治理环节关键指标的实时监控。例如，在化工、轻工、火电厂等企业部署传感器网络，不仅可以实时监测企业排污数据，而且可以通过智能化的数据报警及时发现排污异常并停止相应的生产过程，防止突发性环境污染事故发生。

（5）工业安全生产管理

工业物联网技术通过将传感器安装在危险作业环境中，可以实时监测作业人员、设备机器以及周边环境等方面的安全状态信息，全方位获取生产环境中的安全要素，将现有的网络监管平台提升为系统、开放、多元的综合网络监管平台，有效保障工业生产安全。

智能制造将全面替代传统工厂和传统制造，物联网和智能制造的融合更加速了第四次工业革命的到来。但是应该看到，目前的工业物联网发展水平不高，存在的问题也很多，未来工业物联网研究还需重点在物理空间与信息空间互联模型、异构网络融合、海量信息处理、工业物联网安全等方面展开。因此，应立足当前，着眼未来，加强工业物联网重点技术研究，对关键问题寻求突破，促使工业物联网产业化和规模化，推动智能制造向更高水平发展。

15.3.2　工业机器人

智能制造是制造业发展的主要方向，机器人是实现智能制造的重要支撑手段。工业机器人技术已取得巨大成功，获得了广泛应用。但是，面向需求，机器人还有很多不足。目前的机器人应用状态是一个"独立王国"：人不能靠近，机器人不移动，工件要移到机器人附近；程序设计靠费时费事的示教再现。在将来灵活的智能制造中，依据制造工艺，不同自动化等级的工作单元由传送带（或移动机器人、机器手臂）连接在一起（传递工件），几天之内完成一个工作单元的重组，而不是几周或更长时间。部件之间可以是无线联系的，各个部件连接上之后即可使用。为满足这样的要求，机器人与系统之间的位置关系必须能被精确描述。鉴于机器人的绝对定位精度进展困难，基于三维传感器的标定技术是解决问题的关键。通过研究，应使工业机器人具有快速标定能力、易移动能力和程序自动化能力，成为编程迅速、"即连即用"的灵活智能生产系统中的一个部件。工业机器人将向

"即连即用""与人共融"的方向发展，与人共融将是下一代机器人的本质特征。信息技术和材料技术的进步，必将进一步推动机器人的发展。

1. 工业机器人及其结构

工业机器人是面向工业领域的多关节机械手或多自由度机器人，它的出现是为了解放人工劳动力、提高企业生产效率。工业机器人的基本结构则是实现机器人功能的基础。下面一起来看一下工业机器人的结构组成。现代工业机器人大部分是由三大部分和六大系统组成的。

（1）机械部分

机械部分是机器人的"血肉"，也就是我们常说的机器人本体部分。这部分主要可以分为两个系统。

① 驱动系统

要使机器人运行起来，需要各个关节安装传感装置和传动装置，这就是驱动系统。它的作用是提供机器人各部分、各关节动作的原动力。驱动系统传动部分可以是液压传动系统、电动传动系统、气动传动系统，或者是几种系统结合起来的综合传动系统。

② 机械结构系统

工业机器人机械结构主要由四大部分构成：机身、臂部、腕部和手部。每一个部分具有若干的自由度，构成一个多自由度机械系统。末端操作器是直接安装在机器人手腕上的一个重要部件，它可以是多手指的手爪，也可以是喷漆枪或者焊具等作业工具。

（2）感受部分

感受部分类似于人类的五官，为机器人工作提供感觉，使机器人工作过程更加精确。这部分主要可以分为两个系统。

① 感受系统

感受系统由内部传感器模块和外部传感器模块组成，用于获取内部和外部环境状态中有意义的信息。智能传感器可以提高机器人的机动性、适应性和智能化水平。对于一些特殊的信息而言，传感器的灵敏度已超越人类的感觉系统。

② 机器人-环境交互系统

机器人-环境交互系统是实现工业机器人与外部环境中的设备相互联系和协调的系统。工业机器人与外部设备集成为一个功能单元，如加工制造单元、焊接单元、装配单元等，也可以是多台机器人、多台机床设备或者多个零件存储装置集成为一个能执行复杂任务的功能单元。

（3）控制部分

控制部分相当于机器人的大脑，可以直接或者通过人工对机器人的动作进行控制。控制部分也可以分为两个系统。

① 人机交互系统

人机交互系统是使操作人员参与机器人控制并与机器人进行联系的装置，如计算机的标准终端、指令控制台、信息显示板、危险信号警报器、示教盒等。简单来说该系统可以分为指令给定系统和信息显示装置两大部分。

② 控制系统

控制系统主要根据机器人的作业指令程序以及从传感器反馈回来的信号支配执行机构去完成规定的运动和功能。根据控制原理，控制系统可以分为程序控制系统、适应性控制系统和人工智能控制系统三种。根据运动形式，控制系统可以分为点位控制系统和轨迹控制系统两大类。

2. 工业机器人的分类及选用

（1）按操作机坐标形式分类

① 直角坐标型工业机器人

这种机器人只能做三个相互垂直的直线移动（PPP），其工作空间为长方体。它在各个轴向的移动距离，可在各个坐标轴上直接读出。它的优点是直观性强、易于位置和姿态的编程计算、定位精度高、控制无耦合、结构简单；缺点是机体所占空间大、动作范围小、灵活性差、难以与其他工业机器人协调工作。

② 圆柱坐标型工业机器人

其运动形式是一个转动和两个移动，其工作空间为圆柱体。与直角坐标型工业机器人相比，在相同的工作空间条件下，机体所占体积小，而运动范围大，其位置精度仅次于直角坐标型机器人，同样难与其他工业机器人协调工作。

③ 球坐标型工业机器人

它又称极坐标型工业机器人，其手臂的运动由两个转动和一个直线移动（一个回转、一个俯仰和一个伸缩运动）所组成，其工作空间为一球体。它可以做俯仰动作并能抓取地面上或较低位置的工件，其位置精度高，位置误差与臂长成正比。

④ 多关节型工业机器人

它又称回转坐标型工业机器人，其手臂与人体上肢类似，前三个关节是回转副（RRR）。该工业机器人一般由立柱和大小臂组成，立柱与大臂间形成肩关节，大臂和小臂间形成肘关节，可使大臂做回转运动和俯仰摆动，小臂做仰俯摆动。其结构紧凑，灵活性高，占地面积小，能与其他工业机器人协调工作；但位置精度较低，有平衡问题，控制耦合。这种工业机器人应用越来越广泛。

⑤ 平面关节型工业机器人

它采用一个移动关节和两个回转关节（PRR）。移动关节实现上下运动，而两个回转关节则控制前后、左右运动。这种形式的工业机器人又称装配机器人（Selective Compliance Assembly Robot Arm，SCARA）。在水平方向具有柔顺性，在垂直方向则有较大的刚性。其结构简单、动作灵活，多用于装配作业，特别适合小规格零件的插接装配（如电子工业的插接、装配）。

（2）按驱动方式分类

① 气动式工业机器人

这类工业机器人以压缩空气来驱动操作机。其优点是空气获取方便，动作迅速，结构简单造价低，无污染；缺点是空气具有可压缩性，导致工作速度的稳定性较差，又因气体压力一般只有 6kPa左右，所以这类工业机器人抓举力较小，一般只有几十到百余牛。

② 液压式工业机器人

液体压力比气体压力高得多，一般为 70kPa 左右，故液压传动工业机器人具有较大的抓举力，可达上千牛。这类工业机器人结构紧凑，传动平稳，动作灵敏，但对密封要求较高，不宜在高温或低温环境下工作。

③ 电动式工业机器人

这是目前用得较多的一类工业机器人，不仅因为电动机品种众多，为工业机器人设计提供了多种选择，也因为它们可以运用多种灵活控制方法。早期多采用步进电动机，后来发展出了直流伺服驱动单元，目前交流伺服驱动单元也在迅速发展。这些驱动单元或直接驱动操作机，或通过谐波减速器等装置减速后再驱动。其结构简单、十分紧凑。

3. 工业机器人控制系统

（1）工业机器人的控制技术

工业机器人控制技术是在传统机械系统的控制技术的基础上发展起来的，因此两者之间并无根本的不同，但工业机器人控制系统也有许多特殊之处。其特点如下。

工业机器人有若干个关节（典型工业机器人有五六个关节），每个关节由一个伺服系统控制，多个关节的运动要求各个伺服系统协同工作。工业机器人的工作任务要求操作机的手部进行空间点位运动或连续轨迹运动，对工业机器人的运动控制需要复杂的坐标变换运算，以及矩阵函数的逆运算。

工业机器人的数学模型是一个多变量、非线性和变参数的复杂模型，各变量之间还存在着耦合，因此工业机器人的控制中经常使用前馈、补偿、解耦和自适应等复杂控制技术。较高级的工业机器人要求对环境条件、控制指令进行测定和分析，采用计算机建立庞大的信息库，用人工智能的方法进行控制、决策、管理和操作，按照给定的要求，自动选择合适的控制规律。

（2）工业机器人控制系统的基本要求

工业机器人的控制系统应实现对工业机器人的位置、速度、加速度等的控制功能，以连续轨迹运动的工业机器人还必须具有轨迹的规划与控制功能。人-机交互功能便于操作人员采用直接指令代码对工业机器人进行指示。工业机器人应具有作业知识的记忆、修正和工作程序的跳转功能，以及对外部环境（包括作业条件）的检测和感觉功能。为使工业机器人具有对外部状态变化的适应能力，工业机器人应能对视觉、触觉等信息进行测量、识别、判断、理解。在自动化生产线中，工业机器人应具有与其他设备交换信息，协调工作的能力。

4. 工业机器人控制系统的分类

工业机器人控制系统可以从不同角度分类。按控制运动的方式不同，可分为关节控制、笛卡尔空间运动控制和自适应控制；按轨迹控制方式的不同，可分为点位控制和连续轨迹控制；按速度控制方式的不同，可分为速度控制、加速度控制、力控制。

程序控制系统：给每个自由度施加一定规律，机器人就可实现要求的运动轨迹。

自适应控制系统：当外界条件变化时为保证所要求的品质，或为了随着经验的积累自行改善品质而做出自动调整的控制系统。其过程是基于操作机的状态和伺服误差的观察，调整非线性模型的参数，一直到误差消失为止。这种系统的结构和参数能随时间和条件自动改变。

人工智能系统：事先无须编制运动程序，在运动过程中根据所获得的周围状态信息，实时确定控制作用。因而人工智能系统也是一种自适应控制系统。

5. 工业机器人的应用

（1）移动机器人

移动机器人（AGV）是工业机器人的一类，它由计算机控制，具有移动、自动导航、多传感器控制、网络交互等功能，广泛应用于机械、电子、纺织、医疗、食品、造纸等行业，也用于自动化立体仓库、柔性加工系统、柔性装配系统（以 AGV 作为活动装配平台），同时可在车站、机场、邮局的物品分拣中作为运输工具。

移动机器人用现代物流技术配合、支撑、改造、提升传统生产线，实现点对点自动存取的高架箱储，将作业和搬运相结合，实现精细化、柔性化、信息化，缩短物流流程，降低物料损耗，减少占地面积，降低建设投资。

（2）点焊机器人

点焊机器人具有性能稳定、工作空间大、运动速度快和负荷能力强等特点，焊接质量明显优于人工焊接，大大提高了点焊作业的生产率。

点焊机器人主要用于汽车整车的焊接工作。国际大型工业机器人生产企业在该领域占据市场主导地位。随着汽车工业的发展，焊接生产线要求焊钳一体化，因此其质量越来越大。165kg 点焊机器人是当前汽车焊接中最常用的一种机器人。2008 年 9 月，哈尔滨工业大学机器人研究所研制完成国内首台 165kg 级点焊机器人，并成功应用于奇瑞汽车焊接车间。2009 年 9 月，经过优化和性能提升的第二台机器人制造完成并顺利通过验收，该机器人整体技术指标已经达到国外同类机器人水平。

（3）弧焊机器人

弧焊机器人主要应用于各类汽车零部件的焊接生产。在该领域，国际大型工业机器人生产企业主要以向成套装备供应商提供单元产品为主。

其关键技术如下。

① 弧焊机器人系统优化集成技术。弧焊机器人采用交流伺服驱动技术以及高精度、高刚性的RV减速机和谐波减速器，具有良好的低速稳定性和高速动态响应，并可实现免维护功能。

② 协调控制技术。控制多机器人及变位机协调运动，既能保持焊枪和工件的相对姿态以满足焊接工艺的要求，又能避免焊枪和工件的碰撞。

③ 精确焊缝轨迹跟踪技术。结合激光传感器和视觉传感器离线工作方式的优点，采用激光传感器实现焊接过程中的焊缝跟踪，提升焊接机器人对复杂工件进行焊接的柔性和适应性，结合视觉传感器离线观察获得焊缝跟踪的残余偏差，基于偏差统计获得补偿数据修正机器人运动轨迹，在各种工况下都能获得最佳的焊接质量。

（4）激光加工机器人

激光加工机器人将机器人技术应用于激光加工，通过高精度工业机器人实现更具柔性的激光加工作业。本系统通过示教盒进行在线操作，也可通过离线方式进行编程。该系统通过对加工工件的自动检测，产生加工件的模型，继而生成加工曲线，也可以利用 CAD 数据直接加工。可用于工件的激光表面处理、钻孔、焊接和模具修复等。

其关键技术如下。

① 激光加工机器人结构优化设计技术。采用大范围框架式本体结构，在增大作业范围的同时，保证机器人精度。

② 机器人系统的误差补偿技术。针对一体化加工机器人工作空间大、精度高等要求，并结合其结构特点，采取非模型方法与模型方法相结合的混合机器人补偿方法，完成几何参数误差和非几何参数误差的补偿。

③ 高精度机器人检测技术。将三坐标测量技术和机器人技术相结合，实现机器人高精度在线测量。

④ 激光加工机器人专用语言实现技术。根据激光加工及机器人作业特点，完成激光加工机器人专用语言开发。

⑤ 网络通信和离线编程技术。具有串口、CAN 等网络通信功能，实现对机器人生产线的监控和管理；并实现上位机对机器人的离线编程控制。

（5）真空机器人

真空机器人是一种在真空环境下工作的机器人，主要应用于半导体工业中，实现晶圆在真空腔室内的传输。真空机械手难进口、受限制、用量大、通用性强，它已成为制约半导体装备整机的研发进度和整机产品竞争力的关键部件。直驱型真空机器人技术属于原始创新技术。

其关键技术如下。

① 真空机器人新构型设计技术。通过结构分析和优化设计，避开国际专利，设计新构型满足真空机器人对刚度和伸缩比的要求。

② 大间隙真空直驱电动机技术。涉及大间隙真空直驱电动机和高洁净直驱电动机理论分析、结构设计、制作工艺、电动机材料表面处理、低速大转矩控制、小型多轴驱动器等方面。

③ 真空环境下的多轴精密轴系的设计。采用轴在轴中的设计方法，减小轴之间的不同心以及惯量不对称的问题。

④ 动态轨迹修正技术。通过传感器信息和机器人运动信息的融合，检测出晶圆与手指之间基准位置的偏移，通过动态修正运动轨迹，保证机器人准确地将晶圆从真空腔室中的一个工位传送到另一个工位。

⑤ 符合国际半导体产业协会（Semiconductor Equipment and Materials International，SEMI）标准的真空机器人语言。根据真空机器人搬运要求、机器人作业特点及 SEMI 标准，完成真空机器人专用语言开发。

⑥ 可靠性系统工程技术。在集成电路制造中，设备故障会带来巨大的损失。根据半导体设备对平均无故障运行次数（Mean Cycles Between Failure，MCBF）的高要求，对各个部件的可靠性进行测试、评价和控制，提高机械手各个部件的可靠性，可保证机械手满足集成电路制造的高要求。

（6）洁净机器人

洁净机器人是一种在洁净环境中使用的工业机器人。随着生产技术水平不断提高，其对生产环境的要求也日益苛刻，很多现代工业产品的生产都要求在洁净环境下进行。洁净机器人是洁净环境下生产需要的关键设备。

其关键技术包括如下。

① 洁净润滑技术。通过采用负压抑尘结构和非挥发性润滑脂，实现对环境无颗粒污染，满足洁净要求。

② 高速平稳控制技术。通过轨迹优化和提高关节伺服性能，实现洁净搬运的平稳性。

③ 控制器的小型化技术。针对洁净室建造和运营成本高，通过控制器小型化技术减小洁净机器人的占用空间。

④ 晶圆检测技术。通过光学传感器，能够通过机器人的扫描，获得卡匣中晶圆有无缺片、倾斜等信息。

6. 下一代工业机器人

面向未来的制造业强调人的介入，人的智能的利用、人的直接参与和全自动化之间达到某种平衡，被认为是提高效率的途径，所以，与人合作的机器人是非常必要的。制造业的发展，已经对"新一代工业机器人"提出了迫切需求。所谓新一代工业机器人，主要是针对现有工业机器人在机械结构、控制模式和智能程度方面存在的局限而言。为此，可能在工业机器人的结构、材料和控制手段等方面进行变革。能与个性化制造模式相适应，能完成动态、复杂的作业使命，能与人类紧密协作、形成人机共融，将是新一代机器人的主要特征，也是机器人研究与发展的方向。

下一代机器人的关键技术就是与人的交流与合作，它使得人、机能和谐地共同完成复杂任务。如何让机器理解人的意图是关键。知道人的意图，才能像助手一样配合人工作，像徒弟一样向师父学习。让机器人听懂人的语音命令，接受人的指令，是最有价值的技术之一。理解人的眼神，也是一直为研究者关注的可能技术。机器人理解人的动作意图，是一个重要的交流途径，也是合作安全的有效保障。为了使问题变得简单，科研人员试图在人的身上加装"人机合作目标"，便于机器人身上的感知系统认知，方便机器人理解人的动作意图，从而自主学习人的技能、人的作业习惯。

脑科学技术将来很可能打开人机交流的新渠道。随着脑科学技术的进步，人的思维将被理解并变成机器人的语言去控制和指示机器人，那将是人机交互的革命性进步，也将改变对机器的控制方法。更长远来看，脑科学的发展，将使意识控制机器成为可能；而智能材料的应用，将改变现有的机器人的结构和控制方法，发展机器人学的理论。

15.3.3 射频识别技术

1. 射频识别

射频识别（Radio Frequency Identification，RFID）又称无线射频识别，是一种通信技术，可通过无线电信号识别特定目标并读写相关数据，而无须在识别系统与特定目标之间建立机械或光学接触。射频技术的基本原理是：利用射频信号通过空间耦合（交变磁场或电磁场）实现无接触信息传递，并通过所传递的信息达到识别目的。

2003 年，RFID 标准和联盟正式成立，标志着 RFID 技术更加成熟化和规范化。RFID 技术迎来了新的发展时期，它在民用领域的价值开始得到世界各国的关注。RFID 产品的种类也更加丰富，单芯片电子标签、无源电子标签、高速移动物体 RFID 技术都成为现实,并普遍应用在食品卫生、物流、制造、医疗、交通等领域;RFID 也可用于提高智能制造服务信息采集的效率和柔性,在制造服务中,产品上的 RFID 标签是一个随产品移动的数据库,随时可以从中读出其历史信息和质量记录,避免了书面材料的人工传递或对远程主机数据库的访问。

2. 射频识别系统

射频识别类似于条码扫描。条码技术是将已编码的条形码附着于目标物,并使用专用的扫描读写器,利用光信号将信息由条形码传送到扫描读写器;而射频识别系统则使用专用的 RFID 读写器及专门的可附着于目标物的 RFID 标签,利用射频信号将信息由 RFID 标签传送至 RFID 读写器。典型的 RFID 系统主要由阅读器、电子标签、中间件和应用系统软件组成。典型的 RFID 系统如图 15-4 所示。

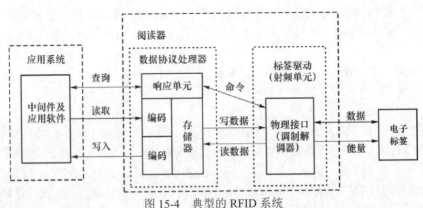

图 15-4　典型的 RFID 系统

RFID 技术的基本工作原理是:标签进入磁场后,接收阅读器发出的射频信号,凭借感应电流所获得的能量发送存储在芯片中的产品信息(被动标签),或者由标签主动发送某一频率的信号(主动标签),解读器读取信息并解码后,送至中央信息系统进行有关数据处理。

3. 射频识别的特点

射频识别系统最重要的优点是非接触识别,它能穿透雪、雾、冰、涂料、尘垢和条形码无法使用的恶劣环境阅读标签,并且阅读速度极快,大多数情况下不到 100ms。有源式射频识别系统的速写能力也是重要的优点,可用于流程跟踪和维修跟踪等交互式业务。射频识别具有以下特点。

(1)快速扫描。RFID 标签一进入磁场,解读器就可以及时读取其中的信息,而且射频识别辨识器可同时辨识读取数个 RFID 标签,实现批量识别。

(2)数据的记忆容量大。一维条形码的容量是 50 字节,二维码最多可储存 2000~3000 字符,RFID 最大的容量则有数兆字符。随着其记忆载体的发展,数据容量也有不断扩大的趋势。

(3)体积小型化,形状多样化。RFID 在读取上并不受尺寸大小与形状限制,无须为了读取精确度而配合纸张的固定尺寸和印刷品质。此外,RFID 标签可向小型化与多样形态发展,以应用于不同产品。

(4)抗污染能力和耐久性。传统条形码的载体是纸张,因此容易受到污染,但 RFID 对水、油和化学药品等物质具有很强的抵抗性。此外,条形码附着在塑料袋或外包装纸箱上,所以特别容易受到折损;RFID 卷标将数据存在芯片中,因此可以免受污损。

(5)可重复使用及动态更改。条形码印刷之后就无法更改;RFID 标签则可以重复地新增、修改、删除 RFID 卷标内储存的数据,方便信息的更改。

(6)穿透性和无屏障阅读。在被覆盖的情况下,RFID 能够穿透纸张、木材和塑料等非金属和非透明的材质,进行穿透性通信。而条形码扫描机只有在近距离而且没有物体阻挡的情况下,才可以辨读条形码。

（7）使用寿命长，应用范围广。无线电通信方式使其可以应用于粉尘、油污等高污染环境和放射性环境，而且其封闭式包装使得其寿命大大超过印刷的条形码。

（8）更好的安全性。由于 RFID 承载的是电子式信息，其数据内容可由密码保护，不易被伪造及变造，因此具有更高的安全性。

RFID 因其所具备的远距离读取、高储存量等特性而备受瞩目。它不仅可以帮助一个企业大幅提高货物、信息管理的效率，还可以让销售企业和制造企业互联，从而更加准确地接收反馈信息，控制需求信息，优化整个供应链。

15.3.4　传感技术

1. 传感技术的概念

传感技术是关于从自然信源获取信息，并对之进行处理（变换）和识别的一门多学科交叉的现代科学与工程技术，它涉及传感器（又称换能器）、信息处理和识别的规划设计、开发、建造、测试、应用及评价改进等活动。获取信息靠各类传感器，包括物理量、化学量或生物量的传感器。按照信息论的凸性定理，传感器的功能与品质决定了传感系统获取自然信息的信息量和信息质量，是高品质传感技术系统构造的关键。信息处理包括信号的预处理、后置处理、特征提取与选择等。识别的主要任务是对经过处理的信息进行辨识与分类。它利用被识别（或诊断）对象与特征信息间的关联关系模型对输入的特征信息集进行辨识、比较、分类和判断。因此，传感技术是遵循信息论和系统论的。它包含了众多的高新技术、被众多产业广泛采用。它也是现代科学技术发展的基础条件，应该受到足够的重视。

无线传感网由部署在监测区域内的大量廉价微型传感器节点组成。它是通过无线通信方式形成的一个多跳的自组织的网络系统，目的是协作地感知、采集和处理网络覆盖区域中被感知对象的信息，并发送给观察者。传感器、感知对象和观察者构成了无线传感网的三个要素。图 15-5 所示为无线传感网系统结构。A、B、C、D、E 是传感器节点，在网络中充当数据采集者、数据中转站或簇头节点的角色。

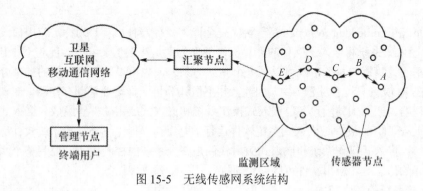

图 15-5　无线传感网系统结构

2. 常见的传感器

智能制造服务中要使用大量的传感器（如温度、压力、加速度、位移、振动等传感器），以便实时获取产品的信息，进行远程监控。常见的传感器如下。

（1）温度传感器

温度传感器将控制对象的温度参数变成电信号，并向接收终端发送信号，通常由感温元件部分和温度显示部分组成，便于对系统进行检测、调节和控制。

（2）力传感器

力传感器将各种力学量转换为电信号。力的测量可以通过力传感器间接完成。

（3）霍尔传感器

霍尔传感器是根据霍尔效应制作的一种磁场传感器，霍尔传感器属于被动型传感器，它要有外加电源才能工作，这一特点使它能检测转速低的运转情况，广泛应用于工业自动化技术、检测技术及信息处理等。

（4）光敏传感器

光敏传感器的敏感波长在可见光波长附近，包括红外线波长和紫外线波长。光传感器不只局限于对光的探测，它还可以作为探测元件组成其他传感器，对许多非电量进行检测，只要将这些非电量转换为光信号的变化即可。光敏传感器是目前产量最高、应用最广的传感器之一，它在自动控制和非电量电测技术中占有非常重要的地位。

（5）位移传感器

位移传感器又称为线性传感器，是通过金属感应把位移转换为电量的传感器。位移传感器的作用是把各种被测物理量转换为电量。

（6）视觉传感器

视觉传感器具有从一整幅图像捕获数以千计的像素的能力。图像的清晰和细腻程度常用分辨率来衡量，以像素数量表示。捕获图像之后，视觉传感器将该图像与内存中存储的基准图像进行比较，并做出分析。视觉传感器的工业应用包括检验、计量、测量、定向、瑕疵检测和分拣等。

（7）智能传感器

智能传感器是具有信息处理功能的传感器。智能传感器带有微处理器，具有采集、处理和交换信息的能力，是传感器集成化与微处理器相结合的产物。一般，智能机器人的感觉系统由多个传感器集合而成，采集的信息需要计算机进行处理，而使用智能传感器就可将信息分散处理，从而降低成本。与一般传感器相比，智能传感器具有高精度信息采集、成本低、具有编程能力、功能多样化等优点。

15.3.5　嵌入式系统

嵌入式系统（Embedded System）是一种"完全嵌入受控器件内部，为特定应用而设计的专用计算机系统"。嵌入式系统将嵌入了软件的计算机硬件作为其最重要的一部分。它是一种专用于某个应用或产品的基于计算机的系统，既可以是一个独立的系统，也可以是更大系统的一部分。由于其软件通常嵌入在 ROM（只读存储器）中，因此，并不像计算机一样需要辅助存储器。嵌入式系统通常由嵌入式处理器、嵌入式外围设备、嵌入式操作系统和嵌入式应用软件等组成。嵌入式系统主要组成部分如图 15-6 所示。硬件是嵌入式系统软件运行的基础，它提供了嵌入式系统软件运行的物理平台和通信接口；嵌入式操作系统和嵌入式应用软件是整个系统的控制核心，控制整个系统的运行，提供人机交互的信息等，应用软件可以并发地执行任务序列或多任务。

1．嵌入式系统的核心技术

从硬件方面讲，目前具有嵌入式功能特点的处理器已逾千种，涉及数十种常用的体系架构，处理器速度越来越快，性能越来越强，且功耗和价格越来越低。从软件方面讲，也有相当部分的成熟软件系统。国外商品化的嵌入式实时操作系统，已进入我国市场的有 WindRiver、Microsoft、QNX 和 Nuclear 等。我国自主开发的嵌入式系统软件产品有科银（CoreTek）公司的嵌入式软件开发平台 DeltaSystem、中科院推出的嵌入式操作系统 Hopen。下面将对嵌入式系统的关键核心技术进行简要的比较分析。

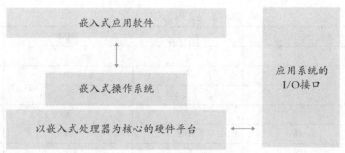

图 15-6　嵌入式系统主要组成部分

（1）嵌入式操作系统

嵌入式操作系统（Embedded Operating System，EOS）是一种系统软件，负责嵌入系统的全部软、硬件资源的分配、调度，控制、协调并发活动，具有可裁剪性，能够通过匹配相关模块来实现系统所要求的功能。

国外的嵌入式操作系统发展较早，一般分为 3 类：一类是实时 OS；一类是非实时 OS；还有一类是开源的 Linux 系统，既有实时 OS，也有非实时 OS。各类嵌入式操作系统具有不同的应用领域。在各类嵌入式操作系统中，Microsoft Windows CE 是从整体上为有限资源的平台设计的多线程、完整优先权、多任务的操作系统；VxWorks 是目前嵌入式系统领域实时性较好的系统。国内嵌入式操作系统发展起步较晚，近年来具有完全自主知识产权的国产嵌入式操作系统取得了较大进展。如 Hopen 嵌入式操作系统在手机、PDA 等产品中得到应用；DeltaOS 嵌入式操作系统也是国内具有代表性的嵌入式操作系统，在 IC 卡终端、飞行导航终端、便携式通信终端中得到应用。

（2）嵌入式处理器

嵌入式处理器是嵌入式系统的硬件核心，一般分为嵌入式微处理器（Embedded Microprocessor Unit，EMPU）、嵌入式微控制器（Microcontroller Unit，MCU ）、嵌入式 DSP 处理器（Embedded Digital Signal Processor，EDSP）和嵌入式片上系统（System on Chip，SoC）。

EMPU 一般是指通用 CPU，在应用中将微处理器装配在专门设计的电路板上，只保留与嵌入式应用有关的母板功能，这样可以减小系统体积和功耗。为了满足嵌入式应用的特殊要求，嵌入式微处理器虽然在功能上和标准微处理器基本一致，但嵌入式系统一般工作环境比较特殊，所以在工作温度、抗电磁干扰、可靠性等方面都做了各种增强，以适应嵌入式系统的工作环境。

MCU 又称单片机，它以微处理器内核为核心，芯片内部集成了存储器、总线、总线控制器、定时器、计数器、监控芯片、I/O、串行口、脉宽调制输出等各种必要功能和外设。单片机有各种系列，一般一个系列的单片机具有多种衍生产品，每种衍生产品的处理器内核都是一样的，不同的是存储器和外设的配置及封装。这样做可以使单片机最大限度地和应用需求相匹配，功能不多不少，从而减少功耗和成本。与 EMPU 相比，MCU 的最大特点是单片化，体积大大减小，从而使功耗和成本下降、可靠性提高。

目前主流的嵌入式微处理器系列主要有 ARM 系列、MIPS 系列、PowerPC 系列、SuperH 系列和 X86 系列等，属于这些系列的嵌入式微处理器产品有上千种。嵌入式微控制器将 CPU、存储器（少量的 RAM、ROM）和其他外设封装在同一片集成电路里，常见的有 8051。

随着半导体工艺的迅速发展，一个硅片上已经可以实现一个更为复杂的系统，这就是嵌入式片上系统。除个别无法集成的器件外，嵌入式系统大部分可集成到一块或几块芯片中去，应用系统电路板将变得很简洁。这对于减小应用系统体积、降低功耗、提高系统可靠性非常有利。

嵌入式处理器的对比分析如表 15-1 所示。

表 15-1   嵌入式处理器的对比分析

项目	EMPU	MCU	EDSP	SoC
硬件尺寸	大	小	小	最小
功耗	大	小	中	中
开发难度	小	大	大	大
软件移植性	好	差	差	差
成本	高	最低	低	中
性能	强	弱	较强	较强
应用领域	通用	较通用低端	专用	较通用高端
网络能力	强	弱	较弱	强
实时性	差	好	好	一般

（3）嵌入式应用软件

嵌入式应用软件，是指针对特定应用领域，基于某一固定的硬件平台，用来达到用户预期目标的计算机软件。由于用户任务可能有时间和精度上的要求，因此，有些嵌入式应用软件需要特定的嵌入式操作系统的支持。嵌入式应用软件和普通应用软件有一定的区别，它不仅要求在准确性、安全性和稳定性等方面满足实际应用的需要，而且还要尽可能进行优化，以减少对系统资源的消耗，并降低硬件成本。嵌入式系统中的应用软件是最活跃的，每种应用软件均有特定的应用背景，尽管规模较小，但专业性较强，所以嵌入式应用软件不像操作系统那样受制于国外产品与技术垄断，我国嵌入式应用软件有一定的优势。

2. 嵌入式系统的应用领域

嵌入式系统是一个技术密集、资金密集、高度分散、不断创新的基于硅片的知识集成系统。该领域充满了竞争、机遇与创新，没有哪一个系列的处理器和操作系统能够垄断全部市场。即便在体系结构上存在着主流，各不相同的应用领域也决定了不可能有少数公司、少数产品垄断全部市场。嵌入式系统的应用前景是非常广阔的，人们将会无时无刻不接触嵌入式产品，从家里的洗衣机、电冰箱，到作为交通工具的自行车、汽车，再到办公室里的远程会议系统等。特别是以蓝牙为代表的小范围无线接入协议的出现，使嵌入式无线电悄然兴起。当嵌入式的无线电芯片的价格可被接受时，其应用可能会无所不在。在家中、办公室、公共场所，人们可能会使用数十片甚至更多这样的嵌入式无线电芯片，将一些电子信息设备甚至电气设备组成无线网络；在车上、旅途中，人们利用这样的嵌入式无线电芯片，可以实现远程办公、远程遥控，真正实现把网络随身携带。

（1）工业控制应用领域

基于嵌入式芯片的工业自动化设备将获得长足的发展，目前已经有大量的 8 位、16 位、32 位嵌入式微控制器在应用。网络化是提高生产效率和产品质量、减少人员需求的主要途径。就传统的工业控制产品而言，低端型采用的往往是 8 位嵌入式微控制器。但是随着技术的发展，32 位、64 位的嵌入式微控制器逐渐成为工业控制设备的核心，在未来几年内必将获得长足的发展。

（2）机器人应用领域

嵌入式芯片的发展将使机器人在微型化、高智能方面优势更加明显，同时会大幅度降低机器人的价格，使其在工业领域和服务领域获得更广泛的应用。微型机器人、特种机器人等也获得了更大的发展机遇，无论是控制系统的结构还是机器人的智能程度都将得到很大的提高。以索尼的机器狗为代表的智能机器宠物是最典型的嵌入式机器人控制系统，除能够实现复杂的运动功能，它还具有图像识别、语音处理等高级人机交互功能，可以模仿动物的表情和行为。火星车也是一个典型例子，这个价值 10 亿美元的技术高度密集的移动机器人，采用的是 VxWorks 操作系统，它可以在不与地球联系的情况下自主工作。

（3）智能家居应用领域

这将成为嵌入式系统最大的应用领域，冰箱、空调等的网络化、智能化将引领人们的生活进入一个崭新的空间。即使你不在家里，也可以通过手机、网络进行远程控制。在这些设备中，嵌入式系统将大有用武之地。特别是安全防火、防盗系统，其中的嵌入式专用控制芯片将代替传统的人工检查，更高效，更准确，更安全。

（4）交通管理领域

在车辆导航、流量控制、信息监测与汽车服务方面，嵌入式系统技术已经获得了广泛的应用，内嵌 GPS 模块、GSM 模块的移动定位终端已经被用在各种运输行业。

（5）环境工程与自然

嵌入式系统在环境工程中应用广泛，如水文资料实时监测、防洪体系及水土质量监测、堤坝安全监测、地震监测、实时气象信息监测、水源和空气污染监测等。在很多环境恶劣、地况复杂的地区，嵌入式系统将实现无人监测。

15.3.6　云计算与大数据

1. 云计算

云计算（Cloud Computing）是基于互联网的相关服务的增加、使用和交付模式，通常涉及通过互联网来提供动态、易扩展且经常是虚拟化的资源。它把大量高度虚拟化的资源管理起来，这种服务可以是与 IT 和软件、互联网相关的，也可以是其他任意的服务。目前，对云计算的认识在不断地发展变化，因此云计算仍没有普遍一致的定义。我国的云计算起步相对较晚，但政府和企业积极参与到云计算的研究及平台搭建中，取得了一批显著的成果。云计算技术为解决当前网络化制造存在的资源服务模式、资源共享与配置问题提供了新的思路和契机。

按照运营模式分类，云可以被分为三种：公有云、私有云和混合云。公有云通常指第三方提供商为用户提供的能够使用的云，公有云一般可通过 Internet 使用，可能是免费或成本低廉的，可在当今整个开放的公有网络中提供服务。基础设施被一个销售云计算服务的组织所拥有，该组织将云计算服务销售给一般大众或广泛的工业群体。私有云是为一个客户单独使用而构建的，因而提供对数据、安全性和服务质量的最有效控制。云基础设施被某单一组织拥有或租用，该基础设施只为该组织运行。混合云是目标架构中公有云、私有云的结合。由于安全和控制原因，并非所有的企业信息都能放置在公有云上，因此，大部分已经应用云计算的企业会使用混合云模式。

2. 大数据

大数据（Big Data）或称巨量资料，指的是所涉及的资料量规模巨大到无法通过目前常规的软件工具，在合理时间内撷取、管理、处理并整理成为帮助企业经营决策的信息。大数据与云计算是融合在一起的，因为大数据需要许多服务器的分布式存储和计算。从某种程度上说，大数据是数据分析的前沿技术。简言之，从各种各样类型的数据中，快速获得有价值信息的能力，就是大数据技术。也正是这一点使该技术具备走向众多企业的潜力，企业各种信息系统、电子商务平台等逐渐累积的大数据对制造服务的智能化起了重要的作用。

大数据有四个特点，可将其归纳为 4 个 "V" ——Volume（大量）、Velocity（高速）、Variety（多样）、Value（价值）。

（1）Volume：大数据的数据体量巨大，从 TB 级别跃升到 PB 级别。企业面临数据量的大规模增长。大数据的规模尚是一个不断变化的指标，单一数据集的规模范围从几十 TB 到数 PB 不等，此外，各种意想不到的来源都能产生数据。

（2）Velocity：大数据的处理速度快，存在着 1s 定律（就是说对处理速度有要求，一般要在秒级时间范围内给出分析结果，时间太长就失去价值了）。这一点也和传统的数据挖掘技术有着本质的不同。高速还描述了数据被创建和移动的速度。在高速网络时代，通过基于实现软件性能优化的高速电脑处理器和服务器，创建实时数据流已成为流行趋势。企业不仅需要了解如何快速创建数据，还必须知道如何快速处理、分析数据并返回给用户，以满足他们的实时需求。

（3）Variety：大数据类型繁多，包括网络日志、音频、视频、图片、地理位置信息等，多类型的数据对数据的处理能力提出了更高的要求。

（4）Value：大数据的价值密度低，商业价值高。随着物联网的广泛应用，信息感知无处不在，信息海量，但价值密度较低。如何通过强大的机器算法更迅速地完成数据的价值"提纯"，是大数据时代亟待解决的难题。

云计算与大数据之间是相辅相成、相得益彰的关系。大数据挖掘处理需要云计算作为平台，而大数据涵盖的价值和规律则能够使云计算更好地与行业应用结合并发挥更大的作用。云计算将计算资源作为服务支撑大数据的挖掘，而大数据的发展趋势为实时交互的海量数据查询、分析提供了价值信息。

3．工业云

工业云是智能工业的基础设施，通过云计算技术为工业企业提供服务，是工业企业的社会资源实现共享的一种信息化创新模式。如工业软件云平台实现工业软件资源的共享和应用，是软件服务与云服务相结合的一种服务模式创新。工业云集成了工业软件、硬件、云计算、制造技术与物联网等，能够比较低成本地实现信息技术与产品设计、工艺规划、制造等业务的融合，并促进生产性服务业与企业个性化需求的无缝衔接。工业云开辟了中小企业两化深度融合之路，使更多中小企业能以较低的成本开展信息化业务，进行产品研发设计、生产等创新活动；推动了中小企业实现知识共享和协同开发，有利于产业协同创新。

4．云制造

云制造是在云计算提供的服务基础上的延伸和发展，它丰富和拓展了云计算的资源共享内容、服务模式和技术。云计算共享的资源类型主要为计算资源（如存储、运算器、软件、数据等），云制造融合发展了现有信息化制造（信息化设计、生产、实验、仿真、管理、集成）技术及云计算、物联网、服务计算、智能科学、高效能计算、大数据等信息技术，将各类制造资源和制造能力虚拟化、服务化，构成制造资源和制造能力的云服务池。云制造共享的资源类型除计算资源外，还有其他制造资源和制造能力，包括硬制造资源（如机床、数控加工中心、计算设备、仿真设备、试验设备等各类设备）、软制造资源（如制造过程中的各种模型、数据、软件、信息、知识等）、制造能力（如制造过程中有关的论证、设计、生产、试验、管理、集成）。用户通过云端能随时随地按需获取制造资源与能力服务，进而智慧地完成制造全生命周期的各类活动。

在云制造系统（制造云）中，用户面对的是虚拟化的制造环境，虚拟化技术可使制造资源和能力的表示、访问简化并进行统一的优化管理。它是实现制造资源和能力服务化与协同化的关键技术，降低了使用者与资源和能力具体实现之间的耦合程度。制造云中汇集了大规模的制造资源和能力，基于这些资源和能力的虚拟化，通过服务化技术进行封装和组合，形成制造过程所需要的各类服务（如设计服务、仿真服务、生产加工服务、管理服务、集成服务等），其目的是为用户提供优质廉价的、按需使用的服务。

15.4 智能制造实训平台

15.4.1 智能制造实训平台系统简介

智能制造实训平台是一条自动化流水线，包含当代工业一体化常见部件（如机械手、运输部件、加工机床、视觉检测、RFID 等）。所配备的设备与学校教学设备及现有实验室设备相衔接，用以支撑理论教学与实验教学活动。

智能制造实训平台采用模块化设计，模块可单独用于实训也可用于流水线中。系统机械结构和控制系统都采用统一标准接口，具有很高的兼容性和扩展性，并可以持续进行升级扩展。系统中元器件均采用实际工业元件，质量可靠，性能稳定。

15.4.2 智能制造实训平台系统的基本结构

智能制造实训平台由立体仓库系统、数控加工系统、自动视觉检测平台、工业机器人系统、RFID 读写系统、电控系统、制造执行系统软件、输送单元等组成，可以对传输线上的工件进行分拣、检测、搬运、装配、存储等操作。

15.4.3 智能制造实训平台系统的基本功能

智能制造实训平台可以实现在立体仓库系统中自动存取货物、货物在数控加工系统中自动进行加工、货物加工后自动清洗、自动对货物进行视觉检测、使用工业机器人系统处理货物、使用 RFID 读写系统实时跟踪物料位置信息和仓储位置信息、控制系统对系统各个模块功能进行控制和数据信息采集、制造执行系统软件与主控制器直接通信等功能。

六自由度工业机器人系统由机器人本体、机器人控制器、示教单元、输入输出信号转换器和抓取机构组成，装备多种夹具、吸盘、量具、工具等，可对工件进行抓取、吸取、搬运、装配、打磨、测量、拆解等操作。

自动视觉检测平台由视觉控制器、视觉相机及监视显示器等组成，不仅可以用于实时检测输送带上的运动物体，进行视觉分拣或视觉拾取，也可以检测扩展台面上的静止物体，如文字、颜色、形状等，为实现拼图、人机对弈等复杂课题提供视觉支持，还可以对装配效果进行实时检测。

RFID 读写系统可以准确地读取工件内的标签信息（如编号、颜色、高度等信息），该信息通过工业现场数据总线传输给可编程控制器（PLC），用来实现工件的分拣操作。

PLC 单元用于读写 RFID 系统的工件数据，控制机器人、电动机、汽缸等执行机构动作，处理各单元检测信号，管理工作流程、数据传输等任务。

输送单元由电动机、高精度编码器、调速控制器、同步带轮等组成，用于传输工件。

立体仓库系统由铝质材料加工而成，用于放置装配完的组件，也可以通过机器人对装配完成的组件进行拆装，并分类放置到相应的工件料库。

电控系统用于安装机器人控制器、PLC、变频器及调速控制器等电气部件。

15.5
项目一：综合训练——智能制造实训平台

1. 实训目的

针对高等院校对机电设备应用和创新实验教学的要求，将先进制造、智能制造装备应用作为教学内容，以机器人应用前沿技术为导向，紧密结合智能视觉、RFID 等功能，完成工业机器人、机械制造及其自动化、电气工程及其自动化、机电一体化等相关专业的实验教学与科研创新。

2. 实训任务

让学生学习工业一体化实训平台的工作原理，并掌握立体仓库系统、数控加工系统、清洗单元系统、自动视觉检测平台、工业机器人系统、RFID 读写系统、电控系统等的使用方法。

3. 实例

（1）讲解理论知识。

① 安全知识简介。

② 智能制造实训平台简介。

③ 使用过程简介。

（2）演示操作过程。

① 演示安全操作注意事项。

② 演示智能制造实训平台的使用方法，具体包括在立体仓库系统中自动存取货物、在数控加工系统中自动加工货物、加工后自动清洗货物、对货物进行自动视觉检测、使用工业机器人系统处理货物及使用 RFID 读写系统实时跟踪物料位置信息和仓储位置信息。

（3）检查操作情况，对学生进行指导和评估。

15.6 项目二：综合训练——工业机器人

1. 实训目的

针对高等院校对机电设备应用和创新实验教学的要求，以机器人应用为中心展开实训教学，使学生了解机电一体化设备应用于现代化机械制造业的情况。

2. 实训任务

让学生学习工业机器人的工作原理，了解控制器、示教器、工业机器人机构、夹具等的具体应用。

3. 实例

（1）讲解理论知识。

① 安全知识简介。

② 工业机器人简介。

③ 使用过程简介。

（2）演示操作过程。

① 演示安全操作注意事项。

② 演示工业机器人的使用方法，具体包括工业机器人控制器的使用方法、示教器的使用方法及机器人夹具的使用方法。

（3）检查操作情况，对学生进行指导和评估。

16.1 综合创新训练

16.1.1 综合创新训练简介

工程训练的教学过程涉及面广、内容复杂，具有实践性强、与工程实际联系紧密等特点，在培养创新思维能力方面有着其他课程不可替代的作用，因此在工程训练中非常适宜对学生进行创新能力的培养。在工程训练中进行综合创新训练，就是通过有组织有计划的训练形式，在训练过程中构建具有创造性、实践性的学生主体活动，通过学生主动参与、主动实践、主动思考、主动探索、主动创造，培养学生的创新意识。

传统的金工实习是围绕各个实习工种展开的，且以教师为主体。学生被动地按照他人设计的零件和工艺进行加工，在学生大脑中形成的是孤立和分散的机械加工工艺知识。他们无法对机械加工工艺过程形成系统的和整体的深刻印象，难以将工艺知识灵活地运用到生产实践中去解决实际问题。

综合创新训练是一个全方位培养和提高学生工程素质和创新意识的教学环节，是将所学知识应用于工艺综合分析、工艺设计和制造过程的一个重要的实践环节，是学生获取分析问题和解决问题能力、创新思维能力、工程指挥和组织能力的重要途径。综合创新训练以学生为主体，学生变被动为主动，按照他们各自的意愿设计产品，制定加工工艺，在教师的引导下，完成一件产品的整个设计与制造过程。综合创新训练主要有项目管理、产品设计、产品制造工艺开发、加工产品零件和组装成品等环节，在整个过程中贯彻创新思维的理念。

创新是指以现有的思维模式提出有别于常规或常人思路的见解，利用现有的知识和物质，在特定的环境中，本着理想化需要或为满足社会需求而改进或创造新的事物、方法、元素、路径、环境，并获得一定有益效果的行为。创新，是人类历史发展的原动力，是人类生存进化的内在客观需要，是人类社会文明与进步的必然选择。

16.1.2 创新的含义和特点

创新是当今生活中出现频率非常高的一个词，它源于拉丁语，有三层含义：第一，更新；第二，创造新的东西；第三，改变。奥地利经济学家熊彼特（J.A.Schumpeter）在经济领域首次提出"创新"这一概念。按照他的观点，创新就是建立一种新的生产函数，将生产要素和生产条件的"新组合"引入生产体系。因此，创新是从新思想的产生到产品的设计、试制、生产、营销和市场化的一系列行动。对各种产品、工作方法、商业模式、服务模式的改进等都属于创新。具体来说，创新主要包括如下几种含义。

（1）创新的目的是解决实践问题，创新是一项活动。

（2）创新的本质是突破传统、打破常规。

（3）创新是一个相对的概念，其价值与时间、空间有关。同样的事物在今天看来是创新，明天可能是追随，后天大多数人都接受了，可能就是传统了。创新必须在一定范围内具有领先性，有的是世界领先，有的是地区领先。

（4）创新可以在解决技术问题、经济问题和社会问题的广泛范围内发挥作用，它是每个人都可以参与的事业。

（5）创新以取得的成效为评价标准。有成效才能认为是创新。根据成效，创新可以分成若干等级。有的是划时代的创新，例如，北大方正的汉字激光照排系统，淘汰了铅字，使全国印刷业告别了对铅与火依赖的时代；有的是时尚创新，例如，电子宠物曾为厂商带来丰厚利润，但不久就失宠了。

创新是人类特有的认识能力和实践能力，是人类主观能动性的高级表现，是推动民族进步和社会发展的不竭动力。一个民族要想走在时代前列，就一刻也不能没有创新思维，一刻也不能停止各种创新。

创新与发明不同。发明是指通过试验，促成新概念、新设想或者新技术的产生，它是一种科技行为。创新本质上是个经济概念，它是把新概念、新设想或者新技术转变成经济上的成就。创新具有以下特点。

（1）目的性。任何创新活动都有一定的目的，它贯穿于创新过程的始终。创新强调效益的产生，它不仅仅要知道"是什么""为什么"，还要知道"有什么用""怎样才能产生效益"。所以，创新是一个创造财富、产生效益的过程。

（2）变革性。创新是对已有事物的改变和革新，是一种深刻的变革。

（3）新颖性。创新不是模仿、再造，它是对现有的不合理事物的扬弃，革除过时的内容，确立新事物。因此，新颖性是创新的首要特征。

（4）超前性。创新以求新为灵魂，具有超前性。这种超前是从实际出发、实事求是的超前。

（5）价值性。创新有明显、具体的价值，为经济、社会带来一定的效益。创新可以重新组合生产要素，从而改变资源产出，提高组织价值。对于企业来说，创新利润是最重要、最基础的部分，创新利润能够反映企业的个性。

（6）风险性。创新可能成功，也可能失败，这种不确定性就构成了创新的风险。因此，在创新过程中，只准成功、不许失败的要求，实际上是不切实际的。只能通过科学的设计与严格的实施，来尽量降低创新的风险。

（7）动态性。创新是一个动态的过程。在知识经济条件下，唯一的不变就是一切都在变，而且变化得越来越快。因此，任何创新都不可能是一劳永逸的，只有不断地变革和创新，才能适应时代的要求。

16.1.3　综合创新训练的意义

综合创新训练的具体作用如下。

（1）可以锻炼学生的工程实践能力，提高学生的工程素质，培养学生刻苦钻研、一丝不苟、团结协作的优良品质和工作作风，有利于锻炼学生在实践中获取知识的能力，有利于培养高素质的工程技术人才。

（2）可以激发学生的创新性思维，培养学生创造性地解决工程实践问题的能力。学生在已掌握的工艺基础知识和操作技能的基础上，按照工程实训中教师布置的创新性训练题目，在教师的启发、引导下，综合并灵活地运用所学的零散的知识，提高分析问题、解决工程实践问题的能力，建立与生产实践的密切关联。

（3）可以激发学生的工程训练兴趣和创造热情，培养学生的创新能力。工程训练中要求学生独立完成外形美观、工艺合理、经济适用的创新产品。在创新产品完成的过程中，学生既可以采用普通的切削加工技术，也可采用现代加工技术。综合创新训练开拓学生的视野，培养学生的创新能力，提高工程训练的积极性和主动性，使学生由被动转变为主动，并且为学生创造了与教师密切联系、平等交流与合作的机会和有利的条件，在培养高素质的工程技术人才的过程中具有重要作用。

16.2 创新原理和创新方法

16.2.1 创新性思维

机械创新设计是人类创造活动的具体领域，需要设计者对创新性思维的类型、思维过程和特征等有所了解。

1. 创新性思维的概念及类型

创新性思维是指突破原有的思维模式，重新组织已有的知识、经验、信息和素材等要素，提出新的方案或程序，并创造新的思维成果的思维方式。创新性思维是人类大脑的特有属性。创新性思维就是"想到别人没有想到的观念"。创新性思维是新颖独到的信息加工艺术，是人脑的各种思维活动形式和思维活动的各个要素相互协同、有机结合的高级整体过程。创新性思维不同于在设计领域常用的逻辑思维，主要在于创新性思维有想象的参与。逻辑思维是一维的，具有单向性和单解性的特点；而创新性思维是一种立体思维，通常没有固定的延伸方向，它更加强调直观、联想、幻想和灵感。所以创新设计不是靠逻辑推理产生的，而是靠创新性思维的激发产生的。

创新性思维是整个创造活动中体现出来的思维方式，它是多种思维类型的复合体，把握创新性思维的关键是在认识不同思维类型的特点和功用的基础上，进行思维的辩证组合与综合运用。创新的思维方式是多种多样的，可以从不同的侧面做出不同角度的揭示，在这里介绍几种创新性思维方式。

（1）发散型思维

发散型思维就是在思维过程中，通过所得到的若干概念的重新组合，大胆地向四周辐射，扩散出两个或多个可能的答案、设想或解决方案。发散型思维既无一定的方向，也没有一定的范围。不墨守成规、不拘泥于传统方法，对所思考的问题标新立异，达到"海阔天空""异想天开"的境界。发散型思维能力的高低，取决于知识面、想象力、迁移能力。发散型思维的具体表现形式有立体思维、多路思维、反向思维、相关思维、相似思维、求同思维、求异思维、替代思维等。发散型思维所追求目标是获得尽可能多、尽可能新、尽可能独创、前所未有的设想、方法、形式、思路、解法和可能性。它为机械创新设计提供了多种可能。

（2）聚合型思维

聚合型思维就是以某个思考对象为中心点，从不同的方向和不同的角度，将思维指向这个中心点，达到解决问题的目的，即从众多的信息中确认一个自认为最佳的或最好的方案。聚合型思维要求思维具有概括性、及时性、正确性。聚合型思维能力的高低，取决于一个人的分析、综合、抽象、概括和判断推理能力强弱。

发散型思维和聚合型思维都是创新性思维的重要组成部分，两者互相联系，密不可分。任何一个机械创新设计都必然从发散型思维到聚合型思维，再从聚合型思维到发散型思维，多次循环往复，直到解决问题。"多谋善断"这个成语就说明这个道理，多谋就是发散型思维，善断就是聚合型思维，前者体现了"由此及彼""由表及里"的发散运动过程，后者体现了"去粗取精""去伪存真"的聚合运动过程。发散型思维和聚合型思维是一个辩证统一的过程，创新性思维的全过程都是为了达到创造、创新的目的，从种种设想中找出最佳的解决方案。

（3）灵感思维

灵感是指经过长期的思考和探索之后，受某种现象的启发，在头脑中突然闪现的独创性的意念或设想。它是人们的创造活动达到高潮时出现的一种最富有创造性的智能状态。灵感是思维的迅速升华与高级浓缩，是过程的省略。灵感既是一种思维形式，又是大脑加工信息的一种高层次功能。许多科学发现和新产品都是通过灵感思维活动创造出来的。机械设计工作者更应注重灵感开发。

（4）想象思维

想象是一种抽象的形象思维活动，想象可以是非理性的凭空想象，也可以是理性的、在已有确定性基础上进行重新组合或部分更新的想象。想象思维以客观现实为基础，具有高度概括性和形象性以及重新组合与再创造等特点。想象是人类思维之树上最美丽、神奇的花朵！没有想象就没有创造，创造离不开想象，想象是创造的精髓。想象有时比知识更重要，想象推动着社会进步、科学发展，也是知识进化的源泉。没有想象的机械创新设计是不可想象的，用想象力形成创新成果已成为对现代机械设计人员的必然要求。

2. 创新性思维的过程

当对机械零部件提出一些创新性设计或做一些其他的创新性工作时，根据英国心理学家沃勒斯提出的具有较大实用性的创新过程"四阶段理论"，一般要经历以下四个阶段：准备期、酝酿期、明朗期和验证期。

（1）准备期

准备期是准备和提出问题阶段。主要是对知识和经验进行积累和整理，发现问题，收集必要的事实和资料，了解自己所提问题的社会价值及价值前景。

（2）酝酿期

酝酿期也称沉思和多方思维发散阶段。这一阶段主要是冥思苦想，对收集的资料、信息进行加工处理，探索解决问题的关键。酝酿期通常是漫长而艰苦的，也很有可能要经历多次失败的探求。但唯有坚持下去，方法对头，才能取得进展直至突破。

（3）明朗期

明朗期即顿悟或突破期，是寻找到解决办法的阶段。在上一阶段酝酿成熟的基础上豁然开朗，冲破思维定式和障碍，产生灵感和顿悟。

（4）验证期

验证期是评价阶段，是完善和充分论证阶段。把明朗期获得的结果加以整理、完善和论证；论证一是理论上验证，二是放到实践中检验。

3. 创新性思维的特征

创新性思维是一种人类高层次的思维，它有下列特征。

（1）开放性

开放性主要是针对封闭性而论的。封闭性思维是指习惯于从已知经验和知识中求解，偏于继承传统，照本宣科，落入"俗套"，因而不利于创新。而开放性思维则是敢于突破思维定式、打破常规、挑战潮流，富有改革精神。

（2）求异性

求异性主要是针对求同性而论的。求同性是人云亦云，照葫芦画瓢。而求异性则是与众人、前人不同，是独具卓识的思维。

（3）突发性

突发性主要体现在直觉与灵感上。直觉思维是指人们不经过反复思考和逐步分析，而对问题的答案做出合理的猜测、设想，是一种思维的闪念，是一种直接的洞察。灵感思维也常常是以一闪念的形式出现，但它不同于直觉。灵感思维是由人们的潜意识与显意识多次叠加而形成的，是长期创新性思维活动的结果。

创新性思维是逻辑与非逻辑思维有机结合的产物。逻辑思维是一种线性思维模式。它具有严谨的推理，一环紧扣一环，是有序的。逻辑思维常采用的方式一般有分析与综合、抽象与概括、归纳与演绎、判断与推理等，是人们思考问题常采用的基本手段。

16.2.2 创新原理

1. 组合原理

组合现象十分普通，也十分复杂，如组合结构、组合机床，再如组合音响、组合家具。将拥有各种技术专长的人组合在一起共同发挥作用，可以形成企业、公司，能产生新技术、新产品；将几片透镜组合在一起可组成望远镜、显微镜；将碳原子以不同的晶格形式进行组合可形成金刚石或石墨。"阿波罗"宇宙飞船是现有技术精确无误的组合，并没有任何一项技术是有新突破的技术。

组合方式大致可分为以下几种类型。

（1）同类组合是指两个或两个以上相同或类似事物的组合。例如，双翼，多翼、多发动机的飞机都可以看成是单翼和单发动机的同类事物组合出来的。双体船、双人自行车、捆绑式火箭也是同类事物的组合。多根锯条并排在一起可作为锉刀，多根芦苇秆可以捆扎成小舟，这都是生活中的同类组合。

（2）异类组合是指两种或两种以上不同类事物的组合。例如，汽车可以看成发动机、离合器和传动装置等不同机件的组合，航天飞机可以看成飞机与火箭的组合。

（3）附加组合是指在原有事物中补充加入新内容的组合。例如，现代汽车是不断完善的，逐步附加了雨刮器、转向灯、后视镜、收音机、电视机、空调、电话。

（4）重组组合是指将一个事物在不同层次上分解后再重新聚合的组合。例如，螺旋桨飞机的螺旋桨一般在机首，稳定翼在机尾。美国飞机设计师卡里格·卡图根据空气动力学原理对飞机进行重新组合设计，将螺旋桨放在机尾，而将稳定翼放在机首。重组后的飞机具有更加合理的流线形机身，提高了飞行速度，排除了失速和旋冲的可能性，大大提高了飞行的安全性。田忌赛马的故事是一个利用重组组合取胜的经典例子。

（5）综合组合。综合是一种分析、归纳的创造性过程。综合组合不是简单的叠加，而是在分析研究对象的基础上，有选择地进行重组。爱因斯坦综合了万有引力定理和狭义相对论中的有关理论，提出了广义相对论。解析几何是综合了几何学和代数学的相关理论而产生的。同样，生物力学、生物化学都不是生物学和力学、化学的简单叠加，而是两门学科有关内容的有机结合。

大量的创新成果表明，随着科技的迅猛发展，组合型的创新成果占全部创新成果的比例越来越大，组合创新已成为当今创新活动的主要技术方法。

2. 还原原理

任何发明创造都有其创造的起点和创造的原点。创造原点即事物的基本功能要求，是唯一的。创造起点即满足功能要求的手段与方法，是无穷的。创造原点可以作为创造起点，但创造起点却不能作为创造原点。研究已有事物的创造起点，并追根溯源深入到它的创造原点，或从原点上解决问题，或从创造原点出发另辟新路，用新思想、新技术重新创造该事物，这就是创造的还原原理。

设计洗衣机开始时的创造起点是模仿人的动作，用搓、揉方法洗衣，但要设计能完成搓揉动作的机械装置，并要求它能适应不同的衣物并能对不同部位进行搓揉显然是十分困难的。如果改用刷的方法，要处处刷到也很难实现。如果用捶打的方法，动作虽简单，但容易损坏布料或纽扣。采用还原原理，跳出原来的考虑问题的起点，回到洗衣这一问题的创造原点——将污物从衣物上去掉，于是人们想到了表面活性剂，制成了洗衣粉，将衣物置于水中，加入洗衣粉，再对衣物进行搅拌就能将衣物上的污物除去，简单、实用的洗衣机就此诞生。在此基础上，通过对去污原理的进一步思考，人们又考虑到用加热、加压、电磁振动、超声波等技术创造出更先进、性能更优越的洗衣机。

再如，水泵在抽水时，泵和驱动电动机一般置于水面上某个干燥的位置，但如果水面与泵的垂直距离超过 10m（如深井），泵将无法将水抽起。于是人们想到将泵沉入水中。但带来的问题是水将浸入驱动泵的电动机，于是人们考虑到采用各种密封圈来防水。但实际情况表明，密封圈也很难挡住水压将水压入电动机。人们而后又采用耐水塑料导线来绕制电动机，这样做的结果是不但电动机的体积大、电磁转换率低，而且定子与转子之间常有泥沙嵌入，影响泵的正常工作。于是人们又想到把电动机置于水面上，采用传动机构或装置来驱动水泵的各种办法，但都因体积太大或效率太低而失败。分析这些失败的原因，发现这些创造均是以"水要进入，将水隔离"的想法作为创造的起点。如果回到原点——水为什么会进入进行分析，就会发现电动机沉入水中后，由于水的压力大于电动机内空气的压力，加上电动机工作时发热使电动机内空气膨胀，将电动机内的空气压出，而温度变化后，电动机内部空气的压力减小，不可避免地将水吸入电动机。电动机渗水的原因弄清楚以后，设计者在电动机内装上气体发生器、吸湿剂和压力平衡检测器，电动机在水下带动水泵工作时，内部能产生一定压力的气体，与水压时时保持相等，使水不能浸入电动机，这就是既经济效率又高的全干式潜水泵。

又如，船舶通常用锚将自己定位在水面上，过去人们也创造了很多形式的锚，但不管什么锚都是沿着"用重物的重力拉住船只"的思考方向进行创造的。根据创造的还原原理，人们发现锚的创造原点应该是"能够将船舶定位在水面上的一切物质和方法"。于是人们研制成功了全新的冷冻锚。冷冻锚是一块约 $2m^2$ 的特殊铁板，该铁板通电 1min 即可冻结在海底上，10min 后冻结力可达 100 万 N。起锚时，只要通电即可很快解冻。冷冻锚成为现代远洋船舶的一种新型锚。

3. 逆反原理

创造的逆反原理与创新思维中的逆向思维密切相关。创造的逆反原理是将通常思考问题的思路反转过来，有意识地以相反的视角去观察事物，用完全颠倒的顺序和方法来处理问题的一种创造原理。

过去人们总认为人在楼梯上行走是天经地义的，如果有人提出"人不动，楼梯走"肯定会被认为是天方夜谭。然而，人们正是沿着这种逆反方向去探索，终于设计出了自动扶梯。二战期间，船舶建造工艺一般都是从下向上焊接船体。有人打破常规，提出自上而下焊接，结果因为电焊工在焊接船体时不用再仰头工作，大大提高了工作效率和工作质量，缩短了建船周期。

应用逆反原理，人们创造了不少新产品。根据电话机的工作原理，人们创造出了留声机。将电风扇反向安装，人们做成了排风扇，发明了抽油机。传统电冰箱的布置是上急冻、下冷藏，广东万宝集团生产的电冰箱将其颠倒过来，即上冷藏、下急冻。由于经常需要存取物品的冷藏柜位置升高，使用起来比较舒适和方便；急冻柜与制冷机距离缩短，即节省了电能又降低了生产成本。此外，无土栽培、不用针头的注射器、无创外科手术、不用纸的书——光盘、不用胶卷的相机、导电塑料、缓释胶囊药物、不粘锅、人造器官、器官移植等，当今世界上大量的新技术、新成果都是人们利用逆反原理不断探索创造出来的，是用传统思考方法所无法想象的。逆反原理正是要告诉人们：在创新的过程中，要走前人没有走过的路、做前人不敢做的事、打破常规、向传统宣战、解放思想、异想天开、别出心裁，甚至"倒行逆施"。世界上的事不怕做不到，只怕想不到，想到才有可能做到。

4. 变性原理

一个事物的属性是多种多样的，逆反原理强调利用事物相反的属性。事实上，对事物非对称的属性如形状、尺寸、结构、材料等进行更改，也会形成发明创造，这种创造原理被称为变性原理。

例如，容器上的刻度通常是沿容器高度方向水平刻制的，倾倒液体时难以掌握容器中液体的倒出量。将刻度改为从倾泻口做射线方向刻制，倾倒液体时，液面与刻度基本保持平行，就能比较准确地把握倒出液体的量。漏斗下面的疏漏管与容器口紧密接触使容器中空气不易排出，影响灌装速度。将疏漏管外部沿管长方向做上若干小沟槽，就能很好地解决这个问题。

火车车轮在铁轨上滚动时，在铁轨的接缝处会产生冲击，发生强烈刺耳的噪声。国外的一项无声铁轨的专利技术只是把接缝的形状稍做改变，就使列车行驶的噪声大大降低。

拆除废旧建筑常采用定向爆破的方法，但爆破时不是同时将所有的炸药引爆，而是根据需要将安装在建筑物各处的炸药依次延时引爆，这种引爆时间的改变，既可以使建筑物朝预先设定的方向倒塌，又能避免爆破物的飞溅。

"机械原理"课程中讲过很多机构变异方法，都是通过改变构件形状、运动副元素的形状、构件的尺寸、运动副的数量和类型达到改变机构性质的目的。

任何一个事物、一个产品都有许许多多的属性，巧妙地利用其中一些属性，或用一定的方法在一定范围内改变其属性，就有可能实现创新。

5. 移植原理

移植就是把已知对象的概念、原理、结构、方法等运用或迁移到另一个待研究的对象中。移植在大多数情况下是在类比分析前提下完成的。通过类比，找出事物的关键属性，从而研究怎么样把关键属性应用于待研究的对象，实现移植。类比特别需要联想，在移植过程中联想思维起着十分重要的作用。"联想发明法""移植发明法"都源于移植原理。

例如，如何使电影胶片以每秒 24 幅画面的速度做移动—停—移动的间歇运动，法国科学家卢米埃尔百思不得其解。他在观察缝纫机工作时突然得到启发：缝纫针扎入布料时布料不动，缝纫针提起离开布料时，布料才移动。他把这种原理移植到放映机中，解决了如何使电影胶片做间歇运动的难题。

轴承是一种常用的机械零件，提高轴承寿命一般通过加强润滑减少轴承中零件的摩擦来实现。有人将电磁学中同性电荷相斥的原理移植到轴承的结构中，开发出轴承与轴不接触的悬浮轴承，大大提高了轴承寿命与品质。

人们常说的"换元"实际上也是一种移植。例如，以纸代木、以塑代钢的创造发明实际上是材料移植。模拟实验实际上是把真实对象缩小到实验室尺度进行创造研究的移植。陶瓷耐高温、耐腐蚀、价格低廉，用陶瓷材料代替贵重金属材料制作发动机中的燃气涡轮叶片、燃烧室等部件，不仅省去了水循环冷却系统、减轻了发动机的质量，而且降低了成本和能耗。这种材料换元的成功给动力机械和汽车工业带来了巨大的经济效益，是技术领域内的一项重大突破性的发明创造。

6. 迂回原理

在创造活动中遇到棘手的难题时，不妨暂时停止在该问题上的僵持，或转入对下一步问题的思考，或从事另外的活动，或试着改变一下观点，或研究问题的另一个侧面，让思考带着未解决的问题前进。也许，当其他问题得到解决时，该问题就迎刃而解了，这就是创造中的迂回原理。创新活动具有首创性，遇到困难是常事。创造者应当学会在困难中做"战略转移"，甚至"战略后退"，在迂回中创造条件，在迂回中前进。

1781 年天文学家威廉·赫歇尔发现了天王星。但经过长期观察，他发现天王星的运行轨道总是与计算结果有出入，他和其他许多天文学家根据这种迹象判断，天王星外应该还有一颗尚未发现的行星，但经过几十年的搜寻，一直未找到这颗行星。人们转而采用迂回的办法——根据天王星的摄动量来计算这颗未知行星的质量、轨道和运行参数。经过大量的计算与天王星摄动量的比较，人们基本上确定了未知行星的运行参数，于是重新有目的地进行搜寻。1846 年 9 月 18 日，法国天文学家勒维烈终于发现了这颗科学家们梦寐以求的未知行星——海王星。

又如，为了开发利用核聚变能，需要用氢原子猛烈地撞击氢原子，很多科学家都认为，这需要将氢密封在一个高压小室中才能实现。科学家们围绕这种构想耗时 20 多年，终因技术要求太高而一无所获。正在这项研究受阻时，美国一家小企业放弃了"用高压封闭小室"的方法，而迂回地采用激光技术，一举成功地找到使氢原子间发生剧烈碰撞的方法，从而为人类利用核聚变能开辟了一条崭新的途径。

7. 群体原理

俗话说"三个臭皮匠，顶个诸葛亮"，意思是说群体可以形成智慧，可以形成创造力。现代社会中人们到处都可体会到群体的创造力量。每一个成功的团队的辉煌成就无不饱含着这些团队里大量人才的智慧。个人创造在离开了群体的支持后，将会遇到很大的困难，甚至一事无成。控制论的创始人维纳说得好，由个人完成重大发明的时代已经一去不复返了。美国在 1942 年研制原子弹时曾动员了 15 万人，1960 年登月计划中则动员了 42 万科技人员、2 万家公司和 120 所大学，所有这些高水平的创造发明都是庞大的知识群体共同努力的结果。

在一个研究群体中，人与人往往彼此相互影响、相互促进。共同研究探讨对提高个人的创造力、完成创造发明是非常重要的。

但是群体原理并不意味着一个团队人数越多越好。研究表明恰恰相反，一个效率很高的团队通常是小规模的，这样有利于发挥每个组员的创造才能，人数过多往往会使一些人处于从属地位和被动地位，出现"人浮于事"的现象，而使集体的创造力降低。苏联学者 E.A.米宁研究表明，在一定条件下，科研人员增加到原来人数的 n 倍，其创造效率仅增加 $\sqrt{n}$ 倍。由此可见，最佳创造群体有一个最佳人数和最佳知识结构。

8. 完满原理

完满原理又可称为完全充分利用原理。凡是理论上未被充分利用的，都可以成为创造的目标。创造学中的"缺点列举法""希望点列举法""设问探求法"都是在力求完满的基础上产生出来的。让效率更高，让产品更耐用更安全，让生活更方便，让日子更舒服，让产品标准化、通用化、物尽其用、更上一层楼，都是在追求一种完满。充分利用事物的一切属性是完满原理追求的最终目标，也是创造的起点。

任何事物或产品的属性都是多方面的，创造学中"请列出某某事物尽可能多的用途"的训练，正是基于对事物属性尽可能全面利用而提出来的。实际上要全面利用事物的属性是非常困难的，但追求完满的理想使人从来没有停止过这种努力。完满作为一种创新原理可以引导人们对某一事物或产品的整体属性加以系统分析，从各个方面检查还有哪些属性可以被再利用，引导人们从某种事物和产品中获取最大、最多的利益，充分提高它们的利用率。

日本川球公司和新日铁公司在对炼钢炉渣进行分析后发现，将炉渣加上环氧树脂，可生产渗水性很好的铺路材料，也可制作石棉，或制作植物生长的培养基。日本不二制油公司利用豆腐渣生产食物纤维，作为面包、甜饼和冰淇淋的原材料。日挥公司用木屑经高温、高压处理，制造燃料用酒精。所有这些创造发明无不体现出人们对事物或产品充分利用的追求。即使这样，也很难说这些事物或产品的属性被充分利用了。

为了生活得更美好，人们发明了电冰箱，但电冰箱中的制冷剂却会破坏人们的生活环境，于是人们又创造出没有氟利昂或氯氟化碳的环保电冰箱。电池是人类的一项伟大发明，但它会污染环境，日本精工公司研发了一种由人体运动提供动力的"运动"手表，它利用人的手臂摆动获得能量，摆脱对传统电池的依赖。

在创造原理中，人们也普遍地采用"分离原理""强化原理"，即通过将产品的结构进行分解，或加强其中某一方面的性能来创新产品或改进产品的性能。事实上，这些都可以归为完满原理。例如，鞋底比鞋帮更容易损坏，为此人们提高鞋底质量或采用可更换的插入榫头式鞋跟，甚至降低鞋帮成本，使鞋底、鞋帮实现同寿命，保证鞋子整体的充分利用。

16.2.3 创新方法

创新方法是人们通过研究创造发明的过程，总结、提炼出的创造发明、科学研究或创造性解决问题的有效方法和程序的总称。创新方法主要基于创新思维（逻辑思维、形象思维、联想思维、幻想思维、直觉思维、灵感思维等），其本质特征是开拓性和创新性，也具有可操作性、可思维性、技巧性、探索性和独创性等基本特点。由于创新过程的复杂性，因此创新方法的理论体系至今还不够成熟。

1. 国内相关研究

与国外相比，我国创新方法的研究起步较晚。1983 年 6 月 28 日，由中国科学技术大学、上海交通大学、广西大学和广西自然辩证法研究会联合发起的全国第一届创造学学术讨论会和全国第一期创造学研究班在广西南宁开幕，这是创造学正式引进我国的重要标志，也是我国创新方法发展的里程碑。1983 年，我国创造学者许国泰经过 8 年的摸索与尝试，首创了信息交合法，又称"魔球"理论。1990 年 10 月，宋文奎在由中国发明协会召开的"开发创造力，促进发明活动"研讨会上发表了两种新的创新方法，即扩、缩笔记目录分类法（SON 方法）和可变多维形态属性列举法。1991 年，许立言、张福奎在对奥斯本检核表法进行深入研究的基础上，结合上海和田路小学创造教学的实际，与和田路小学一起提出了和田十二法。这些创新方法的提出，标志着我国正在逐渐形成具有自己特色的创新方法。

进入 21 世纪以来，随着创新方法研究的进一步深入，国内创新方法研究的焦点转到创新方法分类研究方面。胡伦贵等在《人的终极能量开发》中，按创新思维方式，把创新思维方法归纳为三类，即发散思维法、聚合思维法和想象思维法。刘仲林在《美与创造》中把创新方法划分为"四大家族"，即联想系列方法、类比系列方法、组合系列方法和臻美系列方法。庄寿强按照创新原理，将通用的创新方法分为问题引导型、矛盾转化型、系统分析型、系统综合型、交流激励型和最优选择型。刘国新将技术创新方法归纳为基于创造学的技术创新方法、基于用户需求的技术创新方法、基于新产品开发的技术创新方法、基于产品和技术管理的技术创新方法和基于创新规律的技术创新方法。刘永谋提出创新方法研究的"助发现的方法论"，认为助发现的创新方法可以从正面、反面和综合研究3 个方向推进，包括创新心理、创新制度和创新文化等非逻辑的异质性研究。由此可以看到，国内在创新方法的分类研究方面已经有了不少成果，有的学者从创新思路层面对创新方法进行分类，有的学者从创新方法应用过程进行分类，有的学者从问题解决步骤对创新方法进行分类。

近年来，随着国家对创新研究的逐步重视，国内已经成立了一批创新方法研究机构，许多高校开设了创新教育课程，发表的论文和专著也成倍增加，创新方法研究工作已经全面开展起来。

2. 国外相关研究

国外学者对创新方法的研究起步较早，并大致沿着两条主线演进：一是对创新方法的具体操作技巧的研究；二是对创新方法在创新活动的作用过程加以研究。西方发达国家早在 20 世纪 40 年代就开始了对创新方法具体操作技巧的研究，发明出来数百种创新方法用于激发人们的创造潜能。其中最著名的方法，也是应用最广泛的创新方法之一就是奥斯本发明的智力激励法，又称为头脑风暴法。该方法在世界范围内得到了广泛应用并取得了惊人效果。继奥斯本之后，许多学者对此进行了深入的研究。例如，为了改变智力激励法存在的"从众心理"和"屈服权威心理"等缺陷，一些学者发明了默写式智力激励法、卡片式智力激励法，另一些学者提出了反奥斯本智力激励法、卡片整理法等，使创新方法得到了广泛发展和应用。

20 世纪 80 年代以后，创新方法的研究进入系统化阶段，从以前的基于创意和灵感的偶然激发转变为系统地研究创新规律。此时的创新方法更加复杂，更加科学化。这一阶段的创新方法以发明问题解决理论（TRIZ）的出现为标志。TRIZ 认为任何领域的产品改进、技术变革和生物系统一样，都存在产生、生长、成熟、衰老、灭亡，是有规律可循的。该理论总结出各种技术发展进化遵循的规律模式，以及解决各种技术矛盾和物理矛盾的创新原理和法则，建立了一个由解决技术、实现创新开发的各种方法、算法组成的综合理论体系，并综合多学科领域的原理和法则，建立起 TRIZ 体系。这一时期，类似 TRIZ 的创新方法还包括公理化设计理论、技术路线图理论等。

国外学者对创新方法在创新活动中的作用过程的研究起步也较早。创新过程，尤其是其中的关键环节——创意的产生过程，长期以来被作为一个心理学领域的问题被许多学者加以研究。普遍的观点是，无论对个体还是群体来说，创新都意味着三个方面：创新产品（如何生产富有创意的产品）、创新特质（一些人身上所特有的创新才能）、创新过程（创新是如何产生的，如何提高创新水平）。其中创新过程是创新活动的最关键的要素，同时也是有别于天才的普通人提升自身创新能力的重要途径。

在过去的几十年中，各种各样的创新过程模型被许多学者提出。最著名、最具有影响力的当属 Wallas 模型。该模型将创新过程分为四个阶段：准备阶段、酝酿阶段、启发阶段和验证阶段。人们在启发阶段获得灵感、创意，并在验证阶段对其进行检验以确保其具有可行性。另外一个具有较大影响力的创新过程模型是 Boden 模型。该模型将创新分为四种类型：探索、移植、组合、评估，认为创新主要由这四种类型的活动组成。此外，Atman 模型将创新过程分为九个阶段：问题界定、信息收集、创意产生、建模、可行性分析、评估、决策、交流、实施。该模型被广泛应用于产品创新的过程中。

与国外学者的研究相比，我国学者对创新方法的研究要滞后得多，目前还处于对创新方法的相关内涵的界定，对国外创新方法的跟踪、学习和局部改进的阶段。

创新方法作为一种用于指导创新、提高创新效率的方法，不仅仅针对某个创新问题，还具有系统性、整体性。它的内涵相当广泛，涉及经济学、管理学、工程学、创造学、心理学等许多学科。

16.2.4　创新的类型与培养途径

创新的类型如下。

（1）产品创新

产品创新是指研究开发和生产出更满足顾客需要的产品，使其性能更好、外观更美、使用更便捷、更安全，总费用更低、更符合环境保护的要求。由于产品需要满足社会需要、参与竞争、直接体现企业价值，因此这是企业创新的主要任务。产品创新可以是开发具有新功能的产品、产品结构及外观的改进等。

（2）技术创新

技术创新是指采用新的生产方法或新的原料生产产品，以达到保证质量、降低成本、保护环境、使生产过程更加安全和省力的目的。技术创新可以是工艺路线的革新、材料替代和重组、工艺装备的革新、操作方法的革新等。

（3）制度创新

制度创新是从社会、经济角度来分析社会、企业系统中各成员间正式关系的调整和变革。制度是组织运行方式的原则规定，制度创新的对象可以是产权制度、经营制度和管理制度等。

（4）职能创新

职能创新是指在计划、组织、控制、协调等管理职能方面采用新的更有效的方法和手段。职能创新可以是规划方式、计划方式、控制方式、激励方式、业绩考核方式、组织方式等方面的创新。

（5）结构创新

结构创新是指设计和应用新的更有效率的组织结构。结构创新包括技术结构的创新和经济、社会结构的创新。例如，福特公司在 20 世纪 20 年代首创的流水线生产方式，让工人依次完成简单工序，大大提高了生产率，从而开创了大规模生产标准产品的工业经济时代。

创新意识是指人们根据社会和个体生活发展的需要，产生的创造前所未有的事物或观念的动机，以及在创造活动中表现出的意向、愿望和设想。它是人类意识活动的一种积极的、富有成果的表现形式，是人们进行创造活动的出发点和内在动力，是创造性思维和创造力的前提。创新意识包括创造动机、创造兴趣、创造情感和创造意志。创造动机是创造活动的动力因素，它能推动和激励人们发动和维持创造性活动。创造兴趣能促进创造活动的成功，是促使人们积极探求新奇事物的心理倾向。创造情感是引起、推进乃至完成创造的心理因素，只有具有正确的创造情感才能使创造成功。创造意志是在创造中克服困难，冲破阻碍的心理因素，创造意志具有目的性、顽强性和自制性。

原始创新是指前所未有的重大科学发现、技术发明、原理性主导技术等创新成果。原始创新意味着在研究开发方面，特别是在基础研究和高技术研究领域取得独有的发现或发明。原始创新是最根本的创新，是人类智慧的体现。集成创新是利用各种信息技术、管理技术与工具等，对各个创新要素和创新内容进行选择、集成和优化，形成优势互补的有机整体的动态创新过程。集成创新强调灵活性，重视质量和产品多样化。它与原始创新的区别是，集成创新所运用的所有单项技术都不是原创的，都是已经存在的，其创新之处就在于对这些已经存在的单项技术按照自己的需要进行系统集成并创造出全新的产品或工艺。引进、消化吸收再创新是常见的、基本的创新形式。其核心是利用各种引进的技术资源，在消化吸收基础上完成重大创新。它与集成创新一样，都是以已经存在的单项技术为基础；不同之处在于，集成创新的结果是一个全新产品，而引进、消化吸收再创新的结果，是产品价值链某个或者某些重要环节的重大创新。引进、消化吸收再创新是各国尤其是发展中国家普遍采取的方式。

创新是一个民族进步的灵魂，是一个国家兴旺发达的不竭动力。创新思维是人类最高层次的思维，它是创新教育的核心。培养学生的创新精神必须着力于培养学生的创新思维能力。21 世纪是知识经济时代，知识经济的本质就是创新。创新思维是时代对大学生提出的基本要求，也是大学生必备的素质。大学生创新思维的培养应着重从以下三个方面做起。

（1）激发创新思维潜能

① 敢于质疑

质疑是人类思维的精髓，"学源于思，思源于疑"。大胆质疑是培养大学生创新意识的重要途径。提出问题是取得知识的先导，提出了问题，才能解决问题，认识才能前进。爱因斯坦说："提出问题比解决问题更重要"。

敢于质疑就是主动自觉地去发现问题、解决问题，对每一种事物都能提出疑问，是许多新事物、新观念产生的开端。创新思维是以发现问题为起点的。当年，许多医学专家认为"非典"病毒是衣原体病毒；但钟南山院士另有发现，他大胆质疑，屡次坚持自己的观点，认为该病毒是冠状病毒。

② 善于发现

发现是一种富有创造力的行为，一个善于发现的人有良好的观察力与思考力。成功的秘诀就是善于发现。300 多年前，牛顿坐在果园里看着苹果从树上掉到地上，并思考着它发生的原因时，历史已经注定，他的理论将影响整个人类世界的未来。鲁班发现小草的叶齿会划破手指，于是锯子诞生了。诸葛亮发现天气将要变化，于是巧借东风、火烧赤壁。

一切似乎都发生在刹那间，所有的灵感就在这一刹那涌出来，然而真的是这样吗？如果鲁班不是长期积累了丰富的经验，他能从小草联想到锯子吗？如果诸葛亮不是从小就学习观察天气，他能有把握认定天气会变吗？当有人嘲笑爱迪生做灯丝试验失败了 1000 次时，爱迪生说："至少我已发现 1000 种材料不适合做灯丝。"一个善于发现的人，必须具备这种坚持不懈的精神，必须善于观察、善于思考。

③ 处处留心

学习绝不仅限于听课和读书，事实上学习无处不在，与他人交流是学习，上网是学习，旅游也是学习，其关键在于我们是不是用心。平时应养成注意观察的良好习惯。处处留心就是要做有心人，要善于观察身边的人和事，从中学到知识。要善于思考，学问是学出来的，更是悟出来的；学了、问了，不思考、不领悟也不会有学问。感悟越深、越多说明思考越多，学问也就越多。对人们司空见惯、习以为常的一些现象，伽利略也要打破砂锅问到底，弄个一清二楚。钟摆就是根据他发现的摆动规律制造出来的。

④ 异想天开

创新就是"异想天开"，"异想"是创新的前提和过程，"天开"是创新的效果，有"异想"才会"天开"。"异想天开"就是从不同角度思考问题，不循规蹈矩，不满足于现成的思想、观点、方法，从实际出发，用不同于常人的方式或思路去想人所未想、不敢想、不愿想的问题。要经常思考如何在原有基础上换个角度或采取更简捷有效的方法和途径进行创新发明。

⑤ 精通专业

精通专业就是努力学习、全面掌握专业知识和专业技能。创新意识要求学生拥有扎实的理论基础，构建合理的知识框架，具备较强的获取知识和运用知识能力、信息加工能力、科学研究能力以及动手操作能力。因此，要认真学好专业知识，积极参加社会实践活动，努力运用现代化科学知识和科学手段研究并解决社会发展和社会实践中的各种实际问题，提高创新能力。

⑥ 勇于实践

古人云"读万卷书行万里路"，理论与实践相结合才有意义。大学生应该活读书、读活书，而不应死读书、读死书。只有精通理论才可能去改进实践，只有拥有丰富的实践经验才可能产生新的理论。"实践是检验真理的唯一标准"，只有实践能使自己所学的知识得到巩固、得到升华。因此，大学生要加强社会实践，通过社会活动经受锻炼，增长才干，实现知识和行动的有机统一。

（2）破除创新思维枷锁

影响大学生创新思维的枷锁大致有如下几种。

① 经验型思维

经验具有相对稳定性。然而，这种稳定性又可能导致人们对经验的过分依赖乃至崇拜，形成固定的思维模式，从而削弱大脑的想象力，造成创新思维能力的下降。从思维的角度来说，经验具有狭隘性，它束缚了人的思维广度。而创新思维要求大学生拓展思路、海阔天空，束缚越少越好。

② 自我贬低型思维

做事没有信心，总认为"我不行，我做不到"，而从来不敢去尝试。及时打破这种思维枷锁，从内心深处树立起信心，大学生才会发现自己的潜力。对于大学生来说，思维的枷锁就像一座监狱，只有勇于冲破思维藩篱，才能走进创新的世界。

③ 从众思维

大多数人都有从众心理，即人云亦云。这种跟在别人后面的思维永远是滞后的，没有新意的。

④ 权威型思维

人是教育的产物，来自教育的权威定式使人们逐渐习惯以师长的是非为是非，对师长的言论不加思考地盲信盲从，唯独缺少"自我思索、冲破权威、勇于创新"的意识。一味盲从权威，大学生的思维就失去了积极主动性。

⑤ 书本型思维

书本知识是一种系统化、理论化的知识，是千百年来人类经验和感悟的结晶，它可以带给我们无穷多的好处。但如果我们一味地死读书，也不会有好的效果。大学生不应该成为书本的奴隶，而应该活学活用，读书不为书所累，做书本的主人，善于驾驭知识，理论联系实际。否则，将严重影响一个人创新思维的发挥。

（3）创新能力培养途径

大学生创新能力不是单一因素影响的结果，而是多种主客观因素长期综合作用的产物。

① 注重自己创新能力的培养

创新能力是在大学生学习、实践、生活的过程中自觉形成的，体现在知识水平、思维方式和个性特点之中。

知识、能力水平是自主创新意识的前提条件。没有深厚的知识文化底蕴及对知识的获得欲望，要在较高层次的水平上创新是难以实现的。此外，创新还需要敏锐的观察力、丰富的想象力、逻辑思维能力，以及辨别、判断和选择的能力。这些都需要大学生自觉学习、锻炼，没有主观的培养和提高，自主创新意识将难以形成。

② 参加创新创业培训

通过培训，可提升学生的批判性思维能力、洞察力、决策力、组织协调能力与领导力等各项创新创业素质，使学生具备必要的创业能力，认知当今企业及行业环境，了解创业机会，把握创业风险，掌握商业模式设计策略及技巧。应通过撰写创业计划书、开展模拟实践活动，鼓励学生体验创业准备的各个环节，使学生了解创新型人才的素质要求，掌握开展创业活动所需要的基本知识。

③ 学好专业知识

培养创新思维，必须从构建良好的知识结构开始。没有扎实的知识基础，创新就成了无源之水、无本之木。知识和经验越丰富、越扎实，就越能发现问题并找出解决问题的办法。因此，要创新就必须打好学习基础。在扎实掌握课堂知识的前提下，要不满足于现成的思想、观点、方法，多换个角度看问题，要经常思考如何在原有基础上创新发明、推陈出新。应该理论联系实际，了解行业的发展趋势，勇于发现、思考并解决问题。

④ 开展创新创业实践活动

大学生应该充分利用高校设立的创业园、创业孵化基地、创业实习示范基地，开展创新创业实践活动，为走出校园自主创业积累实践经验，提高创业的成功率。

⑤ 参加创新创业竞赛

创新创业竞赛是激发大学生创业热情、营造校园创新创业氛围、引导大学生树立创新创业理想、多形式地为有创新意识和创业能力的学生提供实践训练的平台。参加创新创业竞赛有利于大学生进一步深化创新创业认知，增强创新创业勇气、信心和能力，为实现创业梦想奠定良好的基础。

目前大学生创新创业竞赛项目主要有国家级大学生创新创业训练计划、全国大学生工程训练综合能力竞赛、"挑战杯"全国大学生系列科技学术竞赛、全国大学生电子设计竞赛、全国大学生智能汽车竞赛、中国大学生计算机设计大赛、"互联网+"大学生创新创业大赛等。

16.3 项目管理与产品创新

16.3.1 项目管理

在工程训练教学过程中，通常以项目为载体开展创新活动，包括大学生自主创新项目，以及各类大学生科技创新竞赛项目。因此，大学生开展科技创新活动时，应当学习必要的项目管理、产品设计及制造等方面的知识。

1. 项目

项目有不同的定义。《美国项目管理知识体系指南》认为项目是为提供某项独特产品、服务或成果而进行的临时性工作；项目的"临时性"是指项目有明确的起点和终点。《中国项目管理知识体系》认为项目是创造独特产品、服务或其他成果的一次性工作任务。

项目活动具有以下特征。

（1）项目的一次性。项目是一次完成的任务，这是项目区别于其他活动的基本特征。项目的一次性决定了项目组织是临时的。

（2）项目具有明确的目标，且目标具有多个要素。项目活动应具有明确的目标，且这些目标是具体的、可检查的、可实现的。项目通常有多个具体目标（如时间、成本、质量、安全等），这些目标有可能是可以协调的，也可能是相互制约的，需要从全局的角度对项目实施进行优化。

（3）项目的整体性。项目的各个任务不是独立的，它是一系列任务的有机组合，这些任务共同形成完整的活动。

（4）项目的不确定性。整个项目周期充满了未知、不确定的因素，甚至有些不确定因素将导致项目提前终止。

（5）项目资源的有限性。赋予项目的人力、资金、物料等资源总是有限的，因此不仅需要准确计划，而且在执行过程中需要合理协调、统筹。

（6）项目的开放性。项目活动是开放性系统，很多活动需要跨部门以及外部资源协作完成。

2. 项目管理

项目由始到终的整个过程构成了项目的生命周期。为便于管理项目，一般将这个过程划分成启动、规划、实施和收尾四个阶段。

项目管理是指为了达到项目目标，运用系统的观点、方法和理论，对项目全过程的策划（规划、计划）、组织、控制、协调、监督等进行监控的活动。项目管理是以项目为对象，以合同为纽带，以项目目标为目的，以现代化技术为手段，按项目内在客观规律组织项目活动的科学化方法。

正确的范围界定是项目成功的关键，是进度、成本及质量管理的基础。项目范围是指为了成功达到项目的目标、提供可交付成果而必须完成的工作。工程项目范围的确定依据如下。

（1）项目目标的定义和批准的文件（项目建议书、可研报告）。

（2）项目产品描述文件（规划文件、设计文件、相关规范、可交付成果清单）。

（3）环境调查资料（法律法规、政府政策要求）。

（4）项目的其他限制条件和制约因素（预算、资源、时间的限制）。

3. 项目工作分解

项目工作分解是项目范围管理的方法，是指将项目范围所规定的全部工作分解为便于管理的独立活动的工作过程。工程项目工作分解的目的是防止遗忘或疏忽必要的工作、防止项目功能不全和质量缺陷、防止实施过程中频繁的变更，这些都有可能将导致项目失败。项目工作分解将项目按层次分解为子项目，各层子项目再分解为更容易管理控制的工作单元。

项目工作分解的主要内容如下。

（1）确定项目的主要组成部分，如将工程训练中某制造项目分解成设计、制造、检验、包装四大组成部分。

（2）确定每个组成部分的层次直至具体工作单元及工作内容、交付成果，如检验部分包括尺寸精度、形位精度、力学性能等工作单元。

（3）确定每个组成部分及工作单元便于执行和管理监控，可进行经费、时间进度的估算，能对成果进行检查验收。

某项目工作分解图如图 16-1 所示。

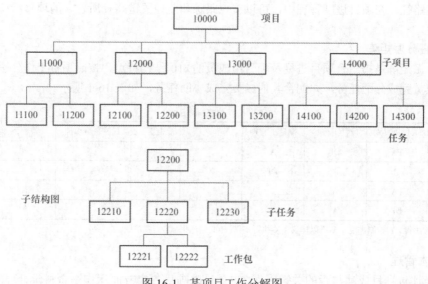

图 16-1　某项目工作分解图

4．项目进度计划

项目工作分解后，对整个项目及工作单元的计划完成时间，要用图表、摘要等进行表示，如常用的网络图、横道图等。

（1）网络图

根据项目组成部分及工作单元之间运作的相互关系和先后次序，绘制项目进度网络图，以便直观地表示项目运行关键的路线和重要的节点。某项目的网络图如图 16-2 所示。

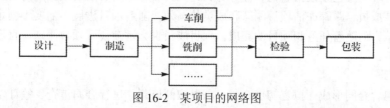

图 16-2　某项目的网络图

（2）横道图

横道图（甘特图）由美国科学管理的先驱亨利·劳伦斯·甘特于 1917 年提出。横道图能以时间顺序显示所要进行的活动，直观而有效，有助于迅速了解项目进度的重要信息，可为制订和调整项目进度计划提供可靠的帮助，便于监督和控制项目的进展状况。某项目的横道图如图 16-3 所示。

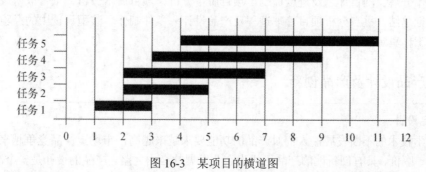

图 16-3　某项目的横道图

横道图中项目活动之间有一定的逻辑顺序，且每个活动有最早开始时间和最晚开始时间，可以计算出关键路径。在项目进度管理中，可以重点跟踪和监控关键路径所包含的项目活动，以保证项目的总进度。

5. 责任分派矩阵

责任分派矩阵是指结合项目进度及项目组成员的知识结构特点，按照项目工作分解图进行责任分配，各成员完成分配任务，并配合其他成员完成协助任务，如表 16-1 所示。

表 16-1   某项目责任分派矩阵

项目	项目负责人	设计工程师	制造工程师	车工	铣工	其他制造工种	检验工	包装工
设计	PA	DI	A					
制造	P	A	DI	X	X	X		
检验	PA	A					X	
包装	DP	A						XT

注：D-单独决策，P-控制进度，A-可以建议，X-执行工作，I-必须通报，T-需要培训。

6. 成本管理

成本是评价项目成功与否的关键因素，也是反映项目各个方面运作是否科学合理的重要指标。成本管理主要由成本估算、制定预算和控制成本三个过程组成。成本估算在项目概念阶段投资机会研究时就开始了，它决定项目是否可行。制定预算首先将项目成本分摊到项目工作分解图中的各个任务，然后将每个任务的预算分摊到整个项目的工期内，以计算项目的任何时间点应当支出的成本和累计成本。控制成本是根据每个项目的实际进度完成率来确定实际成本是否与预算成本相符。

7. 人力资源管理

人力资源管理主要包括根据结构和任务等制订人力资源计划、然后根据人力资源计划组建项目团队、培训团队成员、跟踪评估项目团队和成员的绩效。随着项目进展，需要不同角色和职责的人员加入项目团队。而随着任务和项目的完成，项目成员也会逐渐离开项目团队，直至项目结束，整个项目组织解散。

8. 合同管理

合同管理包含合同形成（拟定初步合同，与供应商谈判，进行合同审查、签订以及合同生效）、合同履行（跟踪、检查合同执行情况，甲乙双方严格履行合同，按照合同条款解决出现的问题，对交付物进行验收，支付款项，根据合同条款终止合同）等阶段，合同管理是全过程的、系统的和动态的。

9. 项目工作总结

项目工作总结，通常是对项目设计制作过程进行梳理，结合项目的背景分析和研究、项目的目标、项目工作分解、项目计划及进度控制、项目质量分析、项目成本分析、项目取得成果及经验教训分阶段进行总结，重点分析项目管理过程及产品设计、零件制作、装配调试中的经验教训，为以后的计划及工作奠定基础。

16.3.2 产品设计及产品创新

1. 产品设计

随着科学技术的不断发展，人们对产品的功能要求越来越高，市场上产品竞争越来越激烈。快速提供优质、廉价、具有创新性的产品已成为企业发展的必由之路。产品的设计是一个决策的过程，从人们的需求出发，形成规划和设计，再形成产品进入市场，经过销售、使用，最终报废或回收。

机械产品设计一般分为产品规划设计、原理方案设计、技术设计和施工设计 4 个阶段。

（1）产品规划设计阶段

产品规划设计是指决策开发新产品，为新技术系统设定技术过程和边界。它是一项创造性的工作。要在整合信息、调研预测的基础上，识别社会的真正需求，进行可行性分析，提出可行性报告以及合理的设计要求和设计参数项目表。同时，产品规划要根据对市场的分析、对竞争对手的分析，在概念上进行产品设想，研究产品特性和系统配置，包括市场定位、时间安排等。

整合信息应该是生产单位中从情报、设计、制造到社会服务等所有业务部门的任务。调研要从市场、技术、社会三个方面进行。预测要按科学的方法进行。识别需求的可行性分析和可行性报告，应由所有业务部门参加的并行设计组和用户共同完成，而不是设计部门或少数部门完成。

（2）原理方案设计阶段

原理方案设计就是新产品的功能原理设计，用系统化设计法将确定了的新产品总功能按层次分解为分功能直到功能元，用形态学矩阵组合按不同方法求得的各功能元的多个解，得到技术系统的多个功能原理解。经过必要的原理试验，通过评价决策，寻求其中的最优解——新产品的最优原理方案，列表给出原理参数，并做出新产品的功能原理方案图。

（3）技术设计阶段

技术设计是把新产品的最优原理方案具体化。首先是总体设计，按照"人—机—环境—社会"的合理要求，对产品各部分的位置、运动、控制等进行总体布局；然后，同时进行实用化设计和商品化设计，分别经过结构设计（材料、尺寸等）和造型设计（美感、宜人性等）得到若干个结构方案和外观方案。分别经过试验和评价，得到最优结构方案和最优造型方案。最后分别得出结构设计技术文件、总体布置草图、结构装配草图和造型设计技术文件、总体效果草图、外观构思模型。以上两条设计路线的每一步骤都经过交流互补，而不是完成了结构设计再进行造型设计。最后完成的图纸和文件所表示的是统一的新产品。产品的设计开发可根据企业自身经济和技术条件，进行拥有自主知识产权的产品开发或集多家单位优势的协作开发，也可以采用技术引进和消化吸收再创造等方式。

（4）施工设计阶段

施工设计是把技术设计的结果变成施工的技术文件。一般来说，要完成零件工作图、部件装配图、造型效果图、设计和使用说明书、设计和工艺文件等。再由制造部门确定哪些零件由自己制造、哪些零件需要外购，确定零件加工方法以及组装产品的整个生产计划。

2. 产品创新

什么是创新？简单地说，就是利用已存在的自然资源或社会要素创造新的矛盾共同体的人类行为，可以认为是对旧有的一切所进行的替代或者覆盖。产品创新必须要有创新思维。创新思维是指对事物间的联系进行前所未有的思考，从而创造新事物、新方法的思维形式。人类思维具有三种形式：逻辑思维、形象思维和创新思维。钱学森指出："思维学是研究思维过程和思维结果，不管在人脑中的过程。这样我从前提出的形象（直感）思维和灵感（顿悟）思维实质是一个，即形象思维，灵感、顿悟都是不同大脑状态中的形象思维。另外，人的创造需要把形象思维的结果再加逻辑论证，是两种思维的辩证统一，是更高层次的思维，应取名为创造性思维，这是智慧之花！所以（应）归纳为逻辑思维、形象思维和创造性思维。"钱学森所说的创造性思维就是创新思维。由此可见，创新思维是建立在逻辑思维和形象思维基础之上的。

目前，产品的创新主要体现在产品功能创新和产品品种创新两个方面，就其创新理论和方法而言，主要包括以下几种。

（1）智力激励法。智力激励法也称集体创造性思考法，其实质就是召开一种特殊形式的小组会，在小组会上广泛地征集想法和建议，然后加以充分讨论，鼓励提出创意，最后再进行分析研究及决策。

（2）逆向思考法。逆向思考法也称破除法或反智力激励法。其出发点是认为任何产品都不可能十全十美，总会存在缺陷，可以提出创新构想，加以改进。逆向思考法的关键是要具有一种"吹毛求疵"的精神，善于发现产品的问题。

（3）科学创造法。科学创造法也称综摄法。科学创造法是利用非推理因素通过召开一种特别会议来激发创造力的创新方法。科学创造法的基本特点是，为了拓宽思路，获得创新构想，营造一个"变陌生为熟悉"而后"变熟悉为陌生"的过程，即在一段时间内暂时抛开原问题，通过类比探索而得到启发。

（4）戈登法。戈登法又称教学式头智力激励法。其特点是不让与会者直接讨论问题本身，只允许讨论问题的某一局部或某一侧面，或者讨论与问题相似的某一问题，或者用"抽象的阶梯"把问题抽象化向与会者提出。主持人对提出的构想加以分析研究，一步步地将与会者引导到问题本身上来。

（5）属性列举法。属性列举法也称为分布改变法，特别适用于老产品的升级换代。其特点是将一种产品的特点列举出来，制成表格，然后再把改善这些特点的事项列成表。这种方法能保证对问题的所有方面做全面的分析研究。

（6）形态学分析法。形态学分析法又称形态方格法。它研究如何把问题所涉及的所有方面、因素、特性等尽可能详尽地罗列出来，或者把不同因素联系起来，通过建立一个系统结构来求得问题的创新解决方案。形态学分析法认为创新成果并非全是新的东西，可能是旧东西的创新组合。因而，如能对问题加以系统的分析和组合，便可大大提高创新成功的可能性。

（7）仿生学法。仿生学法是通过模仿某些生物的形状、结构、功能、机理、能源和信息系统来解决某些技术问题的一种创新方法。

创新从通俗的意义上讲就是创造性地发现问题和创造性地解决问题的过程，发明问题解决理论（TRIZ）的强大作用正在于它为人们创造性地发现问题和解决问题提供了系统的理论和方法工具。现代 TRIZ 的核心思想主要体现在三个方面。首先，无论是简单产品还是复杂的技术系统，其核心技术都是遵循客观规律发展演变的，即具有客观的进化规律和模式。其次，各种技术难题、冲突和矛盾的不断解决是这种进化的动力。最后，技术系统发展的理想状态是用尽量少的资源实现尽量多的功能。

相对于传统的创新方法（如试错法、智力激励法等），TRIZ 具有鲜明的特点和优势。它成功地揭示了创造发明的内在规律和原理，着力于澄清和强调系统中存在的矛盾，而不是逃避矛盾。其目标是完全解决矛盾，获得最终的理想解，而不是采取折中或妥协的做法；而且它是基于技术的发展演化规律研究整个设计与开发过程，而不再是随机的行为。实践证明，运用 TRIZ 可大大加快人们创造发明的进程，而且能创造出高质量的创新产品。它能够帮助我们系统地分析问题情境，快速发现问题本质或矛盾，准确确定问题探索方向，突破思维障碍，打破思维定式，以新的视角分析问题，进行系统思维。它能根据技术进化规律预测未来发展趋势，帮助人们开发富有竞争力的新产品。

16.3.3　产品制造工艺

1. 毛坯的选择

毛坯是指根据零件（或产品）所需要的形状、工艺尺寸等要素，制造出的为进一步加工做准备的加工对象。机械零件的毛坯多数以铸、锻、焊、冲压等方法制成，然后再经切削加工制成合格零件，装配成机器。如果为了减少机械加工余量，降低机械加工成本，对选择的毛坯质量要求过高，就会提高毛坯的制造成本，因此毛坯的种类和制造方法与机械加工是相互影响的，应合理地选择毛坯的种类及机械加工方法。

（1）毛坯的种类

目前在机械加工中，毛坯的种类很多，有型材、铸件、锻件、焊接件、冷冲压件和粉末冶金件等。

① 型材。型材是铁或钢以及其他具有一定强度和韧性的材料（如塑料、铝、玻璃纤维等）通过轧制、拉制、挤出、铸造等工艺制成的具有一定几何截面的物体。轧制的型材组织致密、力学性能较好。热轧型材尺寸较大、精度较低，多作为一般零件的毛坯。冷拉型材尺寸较小、精度较高、易实现自动送料，适用于毛坯精度要求较高的中小型零件。

② 铸件。受力不大或以承受压应力为主的形状复杂的零件毛坯，宜采用铸造方法制造。目前生产中的铸件大多数是用砂型铸造的，少数尺寸较小和精度较高的铸件可以采用特种铸造。砂型铸造的铸件精度较低，加工余量相应也比较大。砂型铸造对金属材料的选择没有限制，应用最多的是铸铁。

③ 锻件。锻件是通过对金属坯料进行锻造而得到的工件或毛坯。利用对金属坯料施加压力，使其产生塑性变形，可改变其机械性能。锻造过程建造了精致的颗粒结构，并改进了金属的物理属性。

④ 焊接件。焊接件是将型材或经过局部加工的半成品用焊接的方法连接成的一个整体，也称组合毛坯。焊接件的尺寸、形状一般不受限制，制造周期也比锻件和铸件短得多。

（2）毛坯的选择

毛坯的种类、形状、尺寸及精度对机械加工工艺过程、产品质量、材料消耗和生产成本有直接的影响。选择毛坯应在满足使用要求的前提下，尽量降低生产成本。在选择毛坯过程中，应全面考虑下列因素。

① 零件的材料及其力学性能。零件的材料大致决定了毛坯的种类。例如，铸铁和青铜零件用铸造毛坯，钢质零件当形状不复杂且力学性能要求不高时常用型材，力学性能要求高时宜用锻件。

② 零件的结构形状和外形尺寸。例如，阶梯轴零件各台阶直径相差不大时可用棒料，相差较大时宜用锻件；外形尺寸大的零件一般用自由锻造或砂型铸造毛坯，中小型零件可用模锻件或特种铸造毛坯。

③ 生产类型。大批量生产时，应采用毛坯精度和生产率都较高的毛坯制造方法，例如，铸件采用金属型铸造或精密铸造，锻件采用模锻或精密锻造。单件或小批量生产则应采用手工铸造或自由锻造。

④ 毛坯车间的生产条件。应结合现有生产条件来确定毛坯种类。

⑤ 利用新工艺、新技术、新材料的可能性，如采用精密铸造、精锻、冷轧、冷挤压、异形钢材及工程塑料等。

（3）确定毛坯的形状

为了减少机械加工工作量和节约金属材料，毛坯应尽可能接近零件形状。最终确定的毛坯形状除取决于零件形状、各加工表面总余量和毛坯种类外，还应考虑是否需要制出工艺凸台以利于工件的装夹，是一个零件制成一个毛坯还是多个零件合制成一个毛坯，哪些表面不要求制出（如孔、槽、凹坑等），以及铸件分型面、拔模斜度、铸造圆角、圆角半径、锻件敷料、分模面、模锻斜度等。

2. 产品制造的工艺过程

生产过程中逐渐改变生产对象的性质、形状、尺寸及相对位置，使其变为成品的过程称为工艺过程。产品总的工艺过程又可具体分为铸造、锻压、焊接、机械加工、热处理和装配等加工工艺过程。加工工艺过程在产品生产过程中具有重要地位。原材料通过这个过程逐渐成为产品。

（1）工艺规程

零件依次通过全部加工过程称为工艺路线或工艺流程。全部工艺流程按一定的格式形成的文件称为工艺规程。工艺规程常表现为各种形式的工艺卡片，在工艺规程中，应扼要地写明与该零件相关的各种信息，如工艺路线、加工设备、刀具和量具的配备、加工用量和检验方法等。

（2）工艺过程的组成

一般较为复杂的零件往往用不同的设备和方法逐步完成，工艺过程由工序、安装、工位、工步和走刀等组成。

① 工序。工序是指一个（或一组）工人，在一个工作地点，对一个（或同时几个）工件连续完成的工艺过程。工序是组成机械加工工艺过程的基本单元，又是制订生产计划、生产组织和进行生产成本核算的基本单元。

② 安装。安装是指工件在机床或夹具中定位并夹紧的过程。在同一工序中，工件可能只需要安装一次，也可能需要安装几次。在加工过程中，应尽量减少安装次数，既可以减少辅助时间，又可以减少因安装误差而导致的加工误差。

③ 工位。为减少工序中的安装次数，常常采用各种移动或转动工作台、回转夹具或移动夹具，当采用多工位夹具或多轴（多工位）机床时，使工件在一次安装中先后经过若干个不同位置顺次进行加工，则工件在机床上占据每一个位置所完成的那部分工序称为工位。

④ 工步。在加工表面、加工工具、转速和进给量都不变的情况下，连续完成的工序部分。一个工序可以包括一个或几个工步。

⑤ 走刀。在一个工步内，若被加工表面要切去的金属层很厚，需要分几次切削，则每进行一次切削所完成的那部分工艺过程称为一次走刀。一个工步可包括一次或几次走刀。

3. 加工工艺与成本

零件的形状、大小、表面各种各样，但均由一些基本表面组成，每一种表面又有许多加工方法。正确选择加工方法，对保证质量、提高生产率和降低成本具有重要意义。

选择加工方法时，不但要了解加工方法所能达到的加工精度和表面粗糙度，还应当了解加工精度、表面粗糙度与加工成本之间的关系。统计资料表明，任何一种加工方法，其加工误差与加工成本的关系大致符合图 16-4（a）所示的曲线。图中 A 点所对应的成本是保证加工质量应该付出的最高成本，B 点所对应的是必须付出的最低成本，C 点以牺牲很大的加工精度为代价降低极少的成本。由图 16-4（a）中可以看出，在 A 点以左，要提高一点加工精度（减少一点加工误差），加工成本陡增。在 B 点以右，即便降低对工件的精度要求，生产成本也降低甚少，甚至不降低。AB 段所对应的精度范围是最经济的加工精度。表面粗糙度与加工费用的关系如图 16-4（b）所示，在 B 点以右，降低表面粗糙度导致加工费用成倍增长；在 A 点以左，提高表面粗糙度，加工费用降低很少。AB 段所对应的表面粗糙度加工范围是最经济的范围。产品加工质量受诸多因素的影响，在满足使用性能要求的前提下，必须兼顾工艺上的可能性和经济上的合理性。

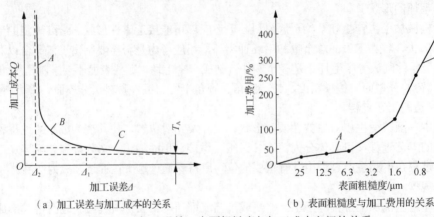

（a）加工误差与加工成本的关系　　（b）表面粗糙度与加工费用的关系

图 16-4　加工误差、表面粗糙度与加工成本之间的关系

16.4 创业认知

16.4.1 创业的含义

创业就是创立事业。而事业指个人或集体为一定的目标而从事的活动。对个人而言，只要从事着社会发展所需要的工作，进行开拓创新，为社会的发展做出贡献，都应该称为创业。

按照熊彼特的观点，创新来源于创业，创新应成为评判创业的标准，企业家的职能就是实现创新，引进生产要素的"新组合"，而创业活动则是创造竞争性经济体系的重要力量。因此，创业的内涵主要包括：开创新业务，创建新组织；利用创新这一工具实现各种资源的新组合；通过对潜在机会的发掘而创造价值。杰夫里·提蒙斯（Jeffry A. Timmons）在创业教育领域的经典教科书《创业创造》（New Venture Greation）中指出：创业是一种思考、推理结合运气的行为方式，它为运气带来的机会所驱动，需要在方法上全盘考虑并拥有和谐的领导能力。

综合上述观点，我们将创业理解为创业者对自己拥有的资源或通过努力能够拥有的资源进行优化整合，从而创造出更大经济或社会价值的过程。创业是一种劳动方式，是一种需要创业者组织、运用服务、技术、器物的思考、推理和判断的行为。

16.4.2 创业的特点

创业的特点如下。

（1）创业是主动进行的实践和创造活动。创业是创造具有更大价值的新事物。创业者参与创业实践活动谋求的回报包括经济方面的回报和精神方面的回报。其中最重要的是精神方面的回报，做自己喜欢做的事情，从而实现自我价值，获得社会的认可和尊重。因此，创业活动是创业者主动进行的实践和创造活动。

（2）创业是对社会资源的重组利用。创业是一个创造的过程，这种创造的过程来自于创新。它能够创造某种有一定价值的新事物（某种产品或服务），而这种创新来自于创业者对社会资源的重新组合、配置利用。

（3）承担必然存在的风险。相对于普通的从业者来说，创业者要承担更多的责任和风险。创业者不仅承担经济上的风险，还要承担精神上的孤独、苦闷与煎熬。不管是创业前期的创意、创业初期的筹资，还是创业中期的运行等，每一步都充满风险。创业成功需要经历许多艰辛与磨难。

16.4.3 创业的一般过程

"凡事预则立，不预则废"。下决心创业的大学生应在创业前做好充分准备，不打无准备之仗。

1. 创业前的积累

（1）熟悉行业。在决定创业及确定经营项目之后，最重要的准备是尽快熟悉这一领域。要熟悉的不仅是相关的专业知识和技能，更重要的是这一行的经营管理特点，顾客需求特点，原料、人力资源的供给渠道，相同、相关企业的现状，竞争对手的情况，等等。

熟悉的方法主要有两个：一是通过网络和各种媒体，收集最新动态；二是亲临类似的企业考察，如在此类企业打工，在打工的过程中有意识地观察、学习。

（2）积累资金。创业中必须考虑需要多少资金，以及什么时候需要这些资金。一般至少要准备公司营运三个月所需的资金，能够让公司在遭遇淡季或者大客户延迟付款时得以存活。

资金不足是大学生创业的最大困难之一。自己通过一段时间的打工来积累资金，不但能获得熟悉行业、编织网络的机会，而且会更加慎重地考虑创业投入，防止大手大脚，白白浪费资金。

（3）编织人际关系网。广泛有效的社会关系是自主创业的保障。新开办的公司往往需要得到各个方面的帮助才能发展。大学生创业较之社会创业者欠缺的是广泛的社会关系，竞争中也常常因此而处于不利地位。

大学生有意在某个行业创业，宜先结交该行业的朋友，待人际网络建立起来后再正式开业。创办企业前，应多参加社交活动，扩充自己的社交圈子，工商、税务、银行、行业主管部门、大客户都需要亲自拜访。

（4）学会经营。下决心创业的大学生，必须学习企业经营管理方面的知识，可通过到相同或相关企业打工，从不同角度审视管理层的管理方式，注意他们交往的人群，考察他们对人、财、物的组织和使用等情况。

没有财力的人要通过努力劳动，苦干稳干地逐渐积累资金；稍有财力后，要凭智力经验，讲求策略；财力富足后，应当在争夺获利的时机上下功夫。大学生要学会运用这些宝贵的经营思想，掌握更多的经营知识，寻找自己的经营策略，努力走好创业的第一步。

2. 充分的市场调查

市场调查是创业过程中相当重要的一环。市场调查主要是寻找目标市场可能的商机，为自己进入该领域提供定性和定量依据。一个好的市场调查，要可信、可靠，它是投资的"眼睛"，能够帮助确定市场定位和产品价格。市场调查报告一定要经得起推敲。通过调查不仅要对市场有所了解，还要能够了解竞争对手的状况。

市场调查的关键是市场调查的质量和方法，对市场调查的深浅程度的把握。有的人舍得花大价钱请专业市场调查公司来做，有的人则是自己走马观花看一看而已，两者调查效果完全不同。

3. 客观的财务分析

大学生在创业时首先碰到的问题是创业资金问题，即创业的资金从何而来。在有了创业资金后，又必须解决资金如何用的问题。要想成功融资，大学生必须能够开发一种盈利模式。而要想用好创业资本，大学生必须学会分析几种基本的财务报表。

财务报表是公司的财务状况、经营业绩和发展趋势的综合反映，是投资者了解公司、决定投资行为的最全面、最详实、最可靠的第一手资料。财务报表分析又称为财务分析，大学生在创业时，不能回避的财务报表是成本费用表、资产负债表、收益表和现金流量表。

4. 制定创业计划书

制定创业计划书是大学生创业的另外一项重要技能。由于创业计划书要求创业者描述公司的创业机会，阐述创立公司、把握这一机会的进程，说明所需要的资源，揭示风险和预期回报，并提出行动建议。因此，它是对创业者创业可行性的一次全面考验。没有任何创业经验的大学生，应该学会撰写创业计划书，并按照创业计划书的要求审视自己的创业计划的可行性。大学生创业，绝对是一件值得骄傲的事情，但创业之路铺满了困难和潜在的风险。

5. 会计师事务所验资

小企业创办者需携带下列材料去会计师事务所验资：一是资金来源根据、现款（存折、支票）、设备（购买设备的发票、财产转移单、房产证、无形资产评估）；二是企业章程；三是经有关单位批准的文件。验资完毕，带验资报告及有关文件去工商部门申请登记。

6. 申请营业执照

申请营业执照时，须向工商部门提供企业名称、地址、负责人、资金数额、经济性质、经营范围、经营方式、经营期限和个人有效证件、个人照片、验资报告等。

当前形势下，大学生进行创业机遇和挑战并存。目前，大学毕业生之中真正实现自主创业的比例只有 1.2%，大多数大学毕业生的创业计划在困难面前相继夭折。目前，由大学生创办的多数企业还没有真正走出困境，情况各异，原因各不相同。经济与社会发展始终处在激烈竞争之中，创业总是伴随着风险与不确定因素，因而，大学生创业面临的挑战也是多方面的。

（1）大学生创业的经济环境有待改善

当前，国际经济形势依然不容乐观。许多国家又重新采取了市场保护政策，贸易保护主义不断蔓延。我国的出口贸易受到一些国家的阻挠与限制。国际环境对我国不少企业造成了不同程度的影响，银行借贷、资产通缩、投资无助、消费疲软的现象尚未完全解除。在这种情况下，创业需要面对来自汇率、成本、信贷和税收调整等诸多问题。

（2）大学生创业环境有待改善

在创业环境方面，我国在政府资金和政策支持创业、文化和有形基础设施建设等方面有一定的优势与有利条件。但是，在金融、服务、商务等软环境方面，还存在一些制约因素。虽然近年来国家和地方政府相继出台了许多旨在鼓励、指导大学生自主创业的政策，但这些政策出于不同部门，相互协调、配合、共同落实要有一个过程。

（3）大学生自身存在的不利因素

① 资金缺乏。大学生创业过程中，创业启动资金是最大的"拦路虎"。任何一个好的项目、一项有市场前景的发明创造，无法从投资公司融资或得不到银行贷款，将无法付诸实施。许多有创业意向的大学生，由于缺乏启动资金而不得不止步。

② 缺乏对企业的管理经验。一个企业要能够正常运行，不仅要有好的项目、资金保证，还必须有一批高素质的企业管理与经营人才。许多大学生创业者认为，自己创办的企业之所以走到十字路口徘徊不定，主要原因之一就是缺乏企业管理经验。

③ 缺乏市场销售渠道和营销经验。大学生长期生活在校园里，对社会缺了解，特别是在市场开发、企业运营上，既没有经验又缺乏相应的社会关系。营销渠道的建立对一个企业的发展至关重要，但大学生创业者既没有这方面的经验，也缺乏这方面的社会关系，建立营销渠道有一定困难。因此，大学生在创业前要做好充分的准备：一方面低年级时认真对待实习或打工，积累相关的管理和营销经验；另一方面积极参加创业培训，接受创业的专业指导。

16.4.4　创新创业的意义

高等院校是为国家培养创新人才的重要阵地。世界各国的高等教育改革，都非常重视学生创新意识的培养。20 世纪 70 年代，美国就提出了培养具有创新精神的跨世纪人才的目标。20 世纪 80 年代，日本把学生创造能力的培养作为通向 21 世纪的教育目标。我国现代化建设的快速发展，向高校提出了培养大批创新人才的需要。《教育部关于大力推进高等学校创新创业教育和大学生自主创业工作的意见》中指出："在高等学校开展创新创业教育，积极鼓励高校学生自主创业，是教育系统深入学习实践科学发展观，服务于创新型国家建设的重大战略举措；是深化高等教育教学改革，培养学生创新精神和实践能力的重要途径；是落实以创业带动就业，促进高校毕业生充分就业的重要措施。"

创新创业教育是以培养具有创业基本素质和开创型个性的人才为目标，对学生分阶段分层次地进行创新思维培养和创业能力锻炼的教育。通过创新创业教育培养大学生的创新意识和创业能力，可为学生的创新创业奠定基础。

随着高等教育从精英教育向大众教育迈进，高校毕业生就业形势日益严峻，教育部数据显示，从 2001 年开始，我国普通高校毕业生人数一路上升。2001 年，全国高校毕业生人数仅有 114 万；2019 年，全国普通高等学校毕业 834 万人；2020 年，全国普通高等学校毕业 874 万人。因此，今后很长时期内，大学生将面临更为严峻的就业形势。

创新创业教育的意义如下。

（1）有利于缓解大学生就业压力。大学生创业有利于解决大学生就业难的问题。创业能力是一个人在创业实践活动中的自我生存、自我发展的能力。创业能力很强的大学毕业生不但不会成为社会的就业压力，相反还能通过自主创业增加就业岗位，缓解社会的就业压力。

（2）有利于实现大学生的自我价值。大学毕业生通过自主创业，可以将自身的兴趣与职业紧密结合，做自己最感兴趣、最愿意做和自己认为最值得做的事情，在社会舞台上大显身手，最大限度地发挥自己的才能，并获得合理的报酬。当今社会鼓励大学生创业，从大学生自身来说，其创业的主要原动力则在于谋求自我价值的实现。而提高大学生创业的比例，整个社会能形成很好的创业氛围，能建立更好的价值回报的社会风气。

（3）有利于提高大学生的综合素质。在提高大学生综合素质的各类探索实践中，大学生创业无疑是最直接、最有效的办法之一。通过创业，大学生可以充分调动自己的主观能动性，自主学习，独立思考，并学会自我调节与控制，主动管理好自己的时间与财务，积极拓展人脉关系，主动调适创业心态并积极适应社会，从而提高自己的综合素质。

（4）有利于培养大学生的创新精神。创新是一个民族的灵魂，是一个国家兴旺发达的不竭动力。青年大学生作为我国最具活力的群体，如果失去了创造的冲动和欲望，那么中华民族最终将失去发展的动力。大学生的创业活动有利于培养开拓创新的精神，把就业压力转化为创业动力，培养越来越多的各行各业的创业者。美国作为发达国家，其大学生的创业比例一直在 20%以上。

我们的人生理想和价值需要创业创新来实现。空谈误国，实干兴邦。纵览古今中外，凡是取得个人成功，或做出突出社会贡献的时代精英，无一不是极具探索和实干精神的创业创新先锋。从百度、腾讯、阿里巴巴到微软、苹果、谷歌，无数创业创新者怀揣人生理想，在实现个人财富、价值追求的同时，引领和推动了社会发展和时代进步。1939 年，两名斯坦福大学的毕业生，在一间狭窄的车库里创建了惠普公司，踏上了硅谷的创新之路。如今惠普已成为世界上最大的科技企业之一，惠普创业的车库也以被美国政府命名为"硅谷的诞生地"。无数个由小到大、从弱到强、艰苦创业、勇于创新的成功典范，将激励着新一代的大学生不断创新创业，创造社会财富。

16.5 创客运动

关于"创客运动"（Maker Movement），一般认为其最早源于美国麻省理工学院的比特及原子研究中心在 2001 年发起的制作实验室（Fabrication Laboratory，Fab Lab）创新项目。Fab Lab 以个人创意、个人设计、个人制作为核心理念，旨在构建以用户为中心，融合设计、制作、装配、调试、分析以及文档管理的全流程创新制作环境。据 Fab 基金会统计，目前全球已有 30 多个国家建设了Fab Lab，通过标准化制作工具（激光切割器、数控铣床、嵌入式处理器、CAD/CAM 软件、电路板等）与流程分享，形成了全球最大规模的分布式创新制作实验室。

16.5.1　创客、创客空间、创客运动的内涵

创客（Maker）是指制造者或创造者。近年来，创客专门用于指代利用信息技术和现代工具，

将自身的创意转变为实际产品并与他人分享的勇于创新的一群人。

创客空间（Maker Space）是指配备有一定科技含量的软硬件工具、材料，便于创客们一起协作，以实现他们创意的开放性工作场所。前面提到的 Fab Lab，就是国际上最早的一批创客空间。创客的概念自 2011 年传入我国后，"上海新车间""北京创客空间"等相继成立，同时创客运动在我国高校得到迅速推广，清华大学、同济大学等多所高校建立了创客空间。

创客运动也称创客行动，最早是由前《连线》杂志主编克里斯·安德森（Chris Anderson）在其著作《创客：新工业革命》中提出的。它是指人们利用身边的各种材料和计算机等相关设备（如 3D 打印机）、程序及其他技术性资源（如互联网上的开源软件），通过自己动手或与他人合作制造出独创性产品的活动。国际上最为成功的创客空间之一 TechShop 的 CEO 与创立者马克·哈奇（Mark Hatch），则特别强调制造实体作品对创客运动的重要性，并认为这是将创客运动与早期的计算革命以及互联网革命明确区分开来的基本特征与标志。而率先提出创客运动口号的克里斯·安德森却认为，创客运动有三大特征——使用多种数字桌面工具，遵循共享设计和在线协作的文化规范，使用共同的设计标准以促进分享和产品的快速迭代。

创客运动更多的是对未知、未确定的问题进行探索，创客们在创客空间分享整个创意实现的过程，无论是基于体验和项目的学习，还是基于设计的创客小组团队，都需要从传统的解决问题的方式转变为创造式的创客解决问题的方式。传统的解决问题的方式更倾向于由教师或课本设定的、规划定义好的、具有唯一正确答案的问题，一般通过传授提供解决问题的办法，对学生缺乏足够的吸引力，学生兴趣不大。创客解决问题的方式更强调创客团队的构思和设计，倾向于复杂的、未规划定义好的，需要探索解决的问题，并且解决问题的方案不止一个。此外，创客解决问题的对象即问题通常与日常生活紧密联系，学生具有强烈的学习动机和兴趣，能够全身心投入整个学习活动。

16.5.2　创客运动与大学生创新创业

1. 创客运动改变了大学生创新创业教育理念与方法

大学生思维敏捷，想象力丰富，而传统的创新创业教育将创新创业作为课程教学任务或就业指导任务来进行，教学方式方法单一，针对性和实效性不强，没有从学生的立场去进行研究，思考问题。创客运动的兴起，为创新创业教育注入了一股新鲜的血液，为创新创业人才培养模式提供了新的方向和路径。与传统的填鸭式教学、学生被动学习不同，创客运动是基于创造的学习，创造的过程是学生独立或协同发现问题、分析问题以及利用多样的工具解决问题的过程。作为创客的学生对自己的学习任务及路径有较为清晰的认识，在增强发现问题、分析问题与解决问题能力的同时，更容易保持创新的激情与学习的信心，这些品质正是创新创业能力的基石。

传统高校的创新创业教育中，学生为考试而学，怎样考就怎样学，大学生的创新潜能难以发挥。创客运动打破了传统的创新创业教育方法，促使大学生实现从创新思维到创业实践的迈进。大学生重视创造、乐于创造、善于创造、习惯创造，对创新创业教育的有效实施起着至关重要的作用。创客运动的浪潮促使人们从习惯于利用到习惯于创造，客观上最大程度地激发大学生的创业热情。它就像一颗神奇的种子，播撒在时代的土壤之上，为时代的变革培育创新力量。

2. 创客运动拓宽了大学生创业渠道

当前，创新创业不仅成为大学生人生职业规划的重要方向，也是一种社会潮流与趋势。然而，创业渠道单一、创业资金缺乏、创业项目较少、创业方向不明确、经验不足等问题往往使大学生创新创业陷入困境。有关统计显示，全国高校中约有 80% 的大学生有创业意愿，然而真正在高校就读期间就进行创新创业活动的学生比例并不高，受到资金、场地、市场、人脉等诸多因素的影响，根据 2018 年国家统计数据，大学生创业成功率不到 10%，我国高校大学生创业率与创业成功率呈"双低"态势。

诞生于互联网、开源软件、众筹融资背景下的创客运动，给高校创新创业教育及传统企业的产品研发带来崭新的视野和丰富的工具，成为年轻一代激发创新思想、感知市场脉搏、开启创业梦想的重要社会媒介。创客们应用 3D 打印机等开源硬件，在创客实体中完成从创意到产品制造的系列过程，并通过开源社区、创客杂志等创客网络发布众筹项目、募集资金，从而实现创意产品与市场需求的快速对接。创客运动的兴起，催生了很多新兴产业，让社会变得更加有生机和活力。通过推广创客空间、创业咖啡、创新工场等新型孵化模式，创客运动大大拓宽了大学生创业渠道，增强了大学生创业的信心与激情，从而推动创新创业教育真正走上理论知识与创业实践相结合的发展道路。

参考文献

[1] 郭泽荣，袁梦琦. 机械与压力容器安全[M]. 北京：北京理工大学出版社，2017.

[2] 周勇，潘勇. 机械基础[M]. 重庆：重庆大学出版社，2015.

[3] 董加强. 仿真系统与应用实例[M]. 成都：四川大学出版社，2013.

[4] 中国智能城市建设与推进战略研究项目组. 中国智能制造与设计发展战略研究[M]. 杭州：浙江大学出版社，2016.

[5] 王芳，赵中宁. 智能制造基础与应用[M]. 北京：机械工业出版社，2019.

[6] 李梅，等. 物联网科技导论[M]. 北京：北京邮电大学出版社，2015.

[7] 钟晓锋，等. 工程训练——金工训练[M]. 成都：电子科技大学出版社，2017.

[8] 吕强，张健华，王飞. 创新创业基础教育[M]. 成都：电子科技大学出版社，2017.

[9] 安德森. 创客：新工业革命[M]. 萧潇，译. 北京：中信出版社，2012.

[10] 吴勇，李彬源，周勇军. 创新创业基础[M]. 上海：上海交通大学出版社，2017.

[11] 邢永梅，梁智，朱芳阳. 创新与实践教育[M]. 北京：北京理工大学出版社，2018.

[12] 汽车百科全书编纂委员会. 汽车百科全书[M]. 北京：中国大百科全书出版社，2010.

[13] 杨钢，工程训练与创新[M]. 北京：科学出版社，2017.

[14] 李玉青，特种加工技术[M]. 北京：机械工业出版社，2014.

[15] 刘晋春，等. 特种加工[M]. 北京：机械工业出版社，2008.

[16] 杨艳华，浅述数控车削刀具的选择[J]. 中国新技术新产品，2011（13）：17.